Produktionsplanung und -steuerung im Hannoveraner Lieferkettenmodell

Matthias Schmidt · Peter Nyhuis

Produktionsplanung und -steuerung im Hannoveraner Lieferkettenmodell

Innerbetrieblicher Abgleich logistischer Zielgrößen

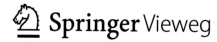

Matthias Schmidt
Inst. f. Produkt- und Prozessinnovation
Leuphana Universität Lüneburg
Lüneburg, Deutschland

Peter Nyhuis
Inst. für Fabrikanlagen u. Logistik
Leibniz Universität Hannover
Garbsen, Deutschland

ISBN 978-3-662-63896-5   ISBN 978-3-662-63897-2 (eBook)
https://doi.org/10.1007/978-3-662-63897-2

Die Deutsche Nationalbibliothek verzeichnet diese Publikation in der Deutschen Nationalbibliografie; detaillierte bibliografische Daten sind im Internet über http://dnb.d-nb.de abrufbar.

Springer Vieweg
© Springer-Verlag GmbH Deutschland, ein Teil von Springer Nature 2021
Planung/Lektorat: Axel Garbers
Springer Vieweg ist ein Imprint der eingetragenen Gesellschaft Springer-Verlag GmbH, DE und ist ein Teil von Springer Nature.
Die Anschrift der Gesellschaft ist: Heidelberger Platz 3, 14197 Berlin, Germany

Vorwort

Seit mehr als einem halben Jahrhundert prägt das Institut für Fabrikanlagen und Logistik (IFA) der Leibniz Universität Hannover maßgeblich die Hannoveraner Schule der Produktionslogistik mit ihren verschiedenen Facetten. Im Fokus der Forschungs- und Entwicklungsarbeiten standen zunächst die Entwicklung sogenannter logistischer Modelle, datenbasierter Analyseansätze sowie Verfahren der Produktionsplanung und -steuerung (PPS). Meilensteine bei der Entwicklung logistischer Modelle waren neben dem Trichtermodell das Durchlaufdiagramm und die Produktionskennlinien zur Beschreibung und Analyse von Arbeitssystemen und Fertigungsbereichen, das Lagerdurchlaufdiagramm und die Lagerkennlinien zur zielgerichteten Dimensionierung von Lagerbeständen und zur Modellierung der Einflussgrößen auf den Lagerbestand. Weitere zentrale logistische Modelle sind das Bereitstellungsdiagramm zur Modellierung der Komplettierung von Artikeln zu einem Auftrag bspw. in einer Montage sowie die Termineinhaltungskennlinien zur Quantifizierung der Terminsituation an ausgewählten Punkten in der Lieferkette. Zentrale Analyseansätze sind die Engpassorientierte Logistikanalyse oder die Logistische Lageranalyse für Produktions- bzw. Lagerbereiche. Als exemplarische Verfahren oder Modelle der PPS sind die Belastungsorientierte Auftragsfreigabe oder das Modell der Fertigungssteuerung zu nennen.

Dieses Buch zeigt zu Beginn mit dem Hannoveraner Lieferkettenmodell (HaLiMo) ein Rahmenmodell für die unternehmensinterne Lieferkette. Dieses fasst die Hannoveraner Schule der Produktionslogistik zusammen, die sich im Kern getrieben durch die wissenschaftlichen Arbeiten am IFA und an anderen Hochschulinstituten seit den 1960er-Jahren in Forschung und Lehre, aber auch in der industriellen Praxis etabliert hat. Die bisher durchgeführten Arbeiten bekommen durch das HaLiMo einen Rahmen und lassen sich inhaltlich darin verorten. Das HaLiMo fokussiert die Kernprozesse der operativen Auftragsabwicklung (Gestaltung, Planung, Beschaffung, Produktion, Versand) mit den wesentlichen Informations- und Materialflüssen und zeigt Beziehungen und Wechselwirkungen zwischen den einzelnen Elementen der unternehmensinternen Lieferkette auf.

Der Hauptteil dieses Buches widmet sich dem Kernprozess Planung, welcher im Wesentlichen die Aufgaben der Produktionsplanung und -steuerung (PPS) umfasst. Die PPS soll den Auftragsdurchlauf durch die in die operative Produktherstellung involvierten Bereiche Konstruktion, Beschaffung, Fertigung, Montage und Versand planen und unter dem

Einfluss von Störungen steuern. Somit hat die PPS eine zentrale Funktion in produzierenden Unternehmen. Unabhängig von den eingesetzten Softwaresystemen werden die Aufgaben der PPS heute in vielen Unternehmen nicht zielorientiert erfüllt. Um diesen Problemstellungen entgegen zu wirken, beschreibt dieses Buch Zielsysteme, welche die zentralen logistischen Zielgrößen der Kernprozesse der unternehmensinternen Lieferkette umfassen und Wechselwirkungen zwischen diesen Zielgrößen aufzeigen. Der Fokus dieses Buchs liegt auf der Beschreibung zentraler Aufgaben der PPS, die sich unmittelbar auf die logistischen Zielgrößen der unternehmensinternen Lieferkette auswirken. Dies sind in der Regel die Aufgaben, bei denen unternehmerische Entscheidungen zu treffen sind, da die Beeinflussung der Zielgrößen gegenläufig ist. Dieses Buch zeigt 19 zentrale Zielkonflikte im Rahmen der PPS auf und ermöglicht so eine qualitative Betrachtung der Wirkzusammenhänge zwischen den Aufgaben der PPS und den logistischen Zielgrößen in der unternehmensinternen Lieferkette.

Lüneburg/Garbsen, Deutschland   Prof. Dr.-Ing. habil. Matthias Schmidt
Juli 2021   Prof. Dr.-Ing. habil. Peter Nyhuis

Inhaltsverzeichnis

Einleitung

1

Inhaltsverzeichnis

Zusammenfassung

Das Kap. 1 „Einleitung" führt zunächst zum Themenkomplex der Produktionsplanung und -steuerung hin. Es gibt einen kurzen Abriss über die historische Entwicklung der Logistik und insbesondere der Produktionslogistik und stellt den Aufbau und den Zweck dieses Buchs vor.

Die Leistungsanforderungen an Produktionsunternehmen steigen im globalen Wettbewerb stetig an. Erfolgreich sind die Unternehmen, die sich neben grundlegenden Aspekten wie der Originalität oder dem Innovationsgehalt der Produkte eben auch über Leistungsziele Qualität, Kosten und Zeit vom Wettbewerb differenzieren können. Die Qualität der Produkte resultiert maßgeblich aus dem Produktdesign und der Produktkonstruktion, aus den eingesetzten Materialien und der Produktionstechnik. Die Struktur der Herstellkosten eines Produkts wird nachhaltig durch fabrikplanerische Aufgaben, wie die Standortwahl und die Fabrikstrukturierung, sowie durch die eingesetzten Produktionstechnologien und dem damit einhergehenden Automatisierungsgrad der Produktion sowie den verwendeten Rohstoffen und Halbfabrikaten bestimmt. Die Leistungsgröße Zeit, die in erster Linie der logistischen Leistungsfähigkeit eines Unternehmens entspricht, resultiert aus dem Aufbau

© Springer-Verlag GmbH Deutschland, ein Teil von Springer Nature 2021
M. Schmidt, P. Nyhuis, *Produktionsplanung und -steuerung im Hannoveraner Lieferkettenmodell*, https://doi.org/10.1007/978-3-662-63897-2_1

der Logistikstruktur und aus der operativen Abwicklung der Kundenaufträge bzw. der Produktionsaufträge.

Während viele Unternehmen die Produktqualität beherrschen und erfolgreich Maßnahmen zur Reduzierung der Herstellkosten umsetzen, bietet die Leistungsgröße Zeit ein Betätigungsfeld, welches noch große Potenziale birgt. Gerade vor dem Hintergrund der enormen Kundenerwartungen an logistische Leistungsgrößen wie die Lieferzeit und Liefertermineinhaltung, bspw. getrieben durch den Internethandel mit bis zu stundengenauer Lieferung innerhalb eines Tages, bei zunehmender Produktindividualisierung kommt der Produktionsplanung und -steuerung sowie auch dem Produktionscontrolling eine zentrale Rolle zu.

Die Produktionsplanung und -steuerung (PPS) hat die Aufgabe den Auftragsdurchlauf durch Bereiche Konstruktion, Beschaffung, Produktion und Versand zu planen und unter dem Einfluss von Störungen zu steuern. Im Produktionscontrolling werden Maßnahmen zur Verbesserung des Auftragsdurchlaufs durch das Unternehmen abgeleitet. Diese Maßnahmen wiederum sind häufig durch die PPS umzusetzen. So schließt das Produktionscontrolling den Kreis zwischen Planung und Steuerung der Produktion und dem physischen Produktherstellungsprozess.

Unabhängig von den eingesetzten Softwaresystemen werden die Aufgaben der PPS heute in vielen Unternehmen nicht zielorientiert erfüllt. Dies spiegelt sich u. a. wider in:

- dem Einsatz ungeeigneter Verfahren zur Erfüllung der PPS-Aufgaben,
- einer falschen Einstellung von PPS-Parametern,
- einer mangelnden Pflege der Stammdaten im PPS-System,
- dem Einsatz von Faustregeln,
- der häufigen Notwendigkeit von Sonderaktionen wie Eilaufträgen und
- dem Verfehlen logistischer Ziele.

Ein Hauptgrund dafür liegt in dem fehlenden Verständnis für die Zusammenhänge zwischen den PPS-Aufgaben und den beeinflussten logistischen Zielgrößen sowie den Wechselwirkungen zwischen den logistischen Zielgrößen untereinander (vgl. [1]).

1.1   Entwicklung der Logistik – von der dritten Kriegskunst zum Supply Chain Management

Die Herausforderungen bei der Planung und der Steuerung der unternehmensinternen Lieferkette sind in erster Linie logistischer Natur. Der Ursprung der Logistik liegt im militärischen Bereich [2–4]. Bereits im zehnten Jahrhundert setzte sich der byzantinische Kaiser Leontos VI (886–911 n. Chr.) mit logistischen Fragestellung auseinander. Er definiert Logistik als dritte Kriegskunst, neben der Taktik und der Strategie [5–7]. Die Hauptaufgabe bestand in der bestmöglichen Unterstützung des Heeres. Baron Antoine-Henri de Jomini (1779–1869) entwickelt den Begriff der Logistik in seinem 1827 erschienen Werk „Abriss der Kriegskunst" weiter. Dabei definierte er in 18 Punkten die wesentlichen Aufgaben, zu denen u. a. die Standortplanung, die Vorbereitung von Truppenbewegungen, die Versorgung des Heeres sowie die Quartierung der Truppen zählten ([8], siehe auch [7]). Er lieferte damit die Grundlage für das Verständnis der Logistik zum einen als Umsetzung von Strategien und zum anderen als Raum-Zeit-Überbrückung.

In der Wirtschaft fand die Logistik erst in den Jahren nach dem zweiten Weltkrieg erhöhte Aufmerksamkeit [2–4]. Die Ausdehnung der Märkte und die zunehmende räumliche Verteilung der Produktionsstätten verlangten nach einer besseren Planung und bedeuteten für die Unternehmen einen höheren Koordinationsaufwand [7]. Einer der ersten, der sich daraufhin mit der Rolle der Logistik im betrieblichen Bereich beschäftigte, war der US-Amerikaner Oskar Morgenstern. In seiner Veröffentlichung „Note of the Formulation of the Theory of Logistics" übertrug er logistische Aufgaben vom militärischen auf den betrieblichen Tätigkeitsbereich [9]. Der Betrachtungsschwerpunkt der Logistik lag in den USA zunächst in erster Linie auf der Distributionslogistik und damit auf dem Warenfluss zwischen Unternehmen und Kunden [5, 4]. Im deutschsprachigen Raum hat man sich erst Anfang der 1970er-Jahre eingehender mit dem Thema Logistik (insbesondere mit dem Themenbereich Produktionslogistik) intensiver beschäftigt. Hier spielten vor allem die Beschaffungs- und Produktionslogistik aufgrund des zunehmenden Einsatzes von Materialflusssystemen im Automobilbau eine wichtige Rolle [4]. Auch vor dieser Zeit wurden logistische Tätigkeiten im Unternehmen ausgeführt. Diese waren allerdings unter dem Begriff Transport- und Lagerwesen organisatorisch anderen Bereichen, wie bspw. der Materialwirtschaft, zugeordnet [5].

Mit dem Wandel der Märkte von Verkäufer- zu Käufermärkten seit den 1950er-Jahren mussten die Unternehmen ihre Produkte und Leistungen verstärkt an Kundenwünsche anpassen. Die Produktionsprogramme wurden immer differenzierter und die Anforderungen an die logistische Leistung erhöhten sich [10]. Daher wurden die logistischen Tätigkeiten in Deutschland etwa seit den 1970er-Jahren aus den bisherigen Bereichen ausgegliedert und als eigenständiges Arbeitsfeld im Unternehmen implementiert. Die damit einhergehende Entwicklung verdeutlicht Abb. 1.1. Zunächst umfasste die klassische Logistik Transport-, Umschlags- und Lagertätigkeiten [11].

Durch die Bildung einer Logistikabteilung war es Unternehmen möglich, in diesem Bereich eine eigene Kompetenz zu entwickeln, was zu einer besseren Logistikleistung führte, als wenn diese Aufgaben eher beiläufig in unterschiedlichen Abteilungen mitbearbeitet wurden [3]. In den 1970er-Jahren haben besonders materialflusstechnische Entwicklungen, wie Hochlagertechnik oder fahrerlose Transportsysteme, die Logistik beeinflusst. Dabei wurden spezielle Lösungen für Einzelprobleme gesucht, wie die Optimierung der Lagerhaltung oder die Dimensionierung von Sicherheitsbeständen [7]. Erst in den 1980er-Jahren wurden die Potenziale einer bereichsübergreifenden Betrachtung logistischer Prozesse erkannt (Logistik als Querschnittsfunktion). Dies verstärkte sich in den 1990er- und 2000er-Jahren noch weiter und durch die Logistik wurden verschiedene Funktionen in globalen Prozessketten und Wertschöpfungsnetzwerken integriert.

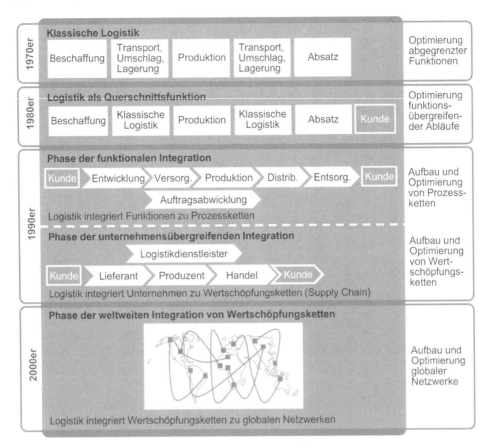

Abb. 1.1 Entwicklung der Logistik als Unternehmensfunktion im Zeitverlauf (Adaptiert nach [11]; mit freundlicher Genehmigung von © Springer-Verlag Berlin Heidelberg 2008. All Rights Reserved)

So hat sich durch den zunehmenden Wettbewerbsdruck die Logistikleistung als ein entscheidendes Differenzierungsmerkmal herausgestellt. Technische Entwicklungen sind vergleichsweise einfach vom Markt zu imitieren, wohingegen logistische Lösungen nur schwer direkt in andere Unternehmen übertragbar sind und somit einen Wettbewerbsvorteil darstellen ([7], siehe auch [11]).

1.2   Zweck und Aufbau des Buchs

Basierend auf dem Hannoveraner Lieferkettenmodell (HaLiMo) soll dieses Buch zentrale Wirkzusammenhänge zwischen den Aufgaben der PPS und den logistischen Zielgrößen in den Kernprozessen der unternehmensinternen Lieferkette veranschaulichen. Mit dem HaLiMo als generisches, allgemeingültiges Rahmenmodell verortet es Aufgaben der PPS in einem Gesamtkontext und beschreibt die zentralen Aufgaben der PPS, die sich unmittelbar auf die logistischen Zielgrößen der unternehmensinternen Lieferkette auswirken. Dies sind in der Regel die Aufgaben, bei denen unternehmerische Entscheidungen zu treffen sind.

Zunächst wird in Kap. 2 „Das Hannoveraner Lieferkettenmodell" die Grundstruktur des HaLiMo mit den fünf grundlegenden Modellkategorien vorgestellt.

Das dritte Kapitel „Logistische Modelle" zeigt die zentralen Modelle im Rahmen des HaLiMo auf. Die Ausführungen in diesem Kapitel dienen einem Grundverständnis für die Wirkzusammenhänge in den einzelnen logistischen Bausteinen, aus denen sich unternehmensinterne Lieferketten zusammensetzen. Dabei handelt es sich im Wesentlichen um logistische Modelle, die mit ihren spezifischen Anwendungsschwerpunkten und -grenzen übersichtlich vorgestellt werden. Auf weiterführende Literatur, die eine detaillierte Beschreibung der Modellierungsansätze, der Herleitung und der Anwendung zeigt, wird an den entsprechenden stellen verwiesen.

Kap. 4 „Wirkzusammenhänge zwischen den PPS-Hauptaufgaben und den logistischen Zielgrößen" gibt zunächst einen knappen historischen Abriss über die Entwicklung zentraler PPS-Rahmenmodelle. Anschließend werden die Hauptaufgaben der PPS skizziert, deren Erfüllung sich schließlich auf die weiteren Kernprozesse der unternehmensinternen Lieferkette und deren logistische Zielgrößen auswirkt. Darauf aufbauend zeigt dieses Kapitel die qualitativen Wirkungen der Hauptaufgaben der PPS auf die kernprozessspezifischen Zielsysteme auf.

Kap. 5 „Beeinflussung logistischer Zielgrößen durch die PPS" setzt die Beschreibung der PPS im Detail fort. Hier werden die einzelnen Aufgaben innerhalb der Hauptaufgaben der PPS dargestellt. In diesem Kapitel erfolgt keine detaillierte Beschreibung der Aufgaben und Funktionen der PPS, wie sie bspw. umfassend und sehr verständlich beschrieben im Buch „Produktionsplanung und -steuerung" von Schuh und Stich (vgl. [12]) vorzufinden sind. Auch die verschiedenen Verfahren zur Erfüllung der Aufgaben der PPS werden in diesem Kapitel nicht adressiert. Der Fokus liegt auf den Aufgaben der PPS, bei denen Entscheidungen zu treffen sind. Entscheidungen sind in der PPS immer dann zu treffen, wenn die dem betrachteten Prozess zugrunde liegenden Zielgrößen gegensätzlich ausgerichtet sind. Diese Entscheidungen, bei denen in der Regel Parameter der PPS festzulegen sind, wirken sich unmittelbar auf die logistischen Zielgrößen in den Kernprozessen der unternehmensinternen Lieferkette aus. Dieses Kapitel soll dem Entscheider aufzeigen, welche Auswirkungen seine Entscheidungen haben und ihn bei der Entscheidungsfindung durch ein umfassendes Systemverständnis unterstützen. Die Aufgaben der PPS, die reine Rechenschritte umfassen, werden nur knapp skizziert.

Im Kap. 6 „Standardisierte Beschreibung der PPS-Aufgaben" findet sich zur übersichtlichen Darstellung eine steckbriefartige Beschreibung aller Aufgaben der PPS mit den prozessrelevanten Informationen, der Nennung gängiger Verfahren zur Erfüllung der PPS-Aufgabe sowie der Zusammenfassung bestehender Zielkonflikte.

Das siebte Kapitel „Schlussbetrachtung" fasst die zentralen Gedanken dieses Buchs noch einmal knapp zusammen.

Literatur

1. Mayer J, Pielmeier J, Berger C, Engehausen F, Hempel T, Hünnekes P (2016) Aktuellen Herausforderungen der Produktionsplanung und -steuerung mittels Industrie 4.0 begegnen (Erstausgabe, neue Ausgabe. Hrsg v. Peter Nyhuis). TEWISS, Garbsen
2. Gleich CF v (2002) Von der Logistik zum Supply Chain Management. In: Wiendahl H-P (Hrsg) Erfolgsfaktor Logistikqualität. Vorgehen, Methoden und Werkzeuge zur Verbesserung der Logistikleistung, 2. Aufl. Springer (VDI-Buch), Berlin/Heidelberg, S 9–20
3. Arndt H (2004) Supply Chain Management. Optimierung logistischer Prozesse, 1. Aufl. Gabler, Wiesbaden
4. Pfohl H-C (2004) Logistikmanagement. Konzeption und Funktionen, 2., vollst. überarb. u. erw. Aufl. Springer, Berlin/Heidelberg
5. Mikus B (2003) Strategisches Logistikmanagement – Ein markt-, prozess- und ressourcenorientiertes Konzept. Deutscher Universitätsverlag, Wiesbaden
6. Heiserich O-E, Helbig K, Ullmann W (2011) Logistik. Eine praxisorientierte Einführung. 4., vollst. überarb. u. erw. Aufl. Gabler, Wiesbaden
7. Koch S (2012) Logistik. Eine Einführung in Ökonomie und Nachhaltigkeit. Springer, Berlin/ Heidelberg
8. deJomini AH (2009) In: Hauser R (Hrsg) Abriss der Kriegskunst. vdf Hochschul-verlag an der ETH Zürich, Zürich
9. Morgenstern O (1955) Note on the formulation on the theory of logistics. Nav Res Logist 2(3):129–136
10. Weber J (2012) Logistikkostenrechnung. Kosten-, Leistungs- und Erlösinformationen zur erfolgsorientierten Steuerung der Logistik, 3. Aufl. Springer, Berlin
11. Baumgarten H (2008) Das Beste der Logistik. Innovationen, Strategien, Umsetzungen. Springer, Berlin
12. Schuh G, Stich V (2012) Produktionsplanung und -steuerung 1. 4., überarb. Aufl. Springer, Berlin

Das Hannoveraner Lieferkettenmodell

2

Inhaltsverzeichnis

Zusammenfassung

Kap. 2 „Das Hannoveraner Lieferkettenmodell" zeigt den Aufbau des Hannoveraner Lieferkettenmodells (HaLiMo). Das HaLiMo als Rahmenmodell für die unternehmensinterne Lieferkette fasst die Hannoveraner Schule der Produktionslogistik zusammen. Es gliedert sich in die fünf Modellkategorien Kernprozesse, logistische Bausteine, Prozessausprägung, Zielsysteme und logistische Modelle. Die Kernprozesse zeigen die zentralen Prozesse zur Leistungserstellung in Produktionsunternehmen. Diese setzen sich aus drei grundlegenden logistischen Bausteinen zusammen. Je nach Zusammensetzungen und Ausgestaltung der logistischen Bausteine ergeben sich unterschiedliche Prozessausprägungen. Die Zielsysteme zeigen die wesentlichen Zielgrößen für die einzelnen Kernprozesse auf. Die logistischen Modelle bilden die theoretische Basis zur Beschreibung und Analyse des Systemverhaltens und der Wechselwirkungen innerhalb und zwischen den Prozessen. Das HaLiMo fokussiert so die operative Auftragsabwicklung mit den wesentlichen Informations- und Materialflüssen und zeigt Beziehungen und Wechselwirkungen zwischen den einzelnen Elementen der unternehmensinternen Lieferkette auf.

© Springer-Verlag GmbH Deutschland, ein Teil von Springer Nature 2021
M. Schmidt, P. Nyhuis, *Produktionsplanung und -steuerung im Hannoveraner Lieferkettenmodell*, https://doi.org/10.1007/978-3-662-63897-2_2

Die unternehmensinterne Lieferkette umfasst eine Vielzahl von Prozessen, die zur Leistungserstellung des Produktionsunternehmens einen Beitrag leisten. Die Wechselwirkungen zwischen den Prozessen und den Zielgrößen in der unternehmensinternen Lieferkette sowie zwischen den einzelnen Zielgrößen sind komplex. Um die Zusammenhänge nachvollziehbar darstellen zu können, wurde das Hannoveraner Lieferkettenmodell (HaLiMo) als Rahmenmodell für die unternehmensinterne Lieferkette erarbeitet. Es umfasst die operative Auftragsabwicklung mit den wesentlichen Informations- und Materialflüssen. Das HaLiMo zeigt Beziehungen und Wechselwirkungen zwischen den einzelnen Elementen der unternehmensinternen Lieferkette auf. Bei diesen Elementen handelt es sich um physische Objekte, wie einzelne Arbeitssysteme oder Lagerstufen, sowie um Aufgaben und Funktionen, wie die Produktionsplanung und -steuerung oder die Materialbereitstellung. Zudem verdeutlicht dieses Rahmenmodell die Wirkbeziehungen zwischen den einzelnen Prozessen und den zentralen logistischen Zielgrößen sowie die Wechselwirkungen zwischen den einzelnen Zielgrößen an sich. Das HaLiMo lässt sich in fünf verschiedene Modellkategorien unterteilen (siehe Abb. 2.1), wobei die ersten drei Modellkategorien der Beschreibung des Aufbaus der unternehmensinternen Lieferkette dienen und die beiden anderen Modellkategorien die Wirkbeziehungen darstellen.

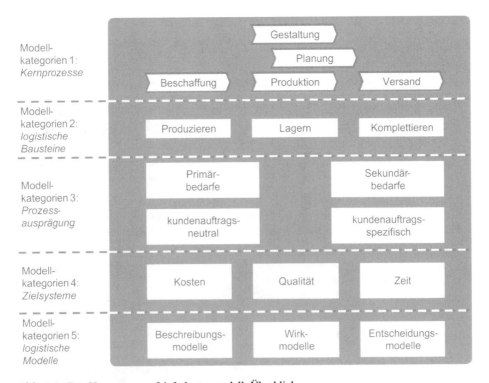

Abb. 2.1 Das Hannoveraner Lieferkettenmodell: Überblick

2.1   Modellkategorie 1: Kernprozesse

In Anlehnung an das in der Wissenschaft und Praxis etablierte Supply Chain Operations Reference (SCOR) Modell sind die Kernprozesse entlang der unternehmensinternen Lieferkette produzierender Unternehmen die Beschaffung, die Produktion, der Versand und die Rückführung sowie die Gestaltung und Planung dieser Prozesse (vgl. [1]), wobei die Rückführungsprozesse im Rahmen des HaLiMo keine zentrale Funktion haben. Abb. 2.2 zeigt die jeweiligen Hauptfunktionen der Kernprozesse im HaLiMo sowie die jeweiligen kernprozessspezifischen Ziele.

Der Kernprozess **Gestaltung** umfasst alle einmalig auftretenden Tätigkeiten zur Gestaltung der unternehmensinternen Lieferkette. Dieser Kernprozess hat einen strategischen Charakter und legt den Aufbau der unternehmensinternen Lieferkette fest. Angestoßen durch sich wandelnde Rahmenbedingungen wie veränderte Kundenanforderungen muss das Lieferkettendesign an aktuelle Gegebenheiten angepasst werden, um eine hohe Effektivität und Effizienz der Prozesse zur Befriedigung der Kundenwünsche sicherzustellen.

Der Kernprozess **Planung** umfasst alle wiederholt auftretenden Planungsaufgaben im Rahmen der Produktionsplanung und -steuerung (PPS). Dies sind bspw. die Absatzplanung, die Produktionsprogrammplanung oder eine Make-or-Buy-Entscheidung. Das

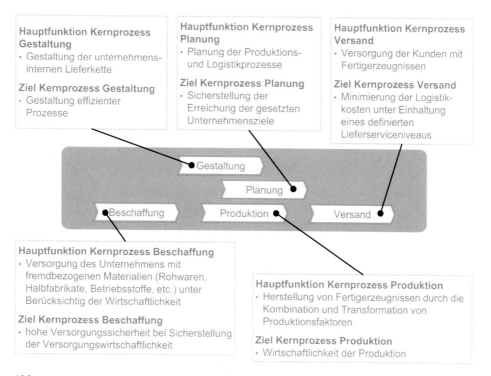

Abb. 2.2 Kernprozesse im Hannoveraner Lieferkettenmodell

Ziel ist, durch eine realistische Planung die Erreichung der gesetzten Unternehmensziele durch die PPS zu unterstützen.

Der Kernprozess **Beschaffung** hat die Aufgabe, die Versorgung des Unternehmens mit fremdbezogenen Materialien (Rohwaren, Halbfabrikate, ggf. Fertigerzeugnisse (sog. Handelsware), Betriebsstoffe etc.) sicherzustellen. Die Materialien fließen aus den Beschaffungsmärkten entweder in ein Wareneingangslager oder werden unmittelbar einem der folgenden Kernprozesse zugeführt. Das wesentliche Ziel der Beschaffung ist eine hohe Versorgungssicherheit des Unternehmens bei Sicherstellung der Versorgungswirtschaftlichkeit als wesentlicher Beitrag zum Unternehmenserfolg.

Im Kernprozess **Produktion** findet die eigentliche Wertschöpfung statt, die aus Rohmaterialien und Halbfabrikaten Fertigerzeugnisse, also verkaufsfähige Produkte, erzeugt. Diese kann sowohl durch Fertigungs- als auch durch Montageprozesse erfolgen. Teilweise entkoppeln Zwischenläger die einzelnen Produktionsprozesse zeitlich und ggf. auch mengenmäßig. Die Produktionsprozesse sind so zu steuern, dass eine hohe Wirtschaftlichkeit der Produktion erreicht wird.

Über den Kernprozess **Versand** gelangen die Fertigerzeugnisse schließlich zum Kunden. Dies kann durch eine Lieferung von Fertigerzeugnissen aus der Produktion direkt zum Kunden oder aus einem Fertigwarenlager heraus erfolgen. Das Ziel im Kernprozess Versand ist die Minimierung der Logistikkosten unter Einhaltung eines definierten Lieferserviceniveaus.

2.2 Modellkategorie 2: logistische Bausteine

Jede unternehmensinterne Lieferkette ist unternehmensspezifisch aufgebaut. Jeglicher Aufbau der unternehmensinternen Lieferkette lässt sich aus drei grundlegenden logistischen Bausteinen modellieren. Diese sind:

- Produzieren,
- Lagern und
- Komplettieren.

Das **Produzieren** umfasst sämtliche Prozesse, bei denen eine Verarbeitung von Material stattfindet. Dabei kann es sich sowohl Fertigungsprozesse als auch um Montageprozesse handeln.

Das **Lagern** dient der zeitlichen und mengenmäßigen Entkopplung von Produktionsprozessen. Von zeitlicher Entkopplung wird gesprochen, wenn Artikel zu einem Zeitpunkt eingelagert und zu einem anderen Zeitpunkt ausgelagert werden. Eine mengenmäßige Entkopplung löst die Menge der eingelagerten Artikel von der Menge der aus dem Lager entnommenen Artikel. Ein durchgängiger Auftragsbezug ist in diesem Fall nicht mehr gegeben. In Unternehmen lassen sich in diesem Zusammenhang verschiedene Lagerstufen unterscheiden: Wareneingangslager, Zwischenlager und Fertigwarenlager. Eine Pufferung von Artikeln hingegen dient lediglich einer zeitlichen Entkopplung von Produktionsprozessen und stellt keine Lagerung dar. Die Zuordnung von Artikeln zu Aufträgen bleibt hierbei erhalten.

Dritter logistischer Baustein ist das **Komplettieren**. An diesen Punkten im Materialfluss werden verschiedene Materialien (bspw. Einzelteile, Baugruppen) zeit- und mengengerecht für einen Verbraucher bereitgestellt. Verschiedene Materialflüsse konvergieren. Die entsprechenden Konvergenzpunkte finden sich bspw. in der Montage (Fügen von Bauteilen und Baugruppen zu einem verkaufsfähigen Erzeugnis) oder im Versand (Kommissionieren von Lagerpositionen für einen Kundenauftrag). Aus diesen drei genannten logistischen Bausteinen kann der Materialfluss durch die Kernprozesse Beschaffung, Produktion und Versand jeder beliebigen unternehmensinternen Lieferkette abgebildet werden.

2.3 Modellkategorie 3: Prozessausprägung

Die dritte Modellkategorie Prozessausprägung fokussiert die Gestalt und den Aufbau der unternehmensinternen Lieferkette. Hierbei sind nicht nur die Kernprozesse wichtig, sondern auch die einzelnen Prozesse innerhalb der Kernprozesse sowie die Art und Weise, wie die Prozesse miteinander in Beziehung stehen und wie die Prozesse angestoßen werden. Die unternehmensinterne Lieferkette mit den materialführenden Kernprozessen Beschaffung, Produktion und Versand lässt sich auf sehr unterschiedliche Arten zusammensetzen. Informations- und Materialflüsse verknüpfen die Kernprozesse miteinander. Die Informationsflüsse ergeben sich durch die Planung, die Steuerung und das logistische Controlling der Prozesse. Die Materialflüsse sind die Grundlage für die Wertschöpfung im Unternehmen. Aus Sicht des Materialflusses sind die Kernprozesse durch ihre jeweiligen Zu- und Abgänge miteinander verknüpft (vgl. Abb. 2.3).

2.3.1 Primärbedarf, Sekundärbedarf und Tertiärbedarf

Aus Sicht der PPS ist zunächst die Unterscheidung wichtig, ob ein Produktionsprozess der Herstellung von Fertigerzeugnissen zur Deckung von Primärbedarfen oder der Produktion von Halbfabrikaten zur Deckung von Sekundärbedarfen dient. Der **Primärbedarf** beschreibt den Bedarf an verkaufsfähigen Erzeugnissen. Unter **Sekundärbedarf** wird der Bedarf an Rohstoffen, Teilen und Produktgruppen zur Erstellung von Fertigerzeugnissen (Primärbedarf) gefasst. Der **Tertiärbedarf** stellt in diesem Zusammenhang den Bedarf an Betriebs- und Hilfsstoffen dar (vgl. [2]).

Die zu beschaffenden Materialien (Rohwaren, Komponenten, Baugruppen) fließen aus den Beschaffungsmärkten entweder in ein Wareneingangslager im Kernprozess Beschaffung oder werden unmittelbar im folgenden Kernprozess Produktion den unterschiedlichen Produktionsbereichen zugeführt (bspw. Rohwaren in Vorfertigungsbereichen oder Baugruppen in der Endmontage). Im Fall der Beschaffung von Handelswaren werden

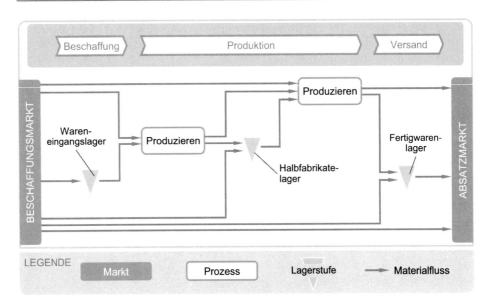

Abb. 2.3 Materialfluss in der unternehmensinternen Lieferkette

diese direkt zum Kernprozess Versand weitergeleitet und werden hier, je nachdem, ob es sich um lagerhaltige Handelswaren handelt, in einem Fertigwarenlager gelagert oder direkt an einen Kunden ausgeliefert.

Im Kernprozess Produktion werden zum einen Halbfabrikate zur Deckung der Sekundärbedarfe und zum anderen Fertigerzeugnisse zur Deckung der Primärbedarfe produziert. Dies kann entweder durch Fertigungsprozesse oder durch Montageprozesse erfolgen, die sich beide durch den logistischen Baustein Produzieren darstellen lassen. Die fertiggestellten Komponenten und Baugruppen zur Deckung der Sekundärbedarfe fließen entweder zur Zwischenlagerung in ein Halbfabrikatelager, sofern die unterschiedlichen Produktionsbereiche zur Deckung der Primär- und Sekundärbedarfe durch eine Lagerstufe mengenmäßig und zeitlich voneinander entkoppelt sind. Ist dies nicht der Fall, fließen die Artikel direkt aus den Vorfertigungsbereichen in die Produktionsbereiche zur Fertigstellung der Produkte (bspw. die Endmontage). Ggf. finden eine zeitliche Pufferung der entsprechenden Komponenten und Baugruppen statt.

Die fertiggestellten Produkte werden an den Kernprozess Versand weitergeleitet. Lagerhaltige Fertigerzeugnisse werden einem Fertigwarenlager zugeführt; nicht lagerhaltige Fertigerzeugnisse werden ggf. zeitlich gepuffert. Angestoßen durch einen Kundenauftrag oder eine Kundenbestellung erfolgt die Lieferung zum Kunden.

2.3.2 Kundenauftragsneutrale und kundenauftragsspezifische Produktion

Die zweite wesentliche Charakterisierung der Produktionsprozesse in der unternehmens-internen Lieferkette erfolgt danach, ob sie kundenauftragsneutral oder kundenauftrags-spezifisch durchgeführt werden. Im Fall einer **kundenauftragsneutralen Produktion** liegt den durchzuführenden Prozessen kein Kundenauftrag zugrunde. Es wird in eine Lagerstufe, bspw. ein in das Fertigwarenlager, produziert. Eine **kundenauftragsspezi-fische Produktion** erfolgt immer auf der Basis eines Kundenauftrags. Von Kundenauftrag kann in diesem Zusammenhang gesprochen werden, wenn für einen Kunden die zu lie-fernde Menge eines Produkts zu einem bestimmten Termin fixiert ist. Der Kundenauftrag ist vom Rahmenauftrag zu unterscheiden: letzterer ordnet für einen definierten Zeitraum – bspw. ein Jahr – Plan-Liefermengen den Plan-Perioden mit zulässigen Schwankungen zu. Mit dem Rahmenauftrag sind dementsprechend nur grobe Vereinbarungen über zukünftig zu liefernde Mengen getroffen. Eine konkrete Bestellung oder ein konkreter Abruf von Artikeln seitens des Kunden liegen hier noch nicht vor. Kurz vor dem tatsächlichen Be-darfstermin erzeugt der Kunde dann üblicherweise Abrufaufträge (z. B. in Form von Fein-abrufen).

Eine zentrale Bedeutung hat in diesem Zusammenhang der Kundenauftragsent-kopplungspunkt (KEP). Der KEP trennt die unternehmensinterne Lieferkette in einen kundenauftragsneutralen und einen kundenauftragsspezifischen Teil (vgl. [5]):

• Den Prozessen in der Lieferkette **vor dem KEP**, der immer auf eine Lagerstufe fällt, liegen somit keine spezifischen Kundenaufträge zugrunde. Die Herstellung von Pro-dukten, Baugruppen oder Komponenten in diesen Prozessen erfolgt auf der Basis von Plan-Bedarfen oder wird durch Verbräuche aus einer Lagerstufe angestoßen. Die Er-zeugnisse werden anschließend in ein Lager überführt.

• Die Prozesse **nach dem KEP** hingegen werden durch spezifische Kundenaufträge an-gestoßen.

Ein zentrales Kriterium für die Festlegung der KEP-Position sind die vom Markt bzw. von den Kunden geforderten Ziel-Lieferzeiten. Sind diese kürzer als die Wieder-beschaffungszeiten der Produkte von der Materialbeschaffung bis zur Auslieferung, so kann die Prozesskette nicht kundenauftragsspezifisch durchlaufen werden, ohne die Kundenerwartungen durch zu lange Lieferzeiten zu enttäuschen. Insofern muss zumindest ein Teil der Prozesskette kundenauftragsneutral durchlaufen werden. Die Position des KEP muss nicht für alle Produkte, die in einer Lieferkette hergestellt werden, gleich sein. Bei komplexeren Produkten kann der KEP sogar für einzelne Baugruppen oder Einzelteile an unterschiedlichen Positionen der unternehmensinternen Lieferkette liegen (vgl. [3]). Neben den von Kunden geforderten Lieferzeiten wirken sich auf die Position des KEP verschiedene weitere Parameter aus. Exemplarisch sind zu nennen:

- die Lagerfähigkeit der Artikel,
- der Wert und das Volumen der Artikel,
- die Variantenvielfalt und die Lage des Variantenbildungspunkts,
- die Verbrauchskonstanz bzw. die Abfragehäufigkeit,
- Möglichkeiten zur Mehrfachverwendung,
- Rüstzeiten und
- Flächenverfügbarkeiten.

2.3.3 Auftragsabwicklungsart

Aus der Lage des KEP in der unternehmensinternen Lieferkette ergibt sich die Auftragsabwicklungsart. Diese beschreibt, welche Teile der unternehmensinternen Lieferkette kundenauftragsneutral bzw. kundenauftragsspezifisch durchlaufen werden und wie die PPS diese Prozesse anstößt. So ergeben sich vier generelle Auftragsabwicklungsarten (vgl. [3]): Make-to-Stock, Assemble-to-Order, Make-to-Order und Engineer-to-Order. Diese sind in Abb. 2.4 dargestellt.

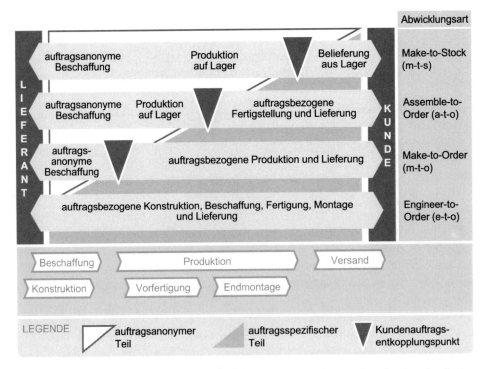

Abb. 2.4 Auftragsabwicklungsarten und die Lage des Kundenauftragsentkopplungspunkts (in Anlehnung an [4]. Vgl. auch [5])

▶ **Make-to-Stock – Lagerfertigung** Die Herstellung von verkaufsfähigen Produkten erfolgt unabhängig von Kundenaufträgen entweder auf der Basis von Plan-Bedarfen oder angestoßen durch Verbräuche aus dem Fertigwarenlager. Die Kunden werden entsprechend nach Bestelleingang aus einem Fertigwarenlager beliefert. Ein typisches Beispiel hierfür ist die Mobiltelefonproduktion. Bei dieser Auftragsabwicklungsart profitieren die Kunden von sehr kurzen Lieferzeiten – einen entsprechenden Servicegrad des Fertigwarenlagers vorausgesetzt. Das Unternehmen muss dazu Bestände auf einer sehr hohen Wertschöpfungsstufe in Kauf nehmen.

▶ **Assemble-to-Order – auftragsbezogene Montage** Bei dieser Auftragsabwicklungsart werden Zwischenerzeugnisse ohne Kundenbezug erzeugt. Die Fertigstellung der Endprodukte wird auftragsbezogen vorgenommen. In Unternehmen entspricht diese finale Produktionsstufe häufig einer kundenindividuellen Endmontage. Die Automobilproduktion ist ein typisches Beispiel hierfür. Es können nicht mehr so kurze Lieferzeiten wie im Make-to-Stock-Prozess erreicht werden. Neben den Versand- und Transportzeiten hängen die realisierbaren Lieferzeiten von der Durchlaufzeit durch die Endmontage ab. Fertigwarenbestände müssen bei dieser Auftragsabwicklungsart nicht vorgehalten werden.

▶ **Make-to-Order – Auftragsfertigung** Die Produkte werden erst auf einen spezifischen Kundenauftrag hin produziert. Typische Produkte sind Werkzeugmaschinen, wobei bei diesen Produkten in der Praxis häufig auch ein Teil der Prozesskette kundenauftragsneutral durchlaufen wird (bspw. bei der Fertigung oder der Beschaffung von Standardkomponenten). Die Lieferzeit wird maßgeblich von der Durchlaufzeit durch die unternehmensinterne Lieferkette bestimmt und ggf. zusätzlich durch lange auftragsspezifische Beschaffungszeiten verlängert. Durch die Länge der kundenauftragsspezifischen Prozesskette wirken sich Streuungen der Durchlaufzeiten in den einzelnen Prozessen signifikant auf die Liefertermineinhaltung gegenüber dem Kunden aus. Aus Bestandssicht sind weniger die Lagerbestände als der Auftragsbestand (Work in Process) in der Produktion ergebnisrelevant.

▶ **Engineer-to-Order – Auftragsfertigung mit kundenspezifischer Entwicklung** Diese Auftragsabwicklungsart ähnelt dem Make-to-Order-Prozess. Die Produkte werden auch hier auf einen spezifischen Kundenauftrag hin gefertigt und montiert; jedoch geht der Produktion noch ein kundenspezifischer Engineering- und Arbeitsvorbereitungsprozess voraus. Beispiele sind komplexe Großanlagen wie Papiermaschinen. Kundenspezifische Konstruktionsleistungen sind aus Sicht der der Planung und Steuerung genauso zu behandeln wie Produktionsprozesse.

Aus den verschiedenen Auftragsabwicklungsarten ergeben sich im Kern zwei Auftragsarten, die in Abhängigkeit von der Auftragsauslösung zu unterscheiden sind: kundenauftragsneutrale Lageraufträge und kundenauftragsbezogene Produktionsaufträge (vgl. [3]). Für die kundenauftragsneutrale Prozesskette werden Aufträge zur Auffüllung des

Entkopplungslagers erstellt. Dabei kann es sich um ein Wareneingangs-, ein Halbfabrikate-
oder ein Fertigwarenlager handeln. Hier spricht man von Lageraufträgen, um Entnahmen
aus einer Lagerstufe auszugleichen und den Bestand auf einem definierten Niveau zu halten. Die erforderlichen Lageraufträge an die Beschaffung oder die Produktion können aus
zukünftigen Plan-Bedarfen abgeleitet werden. In diesem Fall spricht man von einer Plan-
steuerung. Werden die Lageraufträge hingegen durch Entnahmen oder Verbräuche aus der
Lagerstufe angestoßen, so spricht man von einer Verbrauchssteuerung. Im kundenauftragsbezogenen Teil der unternehmensinternen Lieferkette werden konkrete Kundenaufträge in Produktionsaufträge überführt. Mengen und Termine werden somit im Wesentlichen durch die Kunden bestimmt.

2.4   Modellkategorie 4: Zielsysteme

Unternehmen wollen Kunden langfristig an sich binden und Gewinne erwirtschaften. Um
auf den global umkämpften Märkten bestehen zu können, müssen Unternehmen Produkte
in hoher Qualität zu günstigen Preisen und in immer kürzerer Zeit am Markt anbieten.
Daraus leiten sich für produzierende Unternehmen die drei elementaren operativen
Leistungsziele ab (vgl. [6]): Qualität, Kosten und Zeit (vgl. Abb. 2.5). Alle drei Leistungsziele für sich stellen entscheidende Wettbewerbsfaktoren dar, die sich in verschiedene
erfolgswirksame Teilziele herunterbrechen lassen.

Qualität als Leistungsziel wirkt in Form einer hohen Produktqualität unmittelbar auf
den Kundennutzen, wobei hier auch zusätzliche Aspekte der Lieferqualität wie stimmige
Versand- und Rechnungspapiere wichtig sind. Auch die Wirtschaftlichkeit des Unternehmens wird durch Qualitätsziele wie geringe Ausfallraten, niedrige Fehlerquoten und
wenig Nacharbeit beeinflusst. Die unternehmerischen **Kosten** bestimmen die Preise, zu
denen das Unternehmen seine Produkte anbieten kann. Sie ergeben sich für Produkti-
onsbetriebe im Wesentlichen durch Materialkosten, Lohnkosten, Mieten und Pachten,

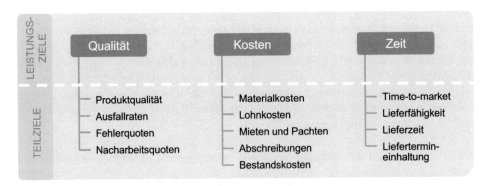

Abb. 2.5 Leistungsziele: Qualität, Zeit und Kosten (Adaptiert nach [6]; mit freundlicher Genehmigung von © Springer-Verlag Berlin Heidelberg 2006. All Rights Reserved)

	Beschaffung	Produktion	Versand
QUALITÄT	• Anteil gelieferter Gutteile	• Ausschussquote	• Lieferqualität
KOSTEN Kostengrößen allgemein	• Prozesskosten • Produktivität (Mitarbeiter, Fläche)	• Prozesskosten • Produktivität (Mitarbeiter, Anlagen, Material, Fläche)	• Prozesskosten • Produktivität (Mitarbeiter, Fläche)
KOSTEN Logistik-kosten	• Bestand an Rohwaren, Komponenten und Halbfabrikaten	• Auslastung • WIP • Bestand an Halbfabrikaten	• Fertigwaren-bestand
ZEIT Logistik-leistung	• Termineinhaltung bei Direktanlieferung • Servicegrad bei lager-haltigen Beschaffungsteilen	• Termintreue • Durchlaufzeit	• Lieferfähigkeit • Liefertermin-einhaltung • Lieferzeit • Servicegrad

Abb. 2.6 Zielgrößen in der unternehmensinternen Lieferkette

Abschreibungen sowie Bestandskosten (vgl. [7]). Das Leistungsziel **Zeit** ist aus zwei Perspektiven zu sehen. Zum einen müssen sich Unternehmen schnell weiterentwickeln und neue Technologien und Produktinnovationen in einer hohen Geschwindigkeit einführen und etablieren. Die Time-to-Market ist in diesem Zusammenhang eine wichtige Zielgröße. Zum anderen muss auf Kundenanfragen im besten Fall immer positiv reagiert werden können. Die Lieferfähigkeit ist hier die zentrale Zielgröße. Eine zugesagte schnelle und termingerechte Auslieferung der Aufträge an den Kunden muss anschließend auch realisiert werden, was die Zielgrößen Lieferzeit und Liefertermineinhaltung messen.

Die unternehmensspezifischen Ausprägungen von Zielgrößen beschreiben den Zustand eines Systems. Sie sind sowohl zur Planung und Steuerung als auch zur Zielüberwachung einsetzbar (vgl. [8]). Aus den operativen Leistungszielen Qualität, Zeit und Kosten und den entsprechenden Teilzielen lassen sich Zielsysteme für die einzelnen Kernprozesse der unternehmensinternen Lieferkette ableiten (vgl. Abb. 2.6). Die Zielsysteme werden je Kernprozess durch spezifische Zielgrößen definiert. Diese stehen in Wechselwirkung zu einander und wirken teilweise konträr.

2.4.1 Qualitätszielgrößen

Die PPS kann nicht alle Zielgrößen direkt beeinflussen. So wird die Qualität der Produkte und der Prozesse durch die eingesetzten Materialien und Produktionstechnologien und das Qualifikationsniveau der Mitarbeiter bestimmt. Die Zielgrößen im Kernprozess Versand haben durchweg eine starke Wirkung auf die Kundenzufriedenheit, da dieser Kernprozess die Schnittstelle zum Kunden definiert. Die im Versand zentrale Qualitätskennzahl ist die Lieferqualität.

▶ **Lieferqualität** Die Lieferqualität gibt den Anteil an Lieferungen zum Kunden wieder, bei denen keine Beanstandungen durch den Kunden auftreten. Dies ist der Fall, wenn die Beschaffenheit der Produkte, der Verpackung sowie sämtlicher Begleitpapiere einwandfrei war (vgl [9]).

Die Lieferqualität lässt sich wie folgt berechnen:

$$\text{Lieferqualität}\left[-\right] = \frac{\begin{array}{c}\text{Anzahl Lieferungen ohne Beanstandungen}\\\text{durch Kunden}\left[-\right]\end{array}}{\text{Gesamtanzahl Lieferungen}\left[-\right]} \qquad \text{(Gl. 2.1)}$$

Im Kernprozess Produktion ist die Ausschussquote die entscheidende Kennzahl. Sie bestimmt die Menge zu verschrottender Artikel bzw. die zu leistende Menge an Nacharbeit.

▶ **Ausschussquote** Die Ausschussquote wird bestimmt durch den Anteil an Produkten bzw. Halbfabrikaten, die im Produktionsprozess Mängel hinsichtlich qualitätsrelevanter Eigenschaften aufweisen und dadurch nachbearbeitet bzw. verschrottet werden müssen (vgl. [10]).

Die Ausschussquote ergibt sich gemäß Gl. 2.2:

$$\text{Ausschussquote}\left[-\right] = \frac{\text{Anzahl Artikel mit Qualitätsmängeln}\left[-\right]}{\text{Gesamtanzahl produzierter Artikel}\left[-\right]} \qquad \text{(Gl. 2.2)}$$

Für den Kernprozess Beschaffung ergibt sich die qualitätsrelevante Zielgröße durch den Anteil gelieferter Gutteile von den Lieferanten.

▶ **Anteil gelieferter Gutteile** Der Anteil gelieferter Gutteile ergibt sich aus der Menge vom Lieferanten gelieferter Teile, bei denen keine Beanstandungen hinsichtlich qualitätsrelevanter Eigenschaften vorzunehmen waren, im Vergleich zur Gesamtmenge an gelieferten Teilen.

Diese Zielgröße lässt sich auf das gesamte Spektrum gelieferter Artikel, auf einzelne Lieferanten oder auf einzelne Artikel beziehen. Sie ergibt sich wie folgt:

$$\text{Anteil gelieferter Gutteile}\left[-\right] = \frac{\begin{array}{c}\text{Anzahl gelieferter Artikel ohne}\\\text{qualitätsrelevante Auffälligkeiten}\left[-\right]\end{array}}{\begin{array}{c}\text{Gesamtanzahl von Lieferanten}\\\text{bezogener Artikel}\left[-\right]\end{array}} \qquad \text{(Gl. 2.3)}$$

2.4.2 Kostenzielgrößen: allgemeine Kostengrößen

Das Leistungsziel Kosten lässt sich in allgemeine Kosten und Logistikkosten unterteilen. Die allgemeinen Kosten werden über die gesamte unternehmensinterne Lieferkette (Beschaffung, Produktion, Versand) durch die den Prozessen zugrunde liegenden Kosten (Prozesskosten) bestimmt. Diese lassen sich anhand der Prozesskostenrechnung ermitteln (vgl. [11]).

▶ **Prozesskosten** Die Prozesskosten sind losgelöst von der Umlage über die Kostenstellen auf die Leistungen. Die Prozesskosten ergeben sich aus den Kosten, die durch die einzelnen Prozessaktivitäten entstehen, und werden über den Gesamtprozess aufaddiert. Der Faktorverzehr wird jeweils relevanten Aktivitäten und Prozessen zu geordnet (vgl. [12]).

In diesem Zusammenhang ist entscheidend, wie die eingesetzten Ressourcen wirtschaftlich genutzt werden. Dies lässt sich durch die Produktivität bezogen auf die Produktionsfaktoren Mitarbeiter, Anlagen, Material und Fläche beschreiben, wobei die Produktivität als Kennzahl im Kernprozess Produktion aufgrund des hohen Ressourceneinsatze im Vergleich zu den Kernprozessen Beschaffung und Versand die höchste Relevanz hat.

▶ **Produktivität** Die Produktivität beschreibt die Ergiebigkeit der betrieblichen Faktorkombination. Die Produktivität ist definiert durch das Verhältnis von Output-Menge zu Input-Menge. Es lassen sich unterschiedliche Arten der Produktivität bestimmen wie bspw. die durch das Verhältnis von Produktionswert zum Kapitaleinsatz definierte Wertproduktivität oder die durch das Verhältnis von Produktionswert zum Arbeitseinsatz bestimmte Arbeitsproduktivität (vgl. [12]).

Die Produktivität lässt sich wie folgt berechnen:

$$\text{Produktivität} \left[-\right] = \frac{\text{Ausbringungsmenge} \left[-\right]}{\text{Faktoreinsatzmenge} \left[-\right]} \qquad \text{(Gl. 2.4)}$$

Die allgemeinen Kosten ergeben sich in erster Linie durch die strategische Gestaltung der unternehmensinternen Lieferkette, bei welcher Entscheidungen zur Standortwahl, zu den eingesetzten Produktionstechnologien (damit einhergehend zum Automatisierungsgrad), zu den Prinzipien der Fertigungsorganisation etc. zu treffen sind.

2.4.3 Kostenzielgrößen: Logistikkosten

Die zentralen Zielgrößen entlang der unternehmensinternen Lieferkette bezogen auf die Logistikkosten sind die Bestände und die Auslastung. Die PPS bestimmt durch verschiedene zu erfüllende Aufgaben wie bspw. die Kapazitätsabstimmung die Auslastung

von Personal und Anlagen, wobei dies insbesondere im Kernprozess Produktion Auswirkungen auf den Unternehmenserfolg hat.

▶ **Auslastung** Die Auslastung ist eine produktivitätsbezogene Kennzahl. Sie ergibt sich
aus dem Verhältnis von mittlerer erbrachter Leistungzur maximal möglichen Leistung,
bspw. an einem Arbeitssystem. Hierbei kann die Auslastung des Personals oder die Auslastung der Anlagen und Maschinen gemessen werden ([13]).

Die Auslastung ergibt sich gemäß Gl. 2.5:

$$\text{Auslastung}\,[-] = \frac{\text{mittlere Leistung}\left[\dfrac{Stunden}{Tag}\right]}{\text{maximal mögliche Leistung}\left[\dfrac{Stunden}{Tag}\right]} \qquad \text{(Gl. 2.5)}$$

Auch der Bestand entlang der unternehmensinternen Lieferkette wird maßgeblich
durch die PPS bestimmt. Im Kernprozess Produktion ist der Auftragsbestand oder Work in
Process (WIP), der keinen Lagerbestand darstellt, erfolgswirksam. Dieser ergibt sich aus
den von der PPS freigegebenen aber noch fertiggestellten Produktionsaufträgen.

▶ **Auftragsbestand / WIP** Der WIP als Bestandsgröße wird häufig anhand eines gemittelten Bestandswerts gemessen. Der WIP wird in der Regel mit den Arbeitsinhalten der
Aufträge in Stunden bewertet. Alternativ kann die Anzahl Aufträge als Bewertungsmaß-
stab verwendet werden (vgl. [14]).

Der über der Zeit mittlere WIP in einem Produktionsbereich ergibt sich zu:

$$\text{mittlerer WIP}\,[\text{Stunden}] = \frac{\sum_{Messung\,i}^{Anzahl\,der\,Messungen} WIP\,bei\,Messung\,i\,[Stunden]}{\text{Anzahl der Messungen}\,[-]} \qquad \text{(Gl. 2.6)}$$

Im Kernprozess Beschaffung ist die zentrale Größe der Bestand an Rohwaren und zu-
gekauften Komponenten und Halbfabrikaten. Sofern ein Zwischenlager zur Entkopplung
von einzelnen Prozessen im Kernprozess Produktion etabliert ist, muss zudem der Bestand
an zwischengelagerten Halbfabrikaten berücksichtigt werden. Im Kernprozess Versand ist
der Fertigwarenbestand die zentrale Zielgröße.

▶ **Bestand** Der Bestand in einer Lagerstufe kann in verschiedenen Einheiten gemessen
werden (Stück, €, Gewicht etc.). Er wird häufig in Form eines zeitlich gemittelten Bestandswerts angegeben. Zur Berechnung eines mittleren Bestands gibt es verschiedene
Möglichkeiten. Die gängigste ist, den Bestand zu verschiedenen Zeitpunkten zu messen
und die Summe der Messergebnisse durch die Anzahl der Messungen zu dividieren
(vgl. [15]).

Der zeitlich mittlere Bestand in einer Lagerstufe, hier ein € gemessen, lässt sich gemäß
Gl. 2.7 berechnen:

$$\text{mittlerer Bestand}\left[€\right] = \frac{\sum_{Messung\,i=1}^{Anzahl\,der\,Messungen} Bestandswert\ Messung\ i\left[€\right]}{Anzahl\ der\ Messungen\left[-\right]} \qquad \text{(Gl. 2.7)}$$

2.4.4 Zeitzielgrößen: Logistikleistung

Bezogen auf das Leistungsziel Zeit hat die PPS keinen Einfluss auf die Time-to-Market,
die aus der Innovationsgeschwindigkeit des Unternehmens resultiert. Die übrigen Zielgrößen der Logistikleistung werden unmittelbar durch die PPS bestimmt. Die Zielgrößen
im Kernprozess Versand wirken sich direkt auf die Kundenzufriedenheit aus. Zunächst ist
für den Kunden wichtig, ob eine Kundennachfrage zugesagt und nach Plan bedient werden könnte. Die Lieferfähigkeit gibt den Grad der planmäßig zufriedenstellend be-
antworteten Kundennachfragen wieder.

▶ **Lieferfähigkeit** Die Lieferfähigkeit gibt den Grad der Übereinstimmung von Kunden-
wunschtermin, der für die PPS einen Soll-Wert darstellt, und zugesagtem Liefertermin,
der für die PPS einen Plan-Wert darstellt, an (vgl. [16] oder [17]).

Die Lieferfähigkeiten berechnet sich für Daten aus einem definierten Untersuchungszeitraum zu:

$$\text{Lieferfähigkeit}\left[-\right] = \frac{\begin{array}{c} Anzahl\ zum\ Kundenwunschtermin\ best\ddot{a}tigter \\ Kundenauftr\ddot{a}ge\left[-\right] \end{array}}{Gesamtanzahl\ Kundenauftr\ddot{a}ge\left[-\right]} \qquad \text{(Gl. 2.8)}$$

In wie fern nun die Zusagen erfüllt werden konnten, messen die Lieferzeit und die
Liefertermineinhaltung. Diese beiden Zielgrößen bestimmen maßgeblich die Logistikleistung eines Unternehmens.

▶ **Lieferzeit** Die Lieferzeit ist die Zeitspanne zwischen der Auftragserteilung durch den
Kunden bis zum Verfügbarkeitszeitpunkt der Ware beim Kunden. Diese Kennzahl hat
somit einen direkten Einfluss auf die Kundenzufriedenheit. Die Länge der Lieferzeit ist
abhängig von den Durchlaufzeiten eines Auftrags durch die kundenauftragsspezifischen
Prozesse. Die Lieferzeit wird somit unmittelbar durch die Lage des KEP und durch die
dem Kundenauftrag zugrunde liegende Auftragsabwicklungsart bestimmt (vgl. [18]).

Gl. 2.9 zeigt die Berechnung der Lieferzeit:

$$\text{Lieferzeit}\left[\text{Tage}\right] = \text{Zeitpunkt Ankunft Ware beim Kunden}\left[\text{Tage}\right]$$
$$-\text{Zeitpunkt Erteilung Kundenauftrag}\left[\text{Tage}\right] \qquad \text{(Gl. 2.9)}$$

▶ **Liefertermineinhaltung** Die Liefertermineinhaltung beschreibt das Verhältnis der rechtzeitig (pünktlich oder verfrüht) bereitgestellten Artikel zur Gesamtanzahl der bereitgestellten Artikel (vgl. [19]).

Die Liefertermineinhaltung berechnet sich für Daten aus einem definierten Untersuchungszeitraum wie folgt:

$$\text{Liefertermineinhaltung } \left[-\right] = \frac{\textit{Anzahl rechtzeitig bereitgestellter Aufträge } \left[-\right]}{\textit{Gesamtanzahl zugesagter Aufträge } \left[-\right]} \quad \text{(Gl. 2.10)}$$

Im Kernprozess Beschaffung berechnet sich die Termineinhaltung der Lieferanten analog zu Gl. 2.10 aus den Bestellungen und den gelieferten Waren.

Werden im Kernprozess Versand lagerhaltigen Fertigwaren betrachtet, resultiert die Liefertermineinhaltung unmittelbar aus dem im Fertigwarenlager realisierten Servicegrad.

▶ **Servicegrad** Der ungewichtete Servicegrad ergibt sich aus dem Verhältnis der pünktlich bedienten Nachfragen an das Lager zur Gesamtanzahl an Lagernachfragen, wobei die Lagernachfragen in Anzahl Aufträge gemessen werden. Werden die Nachfragen an das Lager in Anzahl Artikel gemessen, so wird der gewichtete Servicegrad berechnet (vgl. [15]).

Gl. 2.11 zeigt die Berechnung des ungewichteten Servicegrads, wobei Daten aus einem definierten Untersuchungszeitraum zugrunde gelegt werden:

$$\text{ungewichtete Servicegrad}\left[-\right] = \frac{\textit{Anzahl pünktlich bedienter Lagernachfragen}\left[-\right]}{\textit{Gesamtanzahl Lagernachfragen}\left[-\right]} \quad \text{(Gl. 2.11)}$$

Entlang der Lieferkette lassen sich die von der PPS beeinflussten Zielgrößen zur Bestimmung der Logistikleistung auf spezifische logistische Leistungsgrößen in den einzelnen Kernprozessen herunterbrechen. Im Kernprozess Produktion sind die Durchlaufzeit und die Termintreue die zentralen Größen zur Messung der Logistikleistung. Die Durchlaufzeiten, die ein Produktionsauftrag zum Durchlaufen der kundenauftragsspezifischen Prozesse der unternehmensinternen Lieferketten benötigt, bestimmt unmittelbar die Lieferzeit zum Kunden. Die erreichte Liefertermineinhaltung resultiert aus der Terminsituation der einzelnen Kernprozesse, wobei in Produktionsbereichen die Termintreue gemessen wird.

▶ **Durchlaufzeit** Die Durchlaufzeit entspricht der Zeitspanne zwischen der Freigabe eines Produktionsauftrags in die Produktion oder in einen Produktionsbereich und der Fertigstellung des Produktionsauftrags. In der Praxis wird zur Beschreibung der Logistikleistung eines Produktionsbereichs häufig die mittlere Durchlaufzeit von Produktionsaufträgen bestimmt. Dazu werden dazu die Durchlaufzeiten der einzelnen

Produktionsaufträge im betrachteten Produktionsbereich in einem Untersuchungszeit-raum aufsummiert und ins Verhältnis zur Anzahl der im Untersuchungszeitraum be-arbeiteten Aufträge gesetzt (vgl. [20]).

Die Durchlaufzeit eines Produktionsauftrags berechnet sich wie folgt:

$$\text{Durchlaufzeit} [\text{Tage}] = \text{Zeitpunkt Auftragsfertigstellung} [\text{Datum}]$$
$$-\text{Zeitpunkt Auftragsfreigabe} [\text{Datum}] \qquad \text{(Gl. 2.12)}$$

▶ **Termintreue** Die Termintreue ist eine Verhältniskennzahl. Sie gibt das Verhältnis der Anzahl an Aufträgen, die termingerecht (innerhalb eines definierten Termintoleranz-fensters) fertig gestellt wurden, zur Gesamtanzahl fertig gestellter Aufträge innerhalb eines Untersuchungszeitraums an (vgl. [19]).

Gl. 2.13 zeigt die Berechnung der Termintreue für Daten aus einem definierten Unter-suchungszeitraum:

$$\text{Termintreue} [-] = \frac{\text{\textit{Anzahl Aufträge mit Fertigstellung im Termintoleranzfenster}} [-]}{\text{\textit{Gesamtanzahl Aufträge}} [-]} \qquad \text{(Gl. 2.13)}$$

Im Kernprozess Beschaffung ist aus Logistikleistungssicht entscheidend, ob die Kom-ponenten termingerecht im Kernprozess Produktion und ggf. im Kernprozess Versand bereitgestellt werden konnten. Bei lagerhaltigen Beschaffungsteilen ist der Servicegrad im Beschaffungslager die zentrale Kennzahl (siehe Gl. 2.11). Liefert der Lieferant das Mate-rial spezifisch für einen Produktionsauftrag, so ist die Termineinhaltung des Lieferanten maßgeblich für eine pünktliche Bereitstellung in den folgenden Kernprozessen (siehe Gl. 2.10).

Die PPS bestimmt maßgeblich die Logistikleistung und die Logistikkosten in der unter-nehmensinternen Lieferkette. Logistikleistung und Logistikosten stehen in Wechsel-wirkung zueinander. Teilweise sind die logistischen Zielgrößen der einzelnen Kern-prozesse der unternehmensinternen Lieferkette gegensätzlich ausgerichtet. Aus logistischer Sicht eröffnen sich daher in jedem Kernprozess Zielkonflikte zwischen einer hohen Logistikleistung und geringen Logistikosten bzw. zwischen logistischen Zielgrößen. Eine Positionierung im sich auftuenden Spannungsfeld ist eine wesentliche Herausfor-derung für die PPS.

2.5 Modellkategorie 5: Logistische Modelle

Produktionsunternehmen betreiben erhebliche Anstrengungen, um die logistischen Ziele ihrer unternehmensinternen Lieferkette fortwährend zu erreichen. Dabei bestätigt sich je-doch immer wieder, dass die „Optimierung" einer Lieferkette nicht nur kompliziert, sondern aufgrund der zahlreichen Wechselwirkungen zwischen den Elementen einer Lieferkette sowie der dynamischen Einflussgrößen auch komplex ist. Selbst für den Fall, dass es gelingen sollte, eine „optimale" Struktur der Lieferkette und „optimale" Parametereinstellungen der PPS zu finden, sind diese bei einer Veränderung der Zielgrößen oder der Randbedingungen sehr schnell hinfällig.

Als Lösungsansatz müssen die wesentlichen Elemente der Lieferkette durch eine entsprechende Abstraktion zunächst überschaubar dargestellt werden. Dazu bietet sich der Einsatz von Modellen an. Ein Modell ist ein durch Abstraktion gewonnenes Abbild der Realität (vgl. [21] oder [22]). Die Abstraktion kann dabei durch Reduktion (Verzicht auf die Abbildung unbedeutender Details) oder Idealisierung (Vereinfachung vorliegender Gegebenheiten) erreicht werden. So werden prinzipiell nur die relevanten Systemelemente und Eigenschaften von dem Modell erfasst. Ein Modell muss den folgenden allgemeinen Anforderungen gerecht werden (vgl. [23]):

- realitätsnahe Abbildung der Situation bzw. des Problems innerhalb des Realsystems,
- allgemeine Anwendbarkeit des Modells,
- Klarheit und Verständlichkeit der Aussagen,
- Beschränkung auf das Wesentliche und
- Schaffung eines umfassenden Verständnisses des Systemverhaltens.

Um Teilprozesse in der unternehmensinternen Lieferkette in ihrem Systemverhalten und Wechselwirkungen zwischen logistischen Zielgrößen sowie der PPS und logistischen Zielgrößen zu beschreiben, eignen sich sogenannte logistische Modelle sehr gut. In der Literatur lassen sich je nach Differenzierungskriterium eine Vielzahl von logistischen Modelltypen unterscheiden. Für die Betrachtung der unternehmensinternen Lieferkette sowie der PPS sind drei Typen von Modellen relevant (ähnlich bei [12] bzw. und [24]). Diese zeigt Abb. 2.7.

Beschreibungsmodelle dienen der Abbildung relevanter Merkmale realer Erscheinungen. Sie beschreiben die Realität und veranschaulichen Zusammenhänge. Diese deskriptiven Modelle enthalten keine Aussagen zu Ursache-Wirkungs-Zusammenhängen. Sie geben jedoch in der Regel einen umfassenden Überblick über die Ist-Situation eines Systems.

Wirkmodelle stellen Ursache-Wirkbeziehungen zwischen Modellvariablen dar. Sie erläutern Zusammenhänge zwischen Einfluss- und Zielgrößen. Sie erklären die beobachteten Prozesse und bilden die Basis für Hypothesen und Gesetzmäßigkeiten.

Entscheidungsmodelle sind ein Hilfsmittel für die Bestimmung und die Auswahl optimaler Handlungsalternativen durch die Übertragung der in einem Wirkmodell gewonnenen Erkenntnisse auf einen praktischen Anwendungsbereich. Im Rahmen der PPS entsprechen die Entscheidungsmodelle den eingesetzten PPS-Verfahren – bspw. ein ausgewähltes Verfahren zur Bestimmung von Produktionslosgrößen. Zur Modellierung logistischer Abläufe und Wirkzusammenhänge in den Kernprozessen der unternehmensinternen

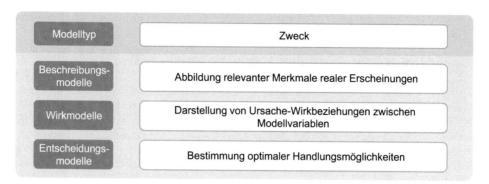

Abb. 2.7 Typen logistischer Modelle

Lieferkette existieren verschieden Beschreibungs- und Wirkmodelle, von denen die gängigsten in Kap. 3 vorgestellt werden.

Literatur

1. Supply Chain Council (2010) SCOR supply chain operations reference model. Rev. 10.0. Supply Chain Council Inc, Cypress
2. Wannenwetsch HH (2008) Intensivtraining Produktion, Einkauf, Logistik und Dienstleistung. Gabler, Wiesbaden
3. Wiendahl H-P, Reichardt J, Nyhuis P (2009) Handbuch Fabrikplanung. Konzept, Gestaltung und Umsetzung wandlungsfähiger Produktionsstätten, 1. Aufl. Carl Hanser, München
4. Wiendahl H-P, Wiendahl H-H (2019) Betriebsorganisation für Ingenieure, 9., vollst. überarb. Aufl. Carl Hanser, München
5. Hoekstra S, Romme J, Argelo S M (1992) Integral logistic structures. Developing customer-oriented goods flow. McGraw-Hill, London/New York
6. Westkämper E, Decker M (2006) Einführung in die Organisation der Produktion. Springer, Berlin/Heidelberg
7. Statistisches Bundesamt (2014) Produzierendes Gewerbe. Kostenstruktur der Unternehmen des Verarbeitenden Gewerbes sowie des Bergbaus und der Gewinnung von Steinen und Erden, Wiesbaden
8. Wiendahl H-H (2012) Auftragsmanagement der industriellen Produktion. Grundlagen, Konfiguration, Einführung. Springer, Berlin/Heidelberg
9. Fleischmann B (2008) Grundlagen: Begriff der Logistik, logistische Systeme und Prozesse. In: Arnold D, Isermann H, Kuhn A, Tempelmeier H, Furmans K (Hrsg) Handbuch Logistik, 3., neu bearb. Aufl. Springer (VDI-Buch), Berlin, S 3–34
10. Reichmann T, Hoffjan A (2014) Controlling mit Kennzahlen. Die systemgestützte Controlling-Konzeption mit Analyse- und Reportinginstrumenten, 8., überarb. u. erw. Aufl. Franz Vahlen, München
11. Weber J (2000) Prozesskostenrechnung. In: Hadeler T, Winter E (Hrsg) Gabler Wirtschaftslexikon, 15., vollst. überarb. u. akt. Aufl. Gabler, Wiesbaden, S 2538–2540
12. Thorsten H, Winter E (Hrsg) (2000) Gabler Wirtschaftslexikon, 15., vollst. überarb. u. akt. Aufl. Gabler, Wiesbaden
13. Nyhuis P, Wiendahl H-P (2012) Logistische Kennlinien. Grundlagen, Werkzeuge und Anwendungen, 3. Aufl. Springer, Berlin/Heidelberg

14. Hopp WJ, Spearman ML (2008) Factory physics, 3. Aufl., internat. Aufl. McGraw-Hill/ Irwin, Boston
15. Lutz S (2002) Kennliniengestütztes Lagermanagement. VDI, Düsseldorf
16. Luczak H, Weber J, Wiendahl H-P (Hrsg) (2004) Logistik-Benchmarking. Praxisleitfaden mit LogiBEST, 2., vollst. überarb. Aufl. Springer, Berlin
17. Pfohl H-C (2004) Logistikmanagement. Konzeption und Funktionen, 2., vollst. überarb. u. erw. Aufl. Springer, Berlin, Heidelberg
18. Wiendahl H-P (2008) Logistikorientierte Kennzahlensysteme und -kennlinien. In: Arnold D, Isermann H, Kuhn A, Tempelmeier H, Furmans K (Hrsg) Handbuch Logistik, 3. neu bearb. Aufl. Springer, Berlin, S 228–248
19. Lödding H (2013) Handbook of manufacturing control. Fundamentals, description, configuration. Springer, Berlin
20. Wiendahl H-P (1997) Fertigungsregelung - Logistische Beherrschung von Fertigungsabläufen auf Basis des Trichtermodells, 2. Aufl. Hanser, München
21. Stachowiak H (1973) Allgemeine Modelltheorie. Springer, Wien
22. Box G, Luceño A (1997) Statistical control by monitoring and feedback adjustment. Wiley, New York
23. Oertli-Cajacob P (1977) Praktische Wirtschaftskybernetik. Ein praxisorientierter Leitfaden für die Gestaltung und Optimierung der Planung und Organisation in Industrie, Handel und Verwaltung; neue Methoden und deren Anwendung. Eidgenössische Techn. Hochsch., Diss.-Zürich, 1975, 1. Aufl. Hanser, München
24. Wöhe G (1978) Einführung in die allgemeine Betriebswirtschaftslehre, 13., überarb. Aufl. Vahlen, München

Logistische Modelle

3

Inhaltsverzeichnis

Zusammenfassung

Das Kap. 3 „Logistische Modelle" behandelt die Modellkategorie 5 im Hannoveraner Lieferkettenmodell. Nach einer Gegenüberstellung gängiger Modellierungsansätze (Simulation, Operations Research und logistische Modelle) werden die für die Produktionsplanung und -steuerung wichtigen logistischen Modelle vorgestellt. Diese Modelle dienen zum einen der Analyse des Durchlaufs einzelner Aufträge durch die unternehmensinterne Lieferkette (Auftragssicht). Zum anderen lässt sich das logistische Systemverhalten von Ressourcen in der unternehmensinternen Lieferkette, wie bspw. einem Arbeitssystem, beschreiben und analysieren (Ressourcensicht). Mit diesen logistischen Modellen lassen sich Wirkzusammenhänge zwischen Elementen und den unternehmerischen Zielgrößen in der Lieferkette darstellen und veranschaulichen. Dies unterstützt ein umfassendes Systemverständnis, was eine Voraussetzung zur Beschreibung der Auswirkung der Erfüllung von Aufgaben der Produktionsplanung und -steuerung auf unternehmerische Ziele ist.

© Springer-Verlag GmbH Deutschland, ein Teil von Springer Nature 2021
M. Schmidt, P. Nyhuis, *Produktionsplanung und -steuerung im Hannoveraner Lieferkettenmodell*, https://doi.org/10.1007/978-3-662-63897-2_3

Im Kontext des Hannoveraner Lieferkettenmodells (HaLiMo) dient die Modellkategorie 5, logistische Modelle, der Beschreibung des logistischen Systemverhaltens von Elementen der unternehmensinternen Lieferkette sowie der Modellierung von Wirkzusammen zwischen diesen Elementen und den unternehmerischen Zielgrößen in der Lieferkette. In diesem Kapitel werden die grundlegenden Eigenschaften zentraler logistischer Modelle zusammenfassend vorgestellt.

3.1   Gegenüberstellung gängiger Modellierungsansätze

Generell lässt sich im Kontext der PPS zwischen unterschiedlichen Modellierungsansätzen unterscheiden:

- Simulationsmodelle,
- Modelle des Operations Research und
- logistische Modelle.

Die Simulation erscheint oftmals geeignet, einen (Re-)Strukturierungsprozess in einem Unternehmen hinsichtlich der Bewertung und Auswahl von Gestaltungsmaßnahmen zur Veränderung der unternehmensinternen Lieferkette und der PPS zu unterstützen. Dazu ist es erforderlich, mit Hilfe eines geeigneten Simulationssystems die Lieferkette vollständig und unter Berücksichtigung aller relevanten Wechselwirkungen und Einflussgrößen abzubilden. Kommerzielle Systeme zur Erstellung von Simulationsmodellen sind verfügbar. Die Abbildung des Lastmodells (u. a. Produktionsprogramm, Stücklisten, Arbeitspläne) und des Ressourcenmodells (u. a. technischen Ressourcen wie Arbeitsplätze, Transportsysteme oder Mitarbeiterkapazitäten) sind zumeist über eine Bereitstellung von Schnittstellen zu den Unternehmensdaten (Stammdaten etc.) vergleichsweise einfach realisierbar (vgl. exemplarisch für die Simulationssoftware Arena [1], und für die Simulationssoftware [2]). Problematischer wird es bei der Abbildung des Planungs- und Steuerungsmodells. Diese Modellbausteine müssen in der Regel individuell programmiert werden, da nur für einzelne Planungs- und Steuerungsbausteine vorgefertigte Module existieren (z. B. ausgewählte Reihenfolgeregeln).

Wenn alle Modellbausteine vorliegen, ergibt sich eine weitere Herausforderung: der Anwendung einer Simulation muss eine Validierung vorausgehen, die mit einem Modelltest verbunden sein sollte. Bei dem Modelltest werden zur Überprüfung der Bausteine des Simulationsmodells und deren Parametrierung die Simulationsergebnisse mit dem realen Betriebsgeschehen eines repräsentativen Zeitraums verglichen (vgl. [3]). Eine realistische Abbildung gilt als erreicht, wenn sich die zu untersuchenden Zielgrößen einer Simulation mit hinreichender Genauigkeit wie im realen Betriebsgeschehen verhalten (vgl. [4]). Aufgrund der vielen Freiheitsgrade (Simulationsparameter, zentrale last- und ressourcenbeschreibende Größen etc.), die mit einer Simulation einer Lieferkette verbunden sind, ist dieser Modelltest sehr aufwändig.

Auch im Anschluss an einen erfolgreichen Modelltest verbleiben Unsicherheiten hinsichtlich der Abbildungsgüte einer Simulation. In einer realen Lieferkette wird auf dynamische Einflussgrößen und auf Störungen individuell reagiert. Beispiele sind in diesem Zusammenhang individuelle Kapazitätsanpassungen oder Veränderungen in den Planungs- und Steuerungsparametern. Solche Reaktionen lassen sich nur sehr begrenzt formalisiert beschreiben und damit in eine Simulationsumgebung integrieren.

Aus den genannten Gründen wird die Simulation nur in wenigen Unternehmen als operatives Werkzeug eingesetzt. Anwendungen finden sich überwiegend dort, wo technisch dominierte Arbeitssysteme über einen kurzen Zeithorizont abgebildet werden sollen. Bei komplexeren Systemen, in denen zudem der Mensch einen starken Einfluss auf das Systemverhalten nimmt, finden sich Simulationsanwendungen nur selten. Die große Zahl der Freiheitsgrade, welche die Zahl der beeinflussbaren Parameter in den verschiedenen Simulationsbausteinen repräsentieren, lassen eine vollfaktorielle Versuchsdurchführung nicht zu, sodass keine Gewähr besteht, dass eine sehr gute Lösung bspw. hinsichtlich der Gestaltung der PPS gefunden wird. Der Anspruch an eine optimale Lösung kann nicht erhoben werden, da im Allgemeinen ein multikriterielles, teilweise gegenläufiges Zielsystem vorliegt.

Bei Ansätzen aus dem Operations Research (OR) verhält es sich ähnlich. Diese dienen in erster Linie der Lösung von Problemen, wobei zum Teil erhebliche Vereinfachungen durch die zugrunde liegenden Modellannahmen vorgenommen werden. Als Beispiele für OR-Ansätze sind hierbei die Optimierung von Logistikprozessen (vgl. [5]) oder die Verteilung von Beständen in Netzwerken zu nennen (vgl. [6]). Um eine Optimierung vornehmen zu können, ist für das spezifische Problem die Formulierung eines Entscheidungs- bzw. Optimierungsmodells erforderlich (vgl. [7]). Der Aufwand für die fallspezifische Modellierung ist hoch. Ändern sich Rahmenbedingungen, muss das Optimierungsmodell jeweils angepasst werden.

Logistische Modelle (Beschreibungs-, Wirk- und Entscheidungsmodelle) haben gegenüber Simulationsmodellen und Modellen des Operations Research verschiedene Vorteile (vgl. auch [8]):

- Die Ableitung der Struktur und Parameter der Modelle erfolgt deduktiv (wie auch bei Modellen des Operations Research). Die Modelle haben somit allgemeingültigen Charakter.
- Logistische Modelle zeichnen sich durch eine hohe Anpassungsmöglichkeit an unternehmensspezifische Rahmenbedingungen aus.
- Der Anwendungsaufwand ist gegenüber Simulations- oder Operations Research Ansätzen relativ gering.

Somit sind nicht für jeden Betrachtungsfall spezifische logistische Modelle zu entwickeln. Ein geeignetes logistisches Modell lässt sich für verschiedene Unternehmen unmittelbar oder nach leichter Adaption anwenden. Da die Vorteile der logistischen Modelle zur Erklärung von Zusammenhängen in und zwischen den Kernprozessen der unternehmensinternen Lieferkette und der PPS überwiegen und da sich deren Anwendung in jahrzehntelangen Forschungs- und Praxisarbeiten insbesondere des Instituts für Fabrik-anlagen und Logistik, bieten sie sich als grundlegender Modellierungsansatz im HaLiMo an. Die folgenden Abschnitte dieses Kapitels stellen die für die Planung und Steuerung und für das Controlling von unternehmensinternen Lieferketten wichtigsten logistischen Modelle mit ihren Stärken und Schwächen sowie ihren Anwendungsgebieten und -gren-zen vor. Hierbei sind für logistische Beschreibungs- und Wirkmodelle zwei Sichtweisen maßgeblich: die Auftragssicht und die Ressourcensicht. Die Auftragssicht betrachtet den Durchlauf der verschiedenen Aufträge durch die unternehmensinterne Lieferkette. Die Ressourcensicht fokussiert das logistische Systemverhalten einer Ressource.

3.2   Modelle der Auftragssicht

3.2.1   Gantt-Chart und Netzplan

Einen ersten, heute noch häufig eingesetzten Ansatz zur Modellierung logistischer Pro-zesse aus der Auftragssicht lieferte GANTT bereits zu Beginn des 20. Jahrhunderts mit den nach ihm benannten Gantt-Charts (vgl. [9]). Das Gantt-Chart – oder auch Balkendia-gramm – wird im Rahmen der PPS u. a. zur Auftragsterminierung und zur Planung der Belegung von Arbeitssystemen verwendet. Dieses Diagramm stellt eine übersichtliche und einfache Form der Ablaufplanung von Vorgängen dar. Die zeitlich aufeinander-folgenden Vorgänge eines Auftrags werden mittels Balken auf einer Zeitachse aufgetragen. Die horizontale Ausdehnung der Balken stellt hierbei die Dauer eines Vorgangs dar. Hier-durch ist es möglich, in Vorgangsnetzen kritische Pfade und bestehende Zeitpuffer zu vi-sualisieren.

Für begrenzte Anwendungen lässt sich das Gantt-Diagramm auch in der Ressourcen-sicht einsetzen. Bspw. können die Belegung einer Kapazitätseinheit und damit die Be-lastung von Ressourcen transparent gemacht werden. Zudem sind Gantt-Diagramme für den grafischen Vergleich von geplanten und tatsächlichen Produktionsprozessen geeignet und unterstützen somit das Termincontrolling für einzelne Aufträge (vgl. [10]). Gantt-Charts stoßen bei der Darstellung vieler verzweigter Vorgänge an ihre Grenzen (vgl. [11]). Zur Darstellung komplexerer Projekte wurde in den 1950er-Jahren in den USA die Netz-plantechnik entwickelt. Der Begriff Netzplantechnik umfasst nach DIN 69900, Teil 1, „alle Verfahren zur Analyse, Beschreibung, Planung, Steuerung und Überwachung von Abläufen auf der Grundlage der Graphentheorie, wobei Zeit, Kosten, Einsatzmittel bzw. Ressourcen berücksichtigt werden können" (vgl. [12]). Ein Netzplan besteht aus wenigen grundlegenden Elementen zur Abbildung von Prozessen und ist daher auch bei komplexen Aufträgen übersichtlich und leicht verständlich. Netzpläne ermöglichen Vorgänge ohne Zeitreserven auf einem kritischen Pfad ausfindig zu machen und die Zeitreserven bzw. Zeitpuffer bei anderen Vorgängen auszuweisen (vgl. [13], siehe auch [14]).

3.2.2 Durchlaufelement und Histogramme

In Abb. 3.1, Teil a ist der Durchlauf eines Produktionsauftrages durch die Produktion eines Unternehmens visualisiert. Dieser generische Auftrag setzt sich aus zwei Fertigungsaufträgen und einem Montageauftrag zusammen. Mit Freigabe und Start der Fertigungsaufträge I und II beginnt die Durchlaufzeit des gesamten Produktionsauftrags. Bei einer losweisen Fertigung wird der Auftrag mit allen Teilen nach Beendigung eines Arbeitsvorgangs und einer eventuellen Liegezeit am entsprechenden Arbeitssystem zum Folgearbeitssystem transportiert. Dort trifft das Los in der Regel auf eine Warteschlange, die sich aus anderen Produktionsaufträgen zusammensetzt, und muss somit warten, bis die vor ihm liegenden Aufträge abgearbeitet sind. Sobald das Arbeitssystem nicht mehr belegt ist, wird es umgerüstet und der betrachtete Auftrag bearbeitet. Dies setzt sich fort, bis alle

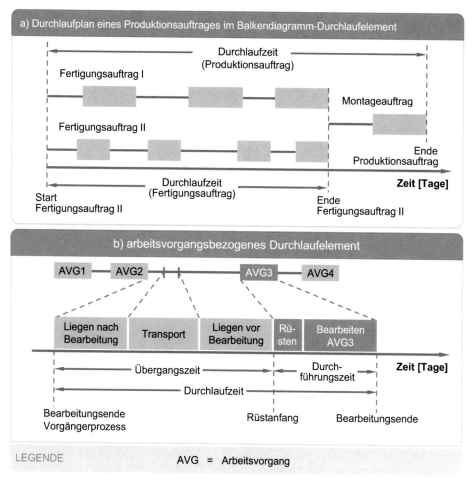

Abb. 3.1 Durchlaufmodell von Fertigungsaufträgen (in Anlehnung an [15], siehe auch [16])

Arbeitsvorgänge in der Fertigung durchlaufen sind. Mit dem Abschluss der Bearbeitung des letzten Arbeitsvorgangs eines Fertigungsauftrags endet dessen individuelle Durchlaufzeit. Anschließend werden in diesem Fall beide Fertigungsaufträge zusammengeführt und es wird ein Montagevorgang durchlaufen. Nach dessen Beendigung ist der Produktionsauftrag fertig und die Durchlaufzeit des Produktionsauftrags endet.

Um nun die einzelnen Elemente im Balkendiagramm – also im hier dargestellten Fall die Arbeitsvorgänge als kleinste Einheit der Produktionslogistik – beschreiben zu können, wurde nach einem Vorschlag von Heinemeyer das Durchlaufelement entwickelt (vgl. [16]). Das Durchlaufelement beschreibt den zeitlichen Durchlauf eines Fertigungsauftrags an einem Arbeitssystem oder allgemein an einer Kapazitätseinheit. In Teil b von Abb. 3.1 ist das Durchlaufelement für den Arbeitsvorgang 3 des Fertigungsauftrags II detailliert dargestellt. Mit Beendigung des vorhergehenden Arbeitsvorgangs beginnt die Durchlaufzeit des betrachteten Arbeitsvorgangs mit dem Liegen nach Bearbeitung (noch am Vorgängersystem). Diese Einteilung ist sinnvoll, da in der Praxis in der Regel die Aufträge im Rahmen der Betriebsdatenerfassung nach Abschluss der Bearbeitung buchungstechnisch erfasst werden. Anschließend wird der Auftrag zum Arbeitssystem transportiert. Hier wartet er nun in der Warteschlange vor dem Arbeitssystem auf Bearbeitung. Diese drei zeitlichen Teile des Durchlaufelements bestimmen die Übergangszeit des Arbeitsvorgangs. Mit dem Start des Rüstens des Arbeitssystems endet die Übergangszeit und es beginnt die Durchführungszeit, die sich aus der Zeit für das Rüsten und der eigentlichen Bearbeitungszeit zusammensetzt. Die Durchführungszeit und damit auch die Durchlaufzeit des Arbeitsvorgangs enden mit dem Bearbeitungsende am Arbeitssystem (vgl. [15]).

Die Durchlaufzeit eines Arbeitsvorgangs ergibt sich somit aus der Zeitspanne zwischen dem Bearbeitungsende des Vorgängerprozesses und dem Bearbeitungsende des betrachteten Arbeitsvorgangs (vgl. [16], siehe auch [17]):

$$\text{Durchlaufzeit}[\text{Tage}] = \text{Bearbeitungsende Vorgänger}[\text{Datum}]$$
$$-\text{Bearbeitungsende Arbeitsvorgang}[\text{Datum}] \quad (\text{Gl. 3.1})$$

Die Übergangszeit errechnet sich aus der Differenz zwischen Durchlaufzeit und Durchführungszeit, wobei sich die Durchführungszeit aus dem Verhältnis der Auftragszeit eines Arbeitsvorgangs zur Tageskapazität des Arbeitssystems, also der betrachteten Ressource, ergibt (vgl. [16], siehe auch [17]).

$$\text{Übergangszeit}[\text{Tage}] = \text{Durchlaufzeit}[\text{Tage}]$$
$$-\text{Durchführungszeit}[\text{Tage}] \quad (\text{Gl. 3.2})$$

Mit dem Durchlaufelement können nicht nur Istwerte aus dem Produktionsablauf dargestellt werden. Es ist auch möglich, Soll-, Plan- und Istwerte hinsichtlich Zeit- und Termingrößen miteinander zu vergleichen. Soll-Termine ergeben sich aus den Kundenwünschen bzw. den Marktanforderungen. Plan-Termine resultieren aus der Planung der ERP- oder des PPS-Systems. Die tatsächlich zurückgemeldeten Termine ergeben die

Ist-Termine. Werden zu den Ist-Rückmeldedaten auch die dazugehörigen Plan-Daten der Durchlaufterminierung erfasst, so lassen sich sowohl der Plan-Durchlauf als auch die Terminabweichung darstellen und berechnen (Abb. 3.2).

Die Differenz zwischen dem Plan-Termin und dem Ist-Termin ergibt die Terminabweichung. Dies gilt auf der einen Seite für den Zugang von Aufträgen:

$$\text{Terminabweichung Zugang}[\text{Tage}] = \text{Ist - Termin Zugang}[\text{Datum}]$$
$$-\text{Plan - Termin Zugang}[\text{Datum}] \quad (\text{Gl. 3.3})$$

Auf der anderen Seite hat dieser Zusammenhang für den Abgang von Aufträgen Gültigkeit:

$$\text{Terminabweichung Abgang}[\text{Tage}] = \text{Ist - Termin Abgang}[\text{Datum}]$$
$$-\text{Plan - Termin Abgang}[\text{Datum}] \quad (\text{Gl. 3.4})$$

Eine positive Differenz zeigt eine Verspätung an; bei einem negativen Wert liegt ein zu früher Beginn bzw. eine verfrühte Fertigstellung vor. Die Differenz zwischen der festgelegten Plan-Durchlaufzeit und der tatsächlich benötigten Ist-Durchlaufzeit ergibt die Durchlaufzeitabweichung:

$$\text{Durchlaufzeitabweichung}[\text{Tage}] = \text{Ist - Durchlaufzeit}[\text{Tage}]$$
$$-\text{Plan - Durchlaufzeit}[\text{Tage}] \quad (\text{Gl. 3.5})$$

Ein negativer Wert besagt, dass ein Auftrag in der Fertigung gegenüber der Planung beschleunigt wurde, bei einem positiven Wert war die Durchlaufzeit länger als geplant (vgl. [18]).

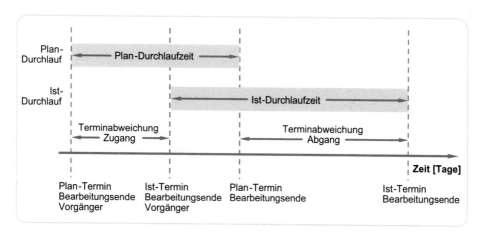

Abb. 3.2 Elementare Zeitgrößen im Auftragsdurchlauf (in Anlehnung an [18])

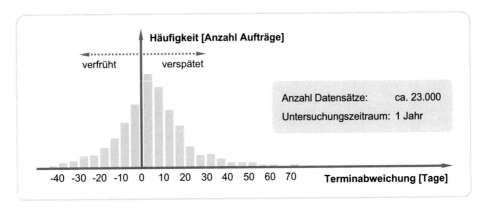

Abb. 3.3 Histogramm der Abgangsterminabweichung eines Produktionsbereichs (vgl. [21])

Soll nun eine Vielzahl solcher Terminabweichungen beispielsweise bei der Auswertung der Abgangsterminabweichung von Aufträgen in einem Produktionsbereich über einen Untersuchungszeitraum zusammengefasst und visualisiert werden, bieten sich Histogramme zur grafischen Darstellung der Häufigkeitsverteilung an [19]. Dabei werden für die Terminabweichungswerte der einzelnen Aufträge Klassen gebildet. Die Aufträge werden dementsprechend in Klassen zusammengefasst. Die Häufigkeiten der einzelnen Klassen werden dann durch Säulen grafisch dargestellt (vergleiche auch [20]). Abb. 3.3 zeigt ein exemplarisches Histogramm der Abgangsterminabweichung eines Produktionsbereichs.

Der wesentliche Vorteil eines Histogramms besteht darin, dass eine große Datenmenge übersichtlich in einer Grafik visualisiert werden kann und der Anwender eine Vorstellung von der Form der Stichprobenverteilung erhält. Dadurch sind die ausgewerteten Daten leichter zu interpretieren.

3.2.3 Fristenplan und Auftragsdiagramm

Ein weiteres aus dem Gantt-Chart abgeleitetes Modell ist der Fristenplan, der die terminlichen Zusammenhänge der Elemente eines ein- oder mehrstufigen Erzeugnisses visualisiert. Der Fristenplan überträgt die Erzeugnisstruktur, die bspw. aus einer Stückliste oder einem Montagevorranggraphen (vgl. [22]) entnommen werden kann, in ein Balkendiagramm, indem er für jede Stücklistenposition einen Fertigungs-, Beschaffungs- oder vorgelagerten Montagevorgang mit der Länge der spezifischen Durchlauf- bzw. Wiederbeschaffungszeit über der Zeit aufträgt (vgl. Abb. 3.4, linker und mittlerer Teil). Der Fristenplan stellt die Dauer und Abfolge der Vorgänge dar, die zur Produktion eines Einzelteiles, einer Baugruppe oder eines Enderzeugnisses durchzuführen sind. Eine Frist stellt hierbei die Zeitdauer dar, in der ein Vorgang beendet werden soll (vgl. [24]).

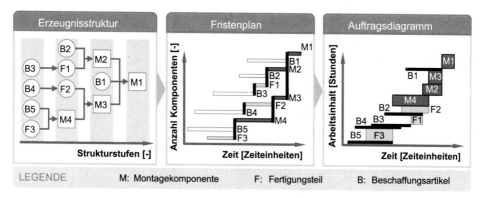

Abb. 3.4 Erzeugnisstruktur, Fristenplan und Auftragsdiagramm (in Anlehnung an [23])

Eine Erweiterung des Fristenplans stellt das Auftragsdiagramm im rechten Teil von Abb. 3.4 dar. Wesentlich ist die Ergänzung der Vorgänge um eine zweite Dimension. Die Länge eines Auftragsdurchlaufelements entspricht weiterhin der Durchlauf- bzw. Wiederbeschaffungszeit der Vorgänge, während die Höhe im Fall von Fertigungs- und Montageaufträgen deren Arbeitsinhalt repräsentiert. Da fremdbeschaffte Komponenten keine Kapazitäten in der Produktion binden, entfällt hierbei die Betrachtung des Arbeitsinhalts (vgl. [23]).

3.3 Modellierung der Ressourcen in der unternehmensinternen Lieferkette

3.3.1 Trichtermodell und Little's Law

Ein grundlegendes in Wissenschaft und Praxis etabliertes logistisches Modell zur Beschreibung von Ressourcen in einem Produktionsbereich – wie einem Arbeitssystem – ist das Trichtermodell (vgl. [25, 26, 27]). Das Trichtermodell ist in Abb. 3.5 skizziert. Eine Ressource wird hierbei als Kapazitätseinheit betrachtet und in ihrem Durchlaufverhalten über die Größen Zugang, Bestand und Abgang beschrieben.

Die der Kapazitätseinheit zugehenden Aufträge mit ihren unterschiedlichen Arbeitsinhalten bilden zusammen mit den bereits auf Bearbeitung wartenden und in Bearbeitung befindlichen Aufträgen den Bestand im Trichter. In Abhängigkeit der aktuellen Leistung der Kapazitätseinheit fließen die Aufträge nach ihrer Bearbeitung aus dem Trichter und somit aus dem Bestand wieder ab. Die aktuelle Leistung kann je nach Kapazitätsflexibilität bis zur Kapazitätsgrenze variiert werden (vgl. [23]). Aus dem Trichtermodell lässt sich eine logistische Grundgesetzmäßigkeit – die sogenannte Trichterformel – ableiten. Demnach ergibt sich die Reichweite eines Arbeitssystems aus dem Verhältnis von Bestand zur Leistung:

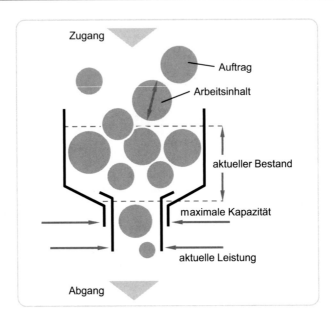

Abb. 3.5 Das Trichtermodell für einen Arbeitsplatz (in Anlehnung an [23])

$$\text{Reichweite}\left[\text{Tage}\right] = \frac{\text{Bestand}\left[\text{Stunden}\right]}{\text{Leistung}\left[\dfrac{\text{Stunden}}{\text{Tag}}\right]} \qquad \text{(Gl. 3.6)}$$

Einen ähnlichen Zusammenhang beschreibt Little's Law. Hiernach ergibt sich in einem eingeschwungenen System die mittlere Durchlaufzeit der Aufträge aus dem Verhältnis zwischen mittlerem Bestand und mittlerer Ankunftsrate der Aufträge (vgl. [28]):

$$\text{mittlere Durchlaufzeit}\left[\text{Tage}\right] = \frac{\text{mittlerer Bestand}\left[\text{Anzahl Aufträge}\right]}{\text{mittlere Ankunftsrate}\left[\dfrac{1}{\text{Tag}}\right]} \qquad \text{(Gl. 3.7)}$$

Die Unterschiede der durchaus ähnlichen Aussagen dieser beiden Grundgesetzmäßigkeiten liegen in der Bezugsgröße für den Arbeitsinhalt. Die Trichterformel nutzt für die Größen Bestand und Leistung den Arbeitsinhalt, während Little's Law hierfür die Anzahl der Aufträge heranzieht.

Entsprechend ergibt sich mit der Trichterformel eine mit dem Arbeitsinhalt gewichtete zeitliche Größe – die Reichweite. Diese sagt aus, wie lange es dauert bis ein (Arbeits-) System ohne Zugang an Aufträgen leerläuft. Die Reichweite lässt sich zu jedem beliebigen Zeitpunkt messen. Der Mittelwert der Reichweite eines Bezugszeitraums, z. B. eine

Woche, entspricht in etwa der mittleren (mit dem Arbeitsinhalt der Aufträge) gewichteten Durchlaufzeit der Aufträge, sofern sich Zugangs- und Abgangsverlauf am betrachteten System entsprechen und über dem Zeitverlauf keinen signifikanten Veränderungen unterliegen. Die Reichweite ist generell eine Größe, die in Richtung Zukunft schaut, während der Mittelwert der Durchlaufzeit eine aus Vergangenheitswerten berechnete Größe ist. Die mittlere Durchlaufzeit nach Little's Law ist eine ungewichtete Größe, weil sie auf die Anzahl der Aufträge und nicht auf deren Arbeitsinhalt bezogen ist. Liegen am betrachteten System keine signifikanten Reihenfolgevertauschungen vor, entspricht der Mittelwert der Durchlaufzeit dem gewichteten Mittelwert (vgl. [17]).

Die Trichterformel hat zu jedem Betrachtungszeitraum Gültigkeit. Jedoch gelten wie bei Little's Law einige Voraussetzungen. Das betrachtete System muss sich in einem eingeschwungenen Zustand befinden. Ein System wird dann als eingeschwungen oder stationär bezeichnet, wenn es sich im Zeitverlauf in seinem Verhalten nicht verändert (vgl. [29]). Das Arbeitssystem weist dann ein kontinuierliches und ähnliches Zu- und Abgangsverhalten auf. Darüber hinaus gilt (vgl. [17], siehe auch [30]).

- Die Rückmeldungen der Arbeitsvorgänge werden mit hinreichender Genauigkeit erfasst.
- Es liegen hinreichend genaue Planungsdaten zur Ermittlung der Vorgabezeiten vor.
- Es liegen große Untersuchungszeiträume vor.
- Eine überlappte Fertigung ist nicht zugelassen.

Prinzipiell ist das Trichtermodell für beliebige Kapazitätseinheiten aussagekräftig. Dieses Modell kann also sowohl Arbeitssysteme als auch komplette Fertigungsbereiche abbilden (vgl. [17] oder [30]). Der Hauptanwendungsbereich liegt allerdings in der Beschreibung von Kapazitätseinheiten auf der Basis von einem Arbeitssystem. Der Trichter umfasst hierbei das eigentliche Arbeitssystem – also den Arbeitsplatz oder eine Gruppe von gleichartigen Arbeitsplätzen – sowie die davor befindliche zum Arbeitssystem zugehörige Warteschlange an Aufträgen. Für solche Kapazitätseinheiten sind die Trichterformel und Little's Law uneingeschränkt aussagekräftig.

Für einen kompletten Fertigungsbereich ist die Trichterformel nicht uneingeschränkt anwendbar, weil es schwierig ist, den Bestand und die Leistung der verschiedenen Arbeitssysteme eines Produktionsbereichs zusammenfassend zu beschreiben, da sich für einen Auftrag die Auftragszeiten bei den verschiedenen Arbeitsvorgängen mehr oder weniger stark unterscheiden. An einem beliebigen Arbeitssystem mag ein Arbeitsvorgang eines Auftrags einen Arbeitsinhalt von einer Schichtdauer haben, beim nächsten Arbeitsvorgang umfasst der Arbeitsinhalt vielleicht nur wenige Minuten. Hier ist eine Interpretation der aufsummierten Arbeitsinhalte schwierig. Little's Law arbeitet mit der Anzahl der Aufträge und ist daher in diesem Zusammenhang flexibler in der Anwendung.

3.3.2 Sankey-Diagramm und Produktionsmodell auf Basis des Trichtermodells

Die Abbildung des Durchlaufs der Produktionsaufträge an den Ressourcen lässt sich von einzelnen Arbeitssystemen auf die gesamte unternehmensinterne Lieferkette ausweiten. Ein Modell, welches sich für diese Anwendung unmittelbar anbietet, ist das Sankey-Diagramm. Dieses Modell dient in erster Linie der Visualisierung von Energie- und Materialströmen zwischen unterschiedlichen Organisationseinheiten (vgl. [31]). Benannt wurde es nach dem irischen Ingenieur Matthew Henry Phineas Riall Sankey (1853–1926). In seiner Arbeit über den Wirkungsgrad von Dampfmaschinen nutzte er dieses Modell ergänzend zum besseren Verständnis der Energiebilanz. In der Produktionslogistik werden Sankey-Diagramme in erster Linie zur Abbildung von Materialströmen zwischen unterschiedlichen Ressourcen oder Organisationseinheiten genutzt. Bei der Modellierung von Materialflüssen mit dem Sankey-Diagramm sind folgende Regeln zu beachten (vgl. [31]):

- Für alle Materialströme ist eine einheitliche Bezugsgröße (z. B. Anzahl der Artikel in Stück oder das Gewicht eines Loses in Tonnen) zu wählen, sodass eine Vergleichbarkeit der Ströme gewährleistet ist.
- Die Breite der Pfeile ist proportional zur Mengenskala darzustellen.
- Bestandsgrößen werden im Sankey-Diagramm nicht erfasst. Visualisiert werden nur die Zu- und Abgänge zu einem Bereich.
- Für jeden Knoten im Sankey-Diagramm muss das Gesetz der Massenerhaltung gelten. Die Summe aller zugehenden Ströme muss der Summe der abgehenden Ströme entsprechen.

Das Sankey-Diagramm hat ein weites Anwendungsfeld. Neben dem logistischen Bereich findet es u. a. Anwendung in der Energiewirtschaft. Auch der Einsatz in der Logistik ist vielfältig. Er beschränkt sich nicht nur auf eine Betrachtungsebene. Die Knoten der Sankey-Diagramme können sowohl Kernprozesse wie die Beschaffung, die Produktion oder den Versand als auch einzelne Arbeitssysteme innerhalb eines Fertigungsbereiches beschreiben (exemplarisch Abb. 3.6). Wichtig ist dabei, wie bereits erwähnt, die Nutzung einheitlicher Bezugsgrößen. Diese müssen für die spezifische Anwendung einheitlich und sinnvoll gewählt werden. Geht man beispielsweise von einem Sankey-Diagramm aus, dessen Knoten die Arbeitssysteme einer Werkstattfertigung darstellen, erfüllt die Bezugsgröße Arbeitsinhalt nicht die oben genannten Bedingungen, da der Abgang eines Arbeitssystems gemessen an seinem Arbeitsinhalt nicht dem Zugang des nachfolgenden Arbeitssystems entspricht. Die Arbeitsinhalte eines Auftrages unterscheiden sich von Arbeitssystem zu Arbeitssystem.

Die Vorteile des Sankey-Diagramms liegen vor allem in der Identifikation von Hauptströmen. Es ermöglicht die Reduktion komplexer Systeme auf ihre maßgeblichen Komponenten und so die Erstellung eines übersichtlichen Modells einer Fabrik oder eines Produktionsbereichs (vgl. [33]) Viele funktionale Bereiche definieren allerdings auch die

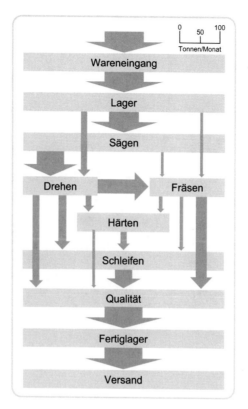

Abb. 3.6 Materialflussvisualisierung mit dem Sankey-Diagramm (Adaptiert nach [32]; mit freundlicher Genehmigung von © Springer-Verlag Berlin Heidelberg 2004. All Rights Reserved)

Grenzen des Sankey-Diagramms. Bei einer großen Menge unterschiedlicher Knoten ist die Erstellung sehr zeitaufwendig und das Ergebnis unübersichtlich, sodass die Aussagekraft abnimmt (vgl. [32]). Insgesamt ist es jedoch ein wichtiges Instrument zur Ermittlung bedeutender Materialflussbeziehungen (vgl. [31]).

Sankey-Diagramme können vorteilhaft mit der Trichterdarstellung kombiniert werden. Hierzu werden die beteiligten Arbeitsstationen und Lager einer Fabrik, ausgehend von den Materialflussbeziehungen, als ein Netz miteinander verketteter Trichter modelliert. Abb. 3.7 zeigt das entsprechende Modell zur Darstellung einer unternehmensinternen Lieferkette. Aus Kundenaufträgen, Lieferabrufen und Prognosen werden Produktions- und Beschaffungsaufträge generiert. Die Beschaffungsaufträge fließen bspw. über die Kapazitätseinheit Disponent zu den Lieferanten. Diese liefern Material direkt in einen Produktionsbereich oder in eine Lagerstufe. In Ausnahmefällen werden Materialien als Handelsware direkt vom Lieferanten an den Kunden weitergegeben. Aus dem Wareneingangslager fließt das Material zu den verschiedenen Kapazitätseinheiten in der Produktion. Von den Arbeitssystemen einer Vorfertigung fließen die produzierten Waren in das Zwischenlager oder direkt in die Trichter einer Endmontage, die zusätzlich aus dem

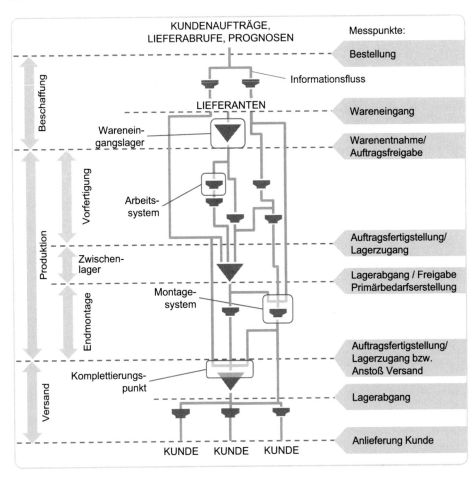

Abb. 3.7 Modellierung des Auftragsflusses durch die Produktion (in Anlehnung an [15])

Zwischenlager versorgt werden. Die dort fertiggestellten Produkte fließen dann unmittelbar in den Versandprozess. Dort werden die Produkte entweder zwischengelagert oder direkt versandt. Die Leistung der Versandmitarbeiter ist an dieser Stelle Output bestimmend. Diese können somit auch als Trichter dargestellt werden. Hier zeigt sich wieder, dass sich die unternehmensinterne Lieferkette aus den drei logistische Bausteinen Produktionsprozess, Lager und Konvergenzpunkte modellierbar ist. In einem Produktionsprozess an Arbeitssystemen findet ein Transformationsprozess von Eingangsmaterialien zu Ausgangsmaterialien statt. Bei einem Komplettierungspunkt werden Materialen aus verschiedenen Materialflüssen gesammelt und gemeinsam einem folgenden Prozessschritt zugeführt. Ein Komplettierungspunkt und ein Produktionsprozess charakterisieren gemeinsam ein Montagesystem. In den Lagerstufen (bspw. ein Wareneingangslager) werden Zugang und Abgang der Materialien zeit- und mengenmäßig voneinander entkoppelt. Prinzipiell ist auch eine Lagerstufe als Trichter darstellbar. Wiendahl bspw. stellt dies auch so dar (vgl. [15]). In der Regel ist aber nicht die Leistung des Lagers, die durch die Anzahl der Lagermitarbeiter und die eingesetzte Lagertechnik definiert wird, der restriktive Faktor bzgl. der Versorgung der Folgeprozesse, sondern der Bestand an Lagerartikeln. Deshalb wird das Lager nicht als Trichter dargestellt.

Welche Systemgrenze nun die Trichter um die jeweiligen Arbeitssysteme ziehen, ist abhängig vom zugrundeliegendem Produktionsprinzip des betrachteten Bereichs. In der Literatur existiert eine Vielzahl solcher Gliederungen für die Fertigung und die Montage. Verbreitete Ansätze finden sich bspw. bei Eversheim [34], Spur und Helwig [35] oder Petersen [36]. Eine zusammenfassende Übersicht gängiger Produktionsprinzipien liefern Wiendahl et al. (siehe Abb. 3.8). Die Autoren unterscheiden zwischen sechs elementaren Produktionsprinzipien. Das wesentliche Unterscheidungsmerkmal für die Produktionsprinzipien ist die Zuordnung der Systemkomponenten Werkstück, Mensch und Betriebsmittel zueinander (vgl. [23]).

Werden die Arbeitssysteme in einem Produktionsbereich nach ihren Bearbeitungsverfahren angeordnet, spricht man von dem Werkstattprinzip. Die Arbeitsgegenstände fließen

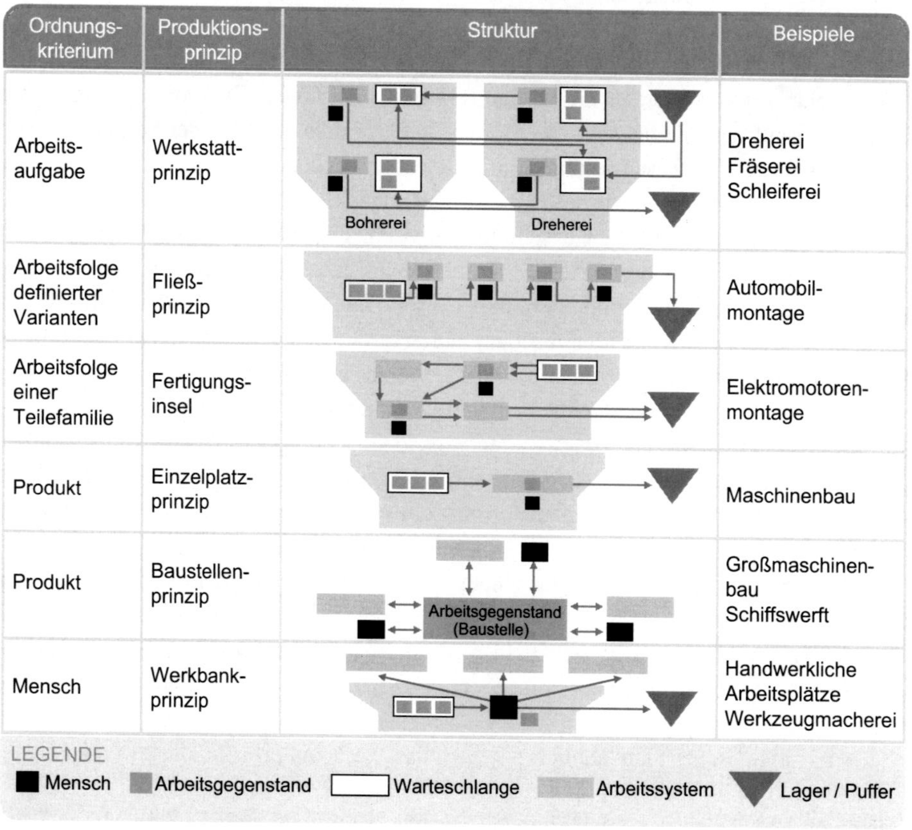

Abb. 3.8 Struktur industrieller Produktionsprinzipien (in Anlehnung an [37])

einzeln oder losweise von Arbeitssystem zu Arbeitssystem, wobei sich die Materialfluss-beziehungen der einzelnen Arbeitssysteme in der Regel relativ ungeordnet zeigen. Dort warten sie so lange auf Bearbeitung, bis die vor dem betrachteten Los in der Warteschlange befindlichen Aufträge abgearbeitet sind. Bei diesem sehr flexiblen Produktionsprinzip gel-ten die Trichter jeweils für ein Arbeitssystem, welches wiederum aus unterschiedlichen Arbeitsplätzen bestehen kann. Wenn jeder Arbeitsplatz in einem Trichter eine eigene Warteschlange hat, liefert die Trichterformel nur über alle Arbeitsplätze gemittelte Werte. Wird ein gesamter Werkstattbereich als Trichter dargestellt, findet der Zusammenhang nach der Trichterformel (Gl. 3.6) keine unmittelbare Anwendung.

Beim Fließprinzip sind die Arbeitssysteme nach der Arbeitsfolge der Erzeugnisse an-geordnet. Nach einer Bearbeitungsoperation werden die Arbeitsgegenstände direkt zur nächsten Arbeitsstation transportiert und warten bei starrer Verkettung nicht auf die Fertig-stellung anderer Erzeugnisse. Sind die einzelnen Arbeitssysteme durch Pufferstrecken ver-bunden, wird von einer losen oder elastischen Verkettung gesprochen. Für dieses Produktionsprinzip kann eine komplette Produktionslinie als Trichter aufgefasst und be-schrieben werden, die Arbeitssysteme werden bzgl. Bestand und Leistung summarisch beschrieben. Eine Warteschlange von Aufträgen, die aus Trichtersicht zu berücksichtigen ist, liegt vor der gesamten Fließfertigung.

Räumlich und organisatorisch zusammengefasste Betriebsmittel, die eine Gruppe ähn-licher Teile fertigen, werden als Fertigungsinseln bezeichnet. Eine Warteschlange mit Produktionsaufträgen findet sich wie bei der Fließfertigung auch vor der Fertigungsinsel. Eine flussorientierte Maschinenaufstellung und das Fertigen im Einzelstückfluss (One Piece Flow) vermeiden ein Liegen zwischen den einzelnen Arbeitssystemen. Somit kann die komplette Insel als Trichter beschrieben werden. Bestände werden hier summarisch aufgefasst. Ein wesentlicher Vorteil des Inselprinzips ist die kapazitive Flexibilität durch die variierbare Anzahl an Mitarbeitern in der Insel. Die Leistung der Fertigungsinsel wird daher nicht wie etwa bei der Fließfertigung durch die Anzahl der Arbeitssysteme, sondern in erster Linie durch die Anzahl der Mitarbeiter in der Insel bestimmt.

Beim Einzelplatzprinzip wird die komplette Produktion an einem Arbeitssystem durch-geführt. Vor diesem Arbeitssystem warten verschiedene Aufträge in einer Warteschlange auf Bearbeitung. Die erforderlichen Betriebsmittel müssen am Einzelplatz installiert sein. Der Trichter ist in diesem Fall ähnlich wie bei dem Werkstattprinzip auch über das einzelne Arbeitssystem definiert.

Neben diesen Organisationstypen findet die Produktion nach dem Baustellenprinzip häufig bei der Herstellung von Arbeitsgegenständen mit großen Abmessungen und Ge-wichten Anwendung. Den Extremfall der Baustellenfertigung stellen Produkte dar, die erst am Ort der Verwendung zusammengebaut und fertig bearbeitet werden können wie bspw. ein Gebäude.

Ein aus logistischer Sicht ähnlicher Typ ist das Werkbankprinzip. Dieses findet häufig in handwerklichen Betrieben Anwendung. Bei beiden zuletzt genannten Produktions-prinzipien lassen sich das Trichtermodell und die darauf aufbauenden Modelle nur eingeschränkt einsetzen und interpretieren. Das Trichtermodell ist ein ressourcenbezogenes Modell. Es ermöglicht die Beschreibung des logistischen Systemverhaltens eines Arbeitssystems. Bei der Baustellenmontage muss genau festgelegt werden, was als Ressource aufzufassen ist. Der Ort der Tätigkeit, der bei den anderen Produktionsprinzipien die zu betrachtende Ressource definiert, kann in diesem Fall nicht genutzt werden, da der Ort der Wertschöpfung nicht der Ort ist, an dem die Ressourcen verbleiben. Die verschiedenen Mitarbeiter und Betriebsmittel verrichten nach Bedarf an einer Baustelle ihre Tätigkeit und verlassen die Baustelle anschließend wieder. Es ist möglich, den Trichter entweder über die transportablen Betriebsmittel oder über die Mitarbeiter zu definieren. Beim Werkbankprinzip gilt ähnliches. Der Werker nimmt einen Arbeitsgegenstand auf und bearbeitet diesen an den entsprechenden Arbeitssystemen. Eine Auslastung der Betriebsmittel steht nicht im Fokus dieses Produktionsprinzips. Eine Beschreibung der Arbeitssysteme mit dem Trichter ist daher zwar möglich, aber nicht immer weiterführend. Der Werker lässt sich hingegen sehr gut mit dem Trichtermodell beschreiben.

Soweit eindeutige Systemgrenzen und gemeinsame Bezugsgrößen darstellbar sind und Eingangs- und Ausgangsgrößen an jedem System erfasst werden, lässt sich das Modell auch zur Abbildung der Abläufe in den Bereichen Konstruktion und Arbeitsvorbereitung einsetzen.

3.4 Modelle der Ressourcensicht

3.4.1 Durchlaufdiagramm und Produktionskennlinien

Mit dem Durchlaufdiagramm wird das logistische Systemverhalten einer Ressource – also eines Trichters – zeitdynamisch dargestellt. Erste Arbeiten zum Durchlaufdiagramm gehen auf die 1960er- und 1970er-Jahre zurück. Wiendahl gibt einen sehr guten Überblick über die historische Entwicklung des Durchlaufdiagramms ([38], siehe auch [39] und [30]).

Zur Erstellung des Durchlaufdiagramms werden die Zu- und Abgänge der einzelnen Aufträge an einem Arbeitssystem mit ihrem Arbeitsinhalt (gemessen in Stunden) kumulativ über der Zeit in ein Diagramm aufgetragen. Die Abgangsereignisse ergeben sich aus den Fertigmeldungen der Aufträge, die Zugangsereignisse aus den Fertigmeldungen der Vorgängerprozesse. Durch die zeitliche Aneinanderreihung ergeben sich die Zugangs- und die Abgangskurve im Durchlaufdiagramm (Abb. 3.9). Die Abgangskurve hat ihren Startpunkt im Ursprung des Koordinatensystems. Der Anfangsbestand zu Beginn des Untersuchungszeitraums bestimmt den Startpunkt der Zugangskurve.

Der Endpunkt der Abgangskurve am Ende des Untersuchungszeitraums bestimmt den Abgang. Das Verhältnis von Abgang im Untersuchungszeitraum zur Länge des Untersuchungszeitraums ergibt die mittlere Steigung der Abgangskurve und damit die mittlere Leistung:

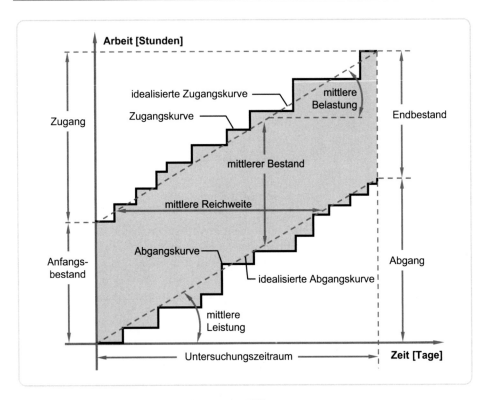

Abb. 3.9 Durchlaufdiagramm (in Anlehnung an [40])

$$\text{mittlere Belastung}\left[\frac{\text{Stunden}}{\text{Tag}}\right] = \frac{\text{Zugang im Untersuchungszeitraum}\left[\text{Stunden}\right]}{\text{Untersuchungszeitraum}\left[\text{Tage}\right]} \quad \text{(Gl. 3.8)}$$

Der Endpunkt der Zugangskurve ist durch den Abgang im Untersuchungszeitraum und den Endbestand bestimmt. Der vertikale Abstand zwischen Startpunkt und Endpunkt der Zugangskurve ergibt den Zugang im Untersuchungszeitraum. Das Verhältnis dieses Zugangs zur Länge des Untersuchungszeitraums bestimmt die Steigung der Zugangskurve und damit die mittlere Belastung des Arbeitssystems:

$$\text{mittlere Belastung}\left[\frac{\text{Stunden}}{\text{Tag}}\right] = \frac{\text{Zugang im Untersuchungszeitraum}\left[\text{Stunden}\right]}{\text{Untersuchungszeitraum}\left[\text{Tage}\right]} \quad \text{(Gl. 3.9)}$$

Der Bestand am Arbeitssystem ergibt sich zu einem beliebigen Zeitpunkt aus dem vertikalen Abstand der Zu- und Abgangskurve. Dieser entspricht dem Arbeitsinhalt der auf die Bearbeitung wartenden und in Bearbeitung befindlichen Aufträge. Der mittlere Bestand bestimmt sich durch das Verhältnis der zwischen Zu- und Abgangskurve aufgespannten Fläche und dem Untersuchungszeitraum. Bei einem eingeschwungenen Betriebszustand –

also wenn die idealisierte Zu- und Abgangskurve parallel verlaufen – kann der mittlere Bestand auch aus deren vertikalem Abstand ermittelt werden. Das Verhältnis der zwischen Zu- und Abgangskurve aufgespannten Fläche zum Abgang im Untersuchungszeitraum entspricht der mittleren Reichweite des Bestands am Arbeitssystem. Bei einem eingeschwungenen Betriebszustand kann die mittlere Reichweite auch aus dem horizontalen Abstand der idealisierten Zu- und Abgangskurve ermittelt werden. Das Verhältnis von mittlerem Bestand zur mittleren Reichweite ergibt die mittlere Leistung des Arbeitssystems. Dieser Zusammenhang entspricht der Trichterformel nach Gl. 3.6. Die mittlere mit dem Arbeitsinhalt gewichtete Durchlaufzeit entspricht bei einer Abfertigung nach dem First-In-First-Out-Prinzip und einem gleichbleibendem Bestands-Leistungsverhältnis der mittleren Reichweite (vgl. auch [41]).

Das Durchlaufdiagramm bildet das zeitdynamische logistische Systemverhalten einer Ressource vollständig ab. Wirkzusammenhänge zwischen logistischen Zielgrößen werden jedoch mit diesem Beschreibungsmodell nur unvollständig erfasst, u. a. weil die Auswirkung von Veränderungen einzelner Parameter wie z. B. des Bestands oder der Losgrößen auf andere Parameter nicht erkennbar sind. Zu diesem Zweck wurden die Produktionskennlinien entwickelt (vgl. [42] und zusammenfassend [43] sowie [44]). Diese Wirkmodelle ermöglichen die Beschreibung der logistischen Zielgrößen Leistung, Durchlaufzeit und unter bestimmten Voraussetzungen auch der Termintreue in Abhängigkeit des vorliegenden Bestands am Arbeitssystem. Abb. 3.10 verdeutlicht den logischen Aufbau der Produktionskennlinien. Teil a zeigt drei typische Betriebszustände im Durchlaufdiagramm. Im Betriebszustand I liegt am betrachteten System ein geringes Bestandsniveau vor. Es kommt regelmäßig zu Auslastungsverlusten; die Leistung ist entsprechend gering. Die Reichweite und die Durchlaufzeit des Systems sind ebenfalls relativ niedrig. Im Betriebszustand II liegt ein höheres Bestandsniveau vor. Das System ist fast immer mit Aufträgen versorgt. Materialflussabrisse treten nur noch sporadisch auf. Die Leistung und Auslastung sind entsprechend hoch bei einer Reichweite und Durchlaufzeit auf einem mittleren Niveau. Der Betriebszustand III zeigt ein Arbeitssystem mit einem sehr hohen Bestandsniveau. Das System ist durchgängig mit Aufträgen versorgt. Materialflussabrisse treten nicht auf. Entsprechend sind Leistung und Auslastung sehr hoch, genauso wie die Reichweite bzw. die Durchlaufzeit.

In Teil b von Abb. 3.10 werden diese Betriebszustände in einem Diagramm verdichtet. Der variierende Parameter ist der Bestand. Die abhängigen Größen sind Leistung, Reichweite und Durchlaufzeit. Verknüpft man die verschiedenen Betriebspunkte, entstehen die Produktionskennlinien. Mit diesem Wirkmodell lassen sich die wesentlichen logistischen Zielgrößen Leistung bzw. Auslastung, Reichweite und Durchlaufzeit eines Arbeitssystems als Funktion des Bestands (hier: WIP) darstellen. Eine formale Herleitung zur Berechnung der Produktionskennlinie wird ausführlich von Nyhuis und Wiendahl ([17]) beschrieben. Die Formel zur Beschreibung der Leistungskennlinie lässt sich am besten in parametrierter Form wiedergeben (vgl. [17]):

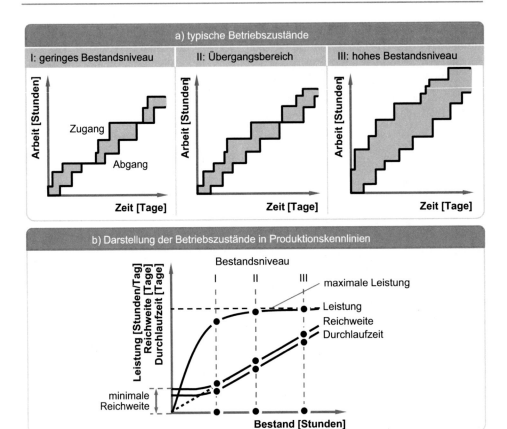

Abb. 3.10 Herleitung der Produktionskennlinien (in Anlehnung an [15])

$$\text{mittlerer Bestand}\left[\text{Stunden}\right] = \text{idealer Mindestbestand}\left[\text{Stunden}\right]$$

$$\cdot\left(1-\left(1-\sqrt[4]{\text{Laufvariable}_t\left[-\right]}\right)^4\right)$$

$$+\text{idealer Mindestbestand}\left[\text{Stunden}\right]$$

$$\cdot\text{Streckfaktor a}\left[-\right]\cdot\text{Laufvariable}_t\left[-\right] \qquad (\text{Gl. 3.10})$$

$$\text{mittlere Leistung}\left[\frac{\text{Stunden}}{\text{Tag}}\right] = \text{maximale Leistung}\left[\frac{\text{Stunden}}{\text{Tag}}\right]$$

$$\cdot\left(1-\left(1-\sqrt[4]{\text{Laufvariable}\_t\left[-\right]}\right)^4\right) \qquad (\text{Gl. 3.11})$$

Der Term in der runden Klammer in Gl. 3.10 und Gl. 3.11 ergibt sich aus der sogenannten C-Norm-Funktion, wobei die Laufvariable_t Werte zwischen 0 und 1 annehmen kann. Der Streckfaktor a ist ein empirischer Wert. Zahlreiche Simulationsstudien und Praxisanwendungen haben gezeigt, dass ein Wert von a = 10 in der Regel hinreichend genaue Ergebnisse liefert (vgl. [17]). Der ideale Mindestbestand ergibt sich aus dem Mittelwert und der Streuung der Auftragszeiten (vgl. [17]):

$$
\begin{aligned}
\text{idealer Mindestbestand}\,[\text{Stunden}] = \;&\text{mittlere Auftragszeit}\,[\text{Stunden}] \\
&+ \frac{\left(\dfrac{\text{Standardabweichung Auftragszeit}}{[\text{Stunden}]}\right)^2}{\text{mittlere Auftragszeit}\,[\text{Stunden}]}
\end{aligned}
\quad\text{(Gl. 3.12)}
$$

Diese Bestandsgröße ist eine für die logistische Leistungsfähigkeit eines Arbeitssystems zentrale Größe, denn der ideale Mindestbestand wirkt sich signifikant auf die Form der Kennlinien aus.

Das Verhältnis von mittlerer zu maximal möglicher Leistung eines Arbeitssystems definiert die Auslastung dieses Systems (vgl. [17]):

$$
\text{Auslastung}\,[-] = \frac{\text{mittlere Leistung}\left[\dfrac{\text{Stunden}}{\text{Tag}}\right]}{\text{maximale Leistung}\left[\dfrac{\text{Stunden}}{\text{Tag}}\right]}
\quad\text{(Gl. 3.13)}
$$

Die Kennlinie für die mittlere Reichweite berechnet sich gemäß der Trichterformel (vgl. [17]):

$$
\text{mittlere Reichweite}\,[\text{Tage}] = \frac{\text{mittlerer Bestand}\,[\text{Stunden}]}{\text{mittlere Leistung}\left[\dfrac{\text{Stunden}}{\text{Tag}}\right]}
\quad\text{(Gl. 3.14)}
$$

Die Kennlinie für die Durchlaufzeit lässt sich wie folgt ermitteln (vgl. [17]):

$$
\begin{aligned}
\text{mittlere Durchlaufzeit}\,[\text{Tage}] = \;&\text{mittlere Reichweite}\,[\text{Tage}] \\
&- \text{mittlere Durchführungszeit}\,[\text{Tage}] \\
&\cdot \left(\text{Variationskoeffizient Durchführungszeit}\,[\text{Tage}]\right)^2
\end{aligned}
$$

$$\text{(Gl. 3.15)}$$

Die Durchlaufzeitkennlinie beschreibt den ungewichteten Mittelwert der Durchlaufzeit in Abhängigkeit vom Bestand am Arbeitssystem. Sie hat für die Anwendung der First-In-First-Out-Reihenfolgeregel (vgl. exemplarisch [45]) eine hohe Aussagekraft. Bei anderen Reihenfolgeregeln lassen sich alternative Durchlaufzeitkennlinien bestimmen (vgl. [46]).

Die Durchführungszeit eines Auftrags an einem Arbeitssystem ergibt sich aus dem Verhältnis der Auftragszeit des Auftrags und der maximal möglichen Tagesleistung (vgl. [17]):

$$\text{Durchführungszeit}\left[\text{Tage}\right] = \frac{\text{Auftragszeit}\left[\text{Stunden}\right]}{\text{maximale Leistung}\left[\dfrac{\text{Stunden}}{\text{Tag}}\right]} \qquad \text{(Gl. 3.16)}$$

Die Produktionskennlinien verdeutlichen, dass sich die Leistung oberhalb eines bestimmten Bestandsbereichs nur noch unwesentlich ändert. Das Arbeitssystem ist dann durchgängig mit Arbeitsaufträgen versorgt. Leistungseinbußen bzw. Auslastungsverluste aufgrund von Materialflussabrissen sind hier nicht zu erwarten. Die Reichweite und Durchlaufzeit hingegen steigen in diesem Bestandsbereich proportional mit dem Bestand an.

Wird der Bestand auf Werte unterhalb dieses Niveaus gesenkt, kommt es aufgrund fehlenden Arbeitsvorrats vermehrt zu Auslastungsverlusten und damit zu Leistungseinbußen. Zudem sinken die Reichweite und die Durchlaufzeit. Beide Größen können jedoch ein bestimmtes Minimum nicht unterschreiten, welches durch den mittleren Arbeitsinhalt der Arbeitsaufträge und dessen Streuung bestimmt ist. Mit den Produktionskennlinien ist es dem Anwender möglich, ein Arbeitssystem im Spannungsfeld zwischen geringen Beständen, kurzen Durchlaufzeiten und einer geringen Reichweite auf der einen Seite und einer hohen Leistung bzw. Auslastung auf der anderen Seite logistisch zu positionieren.

3.4.2 Lagermodelle und Lagerkennlinien

Zur Beschreibung des logistischen Systemverhaltens von Artikeln in einer Lagerstufe hat sich das Lagerdurchlaufdiagramm bewährt (vgl. [47]). Dieses Beschreibungsmodell stellt die Prozesse Lagerzugang und Lagerabgang jeweils für einen Lagerartikel voneinander entkoppelt in ihrer Eigendynamik dar. Dazu werden, wie in Abb. 3.11 skizziert, die Lagerzugänge und die Lagerabgänge kumuliert über die Zeit aufgetragen. Der Startpunkt der Lagerzugangs- und der Lagerabgangskurve auf der Zeitachse ist der Beginn des Untersuchungszeitraums. Der Bestandswert von null Mengeneinheiten (z. B. gemessen in Stück) bildet den Startpunkt der Lagerabgangskurve. Der vorliegende Lagerbestand zu Beginn des Untersuchungszeitraums (Anfangsbestand) beschreibt den Startpunkt der Lagerzugangskurve auf der Bestandsachse. Da der Zugang von Artikeln in das Lager sowie die Entnahme von Teilen aus dem Lager in der Regel losweise vollzogen werden, ergibt sich ein stufenförmiger Verlauf beider Kurven. Der vertikale Abstand zwischen der Lagerzugangs- und der Lagerabgangskurve zeigt den vorliegenden Lagerbestand zum jeweiligen Betrachtungszeitpunkt. Der Wert der Lagerabgangskurve am Ende des Untersuchungszeitraums gibt die Abgangsmenge in einem Untersuchungszeitraum an. Die Differenz aus Endwert der Lagerzugangskurve und dem Anfangsbestand ergibt die Zugangsmenge. Die Differenz aus dem Endwert der Lagerzugangskurve und der Abgangsmenge beschreibt den Endbestand des Lagers.

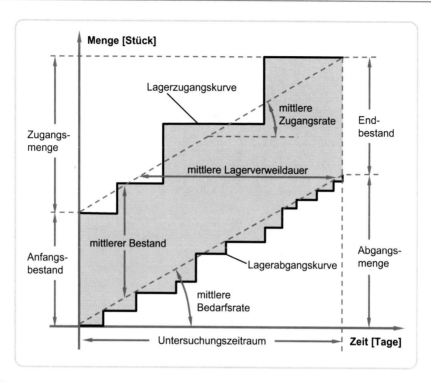

Abb. 3.11 Lagerdurchlaufdiagramm (in Anlehnung an [47])

Die Verbindung des Anfangs- und des Endpunkts der Lagerzugangs- bzw. Lagerabgangskurve bildet die ideale Lagerzugangs- bzw. die ideale Lagerabgangskurve. Diese
idealisierten Kurvenverläufe sind bei der Beschreibung einiger Kennzahlen im Lagerdurchlaufdiagramm hilfreich. Diese beiden Kurven sollten parallel verlaufen, damit der
Lagerbestand auf lange Sicht auf einem konstanten Niveau bleibt. Der vertikale Abstand
zwischen der idealen Lagerzugangs- und der idealen Lagerabgangskurve zeigt den mittleren Lagerbestand an. Der horizontale Abstand zwischen diesen beiden Kurvenverläufen
beschreibt die mittlere Lagerverweildauer. Die Steigung der idealen Lagerzugangskurve
gibt die mittlere Lagerzugangsrate an. Die Steigung der idealen Lagerabgangskurve beschreibt die mittlere Lagerabgangsrate.

Ein einfacheres Modell zur Beschreibung des logistischen Verhaltens von Lagerartikeln
ist das allgemeine Lagermodell nach REFA (vgl. [48]). Dieses Modell beschreibt den Bestandsverlauf eines Artikels über dem Zeitverlauf in Abhängigkeit von den Lagerzugängen
und den Lagerabgängen. Teil a von Abb. 3.12 zeigt den entsprechenden realen Bestandsverlauf in diesem Modell. Ein diskreter Kurvensprung nach oben beschreibt einen Zugang
des betrachteten Lagerartikels in das Lager. Die Sprünge nach unten bedeuten die Lagerabgänge. Der Abstand zwischen dem Bestandsverlauf und der Zeitachse zu einem beliebigen Betrachtungszeitpunkt gibt den jeweils vorliegenden Lagerbestand an. Die Zu-

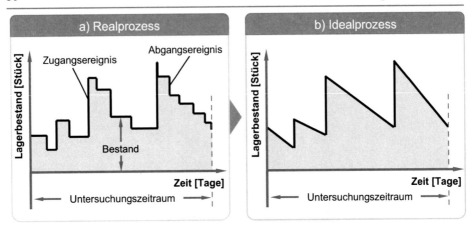

Abb. 3.12 Allgemeines Lagermodell nach REFA (in Anlehnung an [48])

gangssprünge sind in der Regel größer als die Lagerabgangssprünge, da kostenoptimale Zugangslose gebildet werden.

Teil b von Abb. 3.12 zeigt die idealisierte Darstellung des Bestandsverlaufs. Die durch Lagerzugänge verursachten Kurvensprünge gleichen denjenigen im Realprozess. Jedoch wird der durch die realen Lagerabgangsereignisse verursachte, diskrete Kurvenverlauf durch einen kontinuierlich verlaufenden Lagerabgang ersetzt. Aus dem allgemeinen Lagermodell lassen sich eine Reihe wichtiger lagerlogistischer Kennzahlen ableiten (vgl. [48]). Diese sind in Abb. 3.13 dargestellt.

Der maximale Bestand eines Lagerartikels kann bspw. durch die zur Verfügung stehen-den Lagerflächen bestimmt werden. Von einem beliebigen Bestandswert ausgehend fällt zunächst der Lagerbestand mit einer kontinuierlich verlaufenden mittleren Bedarfsrate ab, welche sich aus dem Winkel zwischen dem fallenden Bestandsverlauf und einer Horizon-talen ergibt:

$$\text{Bedarfsrate}\left[\frac{\text{Stück}}{\text{Tag}}\right] = \frac{\text{Entnahme im Betrachtungszeitraum}\left[\text{Stück}\right]}{\text{Betrachtungszeitraum}\left[\text{Tage}\right]} \quad \text{(Gl. 3.17)}$$

Die Reichweite eines Lagerartikels beschreibt die Zeitdauer, in welcher der Lager-bestand ausgehend von einem bestimmten Bestandswert auf einen Nullbestand fällt und die Lieferunfähigkeit im Fall des Ausbleibens von Zulieferungen eintritt. Die Reichweite eines Lagerartikels zu einem beliebigen Zeitpunkt berechnet sich aus dem Verhältnis zwi-schen Lagerbestand und mittlerer Bedarfsrate:

$$\text{Reichweite}\left[\text{Tage}\right] = \frac{\text{Lagerbestand}\left[\text{Stück}\right]}{\text{Bedarfsrate}\left[\dfrac{\text{Stück}}{\text{Tag}}\right]} \quad \text{(Gl. 3.18)}$$

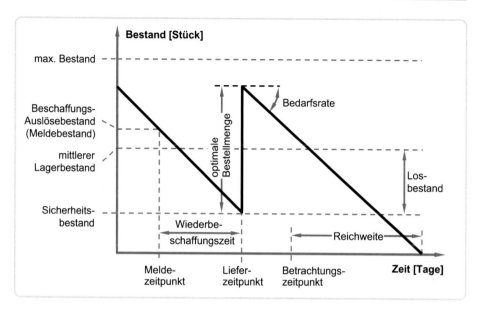

Abb. 3.13 Kennzahlen im allgemeinen Lagermodell (in Anlehnung an [48])

Fällt der Bestand weiter ab, wird der Beschaffungsauslösebestand erreicht. Dieser liegt zeitlich auf dem Meldezeitpunkt. Mit dem Meldezeitpunkt beginnt die Wiederbeschaffungszeit, welche mit dem Eintreffen der neuen Ware zum Lieferzeitpunkt endet. Die Zugangsmenge entspricht im Fall eines Zugangs vom Beschaffungsmarkt der kostenoptimalen Bestellmenge bzw. der Beschaffungslosgröße, die sich für den Fall einer Beschaffung bei einem externen Lieferanten nach Andler bzw. Harris wie folgt berechnen lässt (vgl. [49] bzw. [50]):

$$\text{Beschaffungslosgröße}\left[\text{Stück}\right] = \left(\frac{\begin{array}{l}2 \cdot \text{Absatzmenge}\left[\text{Stück}\right] \\ \cdot \text{losgrößenfixe Beschaffungskosten} \\ \left[\text{Euro}\right]\end{array}}{\begin{array}{l}\text{variable Stückkosten}\left[\dfrac{\text{Euro}}{\text{Stück}}\right] \\ \cdot \text{Lagerkostensatz}\left[-\right]\end{array}}\right)^{0,5} \quad \text{(Gl. 3.19)}$$

Die optimale Beschaffungslosgröße ergibt sich aus einem Trade-off zwischen Beschaffungskosten und Lagerhaltungskosten.

Für den Fall einer internen Beschaffung aus einem Produktionsbereich eines Unternehmens werden durch die Anwendung dieser Formel deutlich zu große Lose gebildet, da sie logistikrelevante Aspekte wie die Auswirkung von Losen auf die Termintreue, den Steuerungsaufwand oder die Flexibilität der Produktion vernachlässigt. Eine exakte Losgröße lässt sich hier nicht bestimmen, da verschiedene Größen wie die aus einer mangelnden Liefertermineinhaltung gegenüber Kunden resultierenden Fehlmengenkosten nicht exakt bewertet werden können. Zur Berechnung von Produktionslosgrößen wurden in den vergangenen einhundert Jahren eine Vielzahl von Ansätzen entwickelt. Eine gründliche und praxisnahe Auseinandersetzung mit diesem Thema, welche zu der hier dargestellten Formel zur Berechnung von Produktionslosgrößen führt, findet sich bei Münzberg ([51]) und zusammenfassend bei Schmidt et al. (bei [52]). Münzberg berücksichtigt die Auswirkung der Produktionslosgröße auf logistische Zielgrößen durch einen empirischen Logistikkostenfaktor mit Werten zwischen 4 und 16. Daraus ergibt sich eine Produktionslosgröße, die in der Praxis regelmäßig Werte zwischen einem Viertel und der Hälfte der Andler'schen Losgröße annimmt:

$$
\text{Produktionslosgröße}\left[\text{Stück}\right]=\left(\frac{\begin{array}{c}2\cdot\text{Absatzmenge}\left[\text{Stück}\right]\\ \cdot\text{Auftragswechselkosten}\left[\text{Euro}\right]\\ \hline \text{Logistikkostenfaktor}\left[-\right]\cdot\text{variable}\\ \text{Stückkosten}\end{array}}{\left[\dfrac{\text{Euro}}{\text{Stück}}\right]\cdot\text{Lagerkostensatz}\left[-\right]}\right)^{0,5}
$$
(Gl. 3.20)

Im idealisierten Lagermodell entspricht der mittlere Losbestand der halben Beschaffungslosgröße:

$$
\text{mittlerer Losbestand}\left[\text{Stück}\right]=\frac{\text{Beschaffungslosgröße}\left[\text{Stück}\right]}{2}
$$
(Gl. 3.21)

Der mittlere Lagerbestand lässt sich berechnen, indem der mittlerer Losbestand und der Sicherheitsbestand addiert werden:

$$
\text{mittlerer Lagerbestand}\left[\text{Stück}\right]=\text{mittlerer Losbestand}\left[\text{Stück}\right]\\ +\text{Sicherheitsbestand}\left[\text{Stück}\right]
$$
(Gl. 3.22)

Der Sicherheitsbestand für einen Lagerartikel lässt sich nach einer Vielzahl von Ansätzen berechnen (vgl. exemplarisch Ansätze [53] oder [54]). Wie gut die Ergebnisse der verschiedenen Ansätze sind, hängt ab von den fallspezifischen Rahmenbedingungen wie der Intensität der Bedarfsratenschwankung oder der Termintreue des Zulieferers. Eine Gegenüberstellung ausgewählter Ansätze zur Berechnung von Sicherheitsabständen findet sich bei Schmidt et al. (vgl. [55]). Im Folgenden wird auf dem Ansatz von Nyhuis und Lutz aufgebaut. Die zugrunde liegende Formel liefert in den meisten Anwendungsfällen sehr gute Ergebnisse. Die Formel ist zudem sehr gut geeignet, Ursachen für Störungen in den Lagerprozessen zu identifizieren, die schließlich durch Sicherheitsbestände abgefangen werden müssen. Dies ist für ein Verständnis von Wirkzusammenhängen in

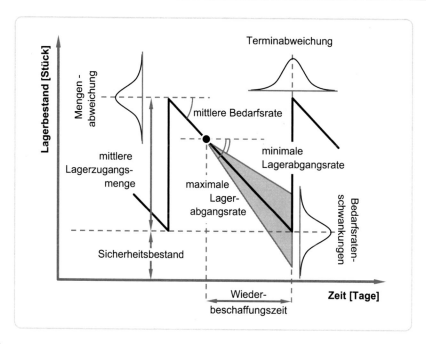

Abb. 3.14 Logistische Störungen im Lagerprozess (in Anlehnung an [56])

Lieferketten ein wichtiger Beitrag. Zur Herleitung der Formel wird im Wesentlichen von drei Störungsarten der Lagerprozesse ausgegangen. Diese Störungsarten von Lagerprozessen werden bereits 1991 durch den Verband für Arbeitsstudien und Betriebsorganisation erwähnt (vgl. [48]). Auf der Zugangsseite kann es hinsichtlich der Liefermenge oder der Liefertermine zu Abweichungen von Plan-Prozessen kommen. Die Mengentreue und die Liefertermintreue des Lieferanten sind hier also die entscheidenden Kennzahlen. Durch einen Sicherheitsbestand müssen diese beiden Störungsarten jedoch nur dann abgefedert werden, wenn zu wenig oder zu spät geliefert wird. Wenn zu früh oder zu viel geliefert wird, so ist dies auch als eine Störung des Plan-Prozesses im Lager aufzufassen. Jedoch wirkt diese nicht auf den Sicherheitsbestand, sondern eher auf die Flächenbelastung und je nach Rahmenkontrakt mit dem Lieferanten auf die Kapitalbindung. Abb. 3.14 zeigt die drei Störungsarten im allgemeinen Lagermodell. Es ist zu erkennen, dass die Mengenabweichung vergleichsweise unkritisch ist. Diese tritt zum Zeitpunkt der Zulieferung auf, also dann wenn der Bestand auf einem relativ hohen Niveau liegt und der Lagerprozess Störungen gut kompensieren kann. Zudem kann vom Lieferanten meist noch eine zeitnahe Nachlieferung gefordert werden. Ist die Wiederbeschaffungszeit kleiner als die Zeitdauer zwischen zwei Lieferungen, muss die Mengenabweichung modelltheoretisch nicht berücksichtigt werden, da bei Eintreten dieser Störung lediglich der Meldezeitpunkt zum Anstoß einer Bestellung früher erreicht wird als geplant. Wird diese Störungsart berücksichtigt, so ist die maximale negative Mengenabweichung durch einen Sicherheitsbestand abzudecken.

Lieferterminabweichungen seitens des Lieferanten sind jedoch als kritisch einzustufen. Die Störung tritt dann auf, wenn der Bestand planmäßig gegen den Sicherheitsbestand läuft. Diese Störungsart ist mit der Lagerbestandsmenge abzudecken, die während der maximalen positiven Terminabweichung verbraucht wird.

Auf der Abgangsseite müssen als dritte Störungsart Schwankungen der Bedarfsrate durch den in der Wiederbeschaffungszeit auftretenden Mehrverbrauch an Lagerartikeln abgefedert werden. Unter Berücksichtigung dieser Überlegungen kann der Sicherheitsbestand mit folgender Formel berechnet werden (vgl. [56]):

$$
\text{Sicherheitsbestand}\left[\text{Stück}\right] = \left(\begin{array}{l} \left(\text{max.pos.Mengenabweichung}\left[\text{Stück}\right]\right)^2 \\[2mm] + \left(\begin{array}{l} \text{max.pos.Terminabweichung}\left[\text{Tage}\right] \\ \cdot\text{mittlere Bedarfsrate}\left[\dfrac{\text{Stück}}{\text{Tag}}\right] \end{array} \right)^2 \\[4mm] + \left(\begin{array}{l} \left(\begin{array}{l} \text{max.Bedarfsrate}\left[\dfrac{\text{Stück}}{\text{Tag}}\right] \\ -\text{mittlere Bedarfsrate}\left[\dfrac{\text{Stück}}{\text{Tag}}\right] \end{array} \right) \\ \cdot\text{Wiederbeschaffungszeit}\left[\text{Tage}\right] \end{array} \right)^2 \end{array} \right)^{0,5}
$$

(Gl. 3.23)

Lutz hat diese Formel aufgegriffen und mit der Servicegradkennlinie einen Ansatz entwickelt, mit dem der Sicherheitsbestand in Abhängigkeit eines Ziel-Servicegrads berechnet werden kann (vgl. [57]). Der Servicegrad ergibt sich aus dem Verhältnis von pünktlich bedienten Nachfragen an das Lager zur Gesamtnachfrage (vgl. [58]). Abb. 3.15 zeigt den Verlauf der idealen (keine Berücksichtigung von Störungen) und der realen Servicegradkennlinie.

Liegt ein Lagerbestand von null vor, so kann keine Anfrage an das Lager unmittelbar bedient werden. Mit zunehmendem mittlerem Lagerbestand steigt der Servicegrad eines Artikels. Je höher das Bestandsniveau ist, desto überproportional höher muss die Anhebung des mittleren Lagerbestands sein, um den Servicegrad weiter zu steigern. Ab einem Servicegrad von 100 % hat die Servicegradkennlinie einen horizontalen Verlauf. Eine zusätzliche Erhöhung des Lagerbestands bringt keinen zusätzlichen Nutzen. Die beiden Ankerpunkte zur Berechnung der Servicegradkennlinie sind der Ursprung des Koordinatensystems mit einem mittleren Lagerbestand und einem Servicegrad von Null sowie der Punkt, an dem die Servicegradkennlinie die 100 %-Marke erreicht. Der hierzu erforderliche mittlere Lagerbestand ist der praktische minimale Grenzlagerbestand (vgl. [56]):

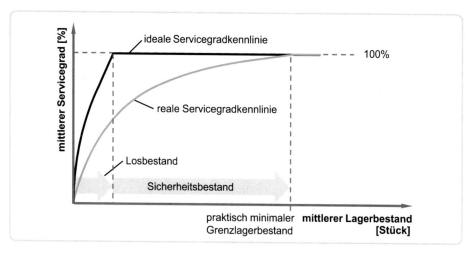

Abb. 3.15 Ideale und reale Servicegradkennlinie (in Anlehnung an [57])

$$\text{praktisch minimaler Grenzlagerbestand}\left[\text{Stück}\right] = \text{mittlerer Losbestand}\left[\text{Stück}\right]$$
$$+\text{Sicherheitsbestand}\left[\text{Stück}\right] \quad (\text{Gl. } 3.24)$$

Mathematisch lässt sich die Servicegradkennlinie wie folgt in parametrisierter Form beschreiben (vgl. [57]):

$$\text{mittlerer Lagerbestand}\left[\text{Stück}\right] = \text{mittlerer Losbestand}\left[\text{Stück}\right]$$
$$\cdot\left(1-\sqrt[C]{1-\left(\text{Laufvariable}\_\text{t}\left[-\right]\right)^{C}}\right)^{2}$$
$$+\left(\text{Sicherheitsbestand}\left[\text{Stück}\right]\right)$$
$$\cdot\text{Laufvariable}\_\text{t}\left[-\right] \quad (\text{Gl. } 3.25)$$

$$\text{Servicegrad}\left[\%\right] = 1-\sqrt[C]{1-\left(\text{Laufvariable}\_\text{t}\left[-\right]\right)^{C}} \quad (\text{Gl. } 3.26)$$

Wie bei der Beschreibung der Produktionskennlinien kann auch hier die Laufvariable_t Werte zwischen 0 und 1 annehmen. Der C-Wert in den beiden Gleichungen Gl. 3.25 und Gl. 3.26 ist abhängig von den statistischen Verteilungen der Störungen (Abb. 3.14). Je ausgeprägter die Störungen, desto größer muss der C-Wert gewählt werden. Ein in der Praxis brauchbarer Default-Wert ist C = 0,35 (vgl. [57]). Wird der Sicherheitsbestand dynamisch, am aktuellen Bedarfsverlauf orientiert berechnet, so lässt sich mit einem Default-Wert von C = 0,31 arbeiten, da Bedarfsratenschwankungen in diesem Fall bereits berücksichtigt werden und nicht mehr über einen Sicherheitsbestand ausgeglichen werden müssen (vgl. [59]).

Mit der Servicegradkennlinie als logistisches Wirkmodell lässt sich darstellen, welchen Einfluss externe sowie interne Lieferanten, Verbraucher und das Beschaffungs- sowie Bestandsmanagement selbst auf die spezifische Form und die Lage der Servicegradkennlinie haben und welche Konsequenzen sich auf die Dimensionierung des Sicherheitsbestandes bei einem angestrebten Ziel-Servicegrad ergeben. Dieses Modell ermöglicht so eine servicegradorientierte Dimensionierung von Lagerbeständen, um die Verfügbarkeit einzelner Artikel sicherzustellen.

3.4.3 Montagedurchlaufdiagramm

Das Montagedurchlaufdiagramm baut auf dem Durchlauflaufdiagramm für Fertigungsprozesse auf und betrachtet neben dem Zugang und Abgang des Montagesystems die Komplettierung der einzelnen Montageaufträge. Die Komplettierung eines Montageauftrags findet genau dann statt, wenn die für den Montageauftrag erforderlichen Versorgungsaufträge aus unterschiedlichen Quellen zusammenfließen und vollständig den betrachteten Montagearbeitsplatz erreicht haben.

Abb. 3.16 zeigt die Grundform des Montagedurchlaufdiagramms. Zur Erstellung dieses Modells werden basierend auf Rückmeldedaten aus dem betrachteten Montagebereich

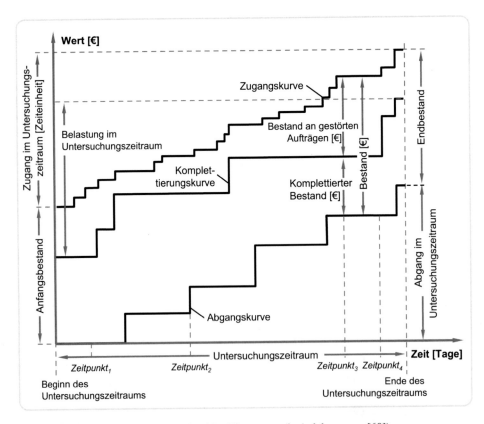

Abb. 3.16 Grundform des Montagedurchlaufdiagramms (in Anlehnung an [60])

Zugangs-, Komplettierungs- und Abgangsereignisse kumulativ über der Zeit im Diagramm abgetragen. Die Gewichtungsgröße ist hierbei der Wert der Aufträge und Komponenten. Eine Gewichtung mit anderen Größen wie Gewicht in Tonnen oder dem Arbeitsinhalt in Stunden ist generell auch möglich. Das Montagedurchlaufdiagramm bildet somit die verschiedenen Montageaufträge an einer Ressource – also einem Montagesystem – ab. Anhand dieser Grundform des Montagedurchlaufdiagramms mit seinen Kurvenverläufen lassen sich verschiedene Kennzahlen ableiten. So ist zu jedem Zeitpunkt der aktuell am Montagesystem vorliegende Bestand aus dem vertikalen Abstand der Zugangs- und der Abgangskurve abzulesen. Dieser Bestand lässt sich in den gestörten Bestand (vertikaler Abstand zwischen Zugangs- und Komplettierungskurve) und den komplettierten Bestand (vertikaler Abstand zwischen Komplettierungs- und Abgangskurve) untergliedern. Der komplettierte Bestand beschreibt die Montageaufträge im System, für die alle erforderlichen Komponenten verfügbar sind und die Montage begonnen werden könnte. Die komplettierten Montageaufträge konkurrieren um die Kapazität des Montagesystems. Der gestörte Bestand beschreibt demgegenüber die Montageaufträge, deren Komponenten schon zum Teil bereitgestellt sind, aber noch auf ihre Komplettierung warten. Aus den Werten der einzelnen Kurven zu Beginn und am Ende des Untersuchungszeitraums können weitere Kennzahlen wie der Anfangs- und Endbestand, der Zugang, die Belastung und der Abgang im Untersuchungszeitraum ermittelt werden (vgl. [60]).

Aus anderen Darstellungsformen wie der idealisierten Darstellung oder der Abbildung von Plan- und Ist-Kurvenverläufen ergeben sich weiterführende Interpretationsmöglichkeiten aus dem Montagedurchlaufdiagramm (vgl. [60]). Für die Anwendungen in der Praxis hat sich das Montagedurchlaufdiagramm als hilfreich erwiesen. Insbesondere für die Visualisierung des logistischen Systemverhaltens eines Montagesystems und die Bewertung der Ist-Situation einer Montage sowie zur Ableitung von Verbesserungsmaßnahmen bietet das Modell gute Hilfestellungen (vgl. [60]). In erster Linie ist das Montagedurchlaufdiagramm für die Anwendung in der Einzelplatzmontage oder Werkstattmontage entwickelt worden. Bei Montagen, die nach dem Linien- oder Inselprinzip organisiert sind, ist das Modell ebenfalls einsetzbar. Für die Baustellenmontage ist die Interpretationsmöglichkeit stark eingeschränkt.

3.4.4 Bereitstellungsdiagramm

Bei der Gestaltung konvergierender Materialflüsse sind die Rechtzeitigkeit und die Synchronität der zugehenden Versorgungsaufträge von entscheidender Bedeutung. Von Rechtzeitigkeit wird gesprochen, wenn die Versorgungsaufträge den Konvergenzpunkt (dies kann bspw. ein Montagesystem oder ein Versandbereich sein) vor dem Bedarfstermin erreichen. Dabei sollten die Versorgungsaufträge möglichst kurz vor dem Bedarfstermin eintreffen, um wenig Kapital und Fläche für die Pufferung der Komponenten zu binden. Synchronität umfasst das gleichzeitige Eintreffen der Versorgungsaufträge zur Komplettierung eines Auftrags.

Zur Beschreibung der Komplettierung einzelner Montageaufträge wurden bereits in den 1970er-Jahren die Komplettierungskurven von Kettner entwickelt. Sie entstehen durch eine montageauftragsspezifische Betrachtung der benötigten Stücklistenpositionen eines zu montierenden Erzeugnisses (vgl. [61]). Dabei werden für einen Montageauftrag die prozentualen Anteile komplett fehlender, teilweise fehlender und komplett verfügbarer Lageraufträge über einer auf den Bedarfstermin normierten Zeitachse in einem Diagramm abgetragen. Dieses Beschreibungsmodell ermöglicht die Analyse der Bereitstellung von Material für einen sich wiederholenden Montageauftrag.

Das Bereitstellungsdiagramm greift das Konzept von Kettner auf und erweitert den Betrachtungshorizont auf beliebig viele Montageaufträge. Zudem wird die Betrachtung nicht mehr nur auf Versorgungsaufträge aus einer unternehmenseigenen Lagerstufe beschränkt, sondern auf die Versorgung aus der unternehmensinternen Produktion und auf die Beschaffung von unternehmensexternen Zulieferern erweitert (vgl. [62]). Das Bereitstellungsdiagramm verdeutlicht die Auswirkungen der Terminabweichungen von Versorgungsaufträgen auf den Bestand und die Terminsituation an Konvergenzpunkten im Materialfluss und unterstützt so eine Analyse der logistischen Abstimmung zwischen Versorgungs- und bspw. Montageaufträgen. So können Aussagen über die Qualität der Versorgung – also im Wesentlichen die Rechtzeitigkeit und die Synchronität – der Montage getroffen werden.

Nickel erweiterte das Bereitstellungsdiagramm um die monetäre Bewertung der am Montagesystem gebundenen Bestände und beschreibt die entsprechenden Kurvenverläufe für den Fall einer Materialversorgung aus einer vorgelagerten Fertigung anhand von empirischen Näherungsgleichungen (vgl. [63]).

Ein alternativer, auf dem Montagedurchlaufdiagramm aufbauender Modellierungsansatz erweitert die Aussagekraft dieses Modells. (vgl. [60]). Abb. 3.17 zeigt die idealisierte Form des Bereitstellungsdiagramms. Auf der Terminabweichungsachse beschreibt der Startpunkt der normierten Zugangskurve das Minimum der Terminabweichung eines Versorgungsauftrags. Wenn die normierte Zugangskurve links vom Bedarfstermin beginnt, entspricht dieser Wert der maximalen verfrühten Bereitstellung eines Versorgungsauftrags. Startet diese Kurve rechts vom Bedarfstermin, so ist dieser Startwert als die minimale Verspätung eines ersten Versorgungsauftrags zu deuten. Der Startpunkt der normierten Komplettierungskurve zeigt das Minimum der Terminabweichung einer Komplettierung eines Montageauftrags. Wenn die normierte Komplettierungskurve links vom Bedarfstermin beginnt, entspricht dieser Wert der maximal verfrühten Komplettierung eines Montageauftrags. Haben diese Kurven ihren Ursprung rechts vom Bedarfstermin, gibt dieser Wert die minimale Komplettierungsverzögerung wieder. Die Endpunkte der normierten Zugangs- sowie der normierten Komplettierungskurve beschreiben die maximale Verspätung eines Versorgungsauftrags, was der maximalen Terminabweichung der Komplettierung eines Montageauftrags entspricht. In Bezug auf die Wertdimension liegen die Startpunkte beider Kurven auf dem Nullniveau. Die Endpunkte der beiden Kurven entsprechen dem wertmäßigen Zugang im Untersuchungszeitraum.

Das Bereitstellungsdiagramm bietet weiterreichende Möglichkeiten zur Interpretation der Bereitstellungssituation. So kann zu jedem beliebigen zeitlichen Abstand vom Bedarfstermin eine Aussage über den Bereitstellungszustand (noch nicht bereitgestellte, teilweise bereitgestellte und komplettierte Montageaufträge) der Gesamtheit des Auftragsspektrums getroffen werden. Dies ist in Abb. 3.17 exemplarisch für den Bedarfstermin (Terminabweichung = 0) dargestellt. Der Anteil dieser Werte am Zugang im Untersuchungszeitraum gibt an, wie viel Aufträge rechtzeitig, teilweise rechtzeitig oder zu spät bereitgestellt wurden (vgl. [60]). Eine Betrachtung des Bereitstellungszustands der Montageaufträge abweichend vom Bedarfstermin kann bspw. unterstützend zur Bestimmung eines Lieferzeitpuffers oder einer Sicherheitszeit sinnvoll sein.

Die Fläche des gestörten Bestands, die von der normierten Zugangs- und Komplettierungskurve eingeschlossen wird, ist ein gutes Maß für die Kapitalbindung durch gestörte Bestände an Konvergenzpunkten im Materialfluss. Wird sie zum Untersuchungszeitraum ins Verhältnis gesetzt, ergibt sich der mittlere gestörte Bestand (Bestand nicht komplettierter Aufträge) am Konvergenzpunkt. Die dunkelgraue Fläche des zu früh komplettierten Bestands ist ein Maß für die Kapitalbindung durch verfrüht komplett bereitgestellte Materialbündel. Das Verhältnis dieser Fläche zum Untersuchungszeitraum ergibt den mittleren Bestand an zu früh komplettiertem Material.

Das Bereitstellungsdiagramm wird auf der Basis betrieblicher Rückmeldungen erzeugt. Stehen diese nicht zur Verfügung oder soll ein Zukunftsszenario betrachtet werden, muss das Bereitstellungsdiagramm mit Näherungsgleichungen beschrieben werden. Dazu

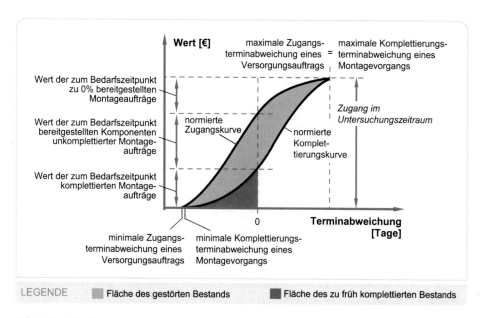

Abb. 3.17 Idealisiertes monetäres Bereitstellungsdiagramm (in Anlehnung an [60])

werden Terminabweichungsverteilungen für die verschiedenen Quellen angenommen und
für die Beschreibung der normierten Zugangskurve integriert und summiert (vgl. [64]):

$$
f\,Zugang \begin{pmatrix} \text{in Abhängigkeit der} \\ \text{Terminabweichung}\,(TA) \end{pmatrix} [\text{€}] = Zugang\,aus\,Beschaffung\,im
$$

$$
Untersuchungszeitraum\,[\text{€}] \cdot
$$

$$
\int_{TA_{maximal\,negativ}}^{TA} f\,TA\,Beschaffung\,[-]\,dTA
$$

$$
+ Zugang\,aus\,Fertigung\,im
$$

$$
Untersuchungszeitraum\,[\text{€}] \cdot
$$

$$
\int_{TA_{maximal\,negativ}}^{TA} f\,TA\,Fertigung\,[-]\,dTA
$$

$$
+ Zugang\,aus\,Lager\,im
$$

$$
Untersuchungszeitraum\,[\text{€}] \cdot
$$

$$
\int_{TA_{maximal\,negativ}}^{TA} f\,TA\,Lager\,[-]\,dTA \qquad (Gl.\ 3.27)
$$

Die hieraus entstehende Funktion der normierten Zugangskurve wird mit der mittleren
Anzahl der Versorgungsaufträge pro zu komplettierendem Auftrag potenziert, um die normierte Komplettierungskurve zu erhalten, wobei f Zugang für die in Gl. 3.27 beschriebene
normierte Zugangskurve und die Variable k für die mittlere Anzahl an Komponenten je
Komplettierungsvorgang steht (vgl. [64]):

$$
Wert\,Komplettierung
$$

$$
\begin{pmatrix} \text{in Abhängigkeit der} \\ \text{Terminabweichung}\,(TA) \end{pmatrix} [\text{€}] = Zugang\,im\,Untersuchungszeitraum\,[\text{€}] \cdot
$$

$$
\left(\frac{f\,Zugang\,(\text{in Abhängigkeit}\,TA)\,[\text{€}]}{Zugang\,im\,Untersuchungszeitraum\,[\text{€}]} \right)^{k} \qquad (Gl.\ 3.28)
$$

Mit dem Bereitstellungsdiagramm wurde ein Modell entwickelt, mit dem die Wirkzusammenhänge zwischen den Versorgungsprozessen und der Bereitstellungssituation an
Konvergenzpunkten im Materialfluss beschrieben werden können. Der entwickelte
Modellzusammenhang kann dazu genutzt werden, Schwachstellen einer Versorgungskette
zu identifizieren und Maßnahmen abzuleiten. Die Ausgangssituation sowie eine Ziel-
situation der einzelnen Versorgungsprozesse können jeweils mit Terminabweichungs-
histogrammen abgebildet werden. Mit Hilfe der Näherungsgleichungen kann die Auswirkung der Veränderung auf die Bereitstellungssituation ermittelt und veranschaulicht
werden (vgl. [65]).

3.4.5 Termineinhaltungskennlinien

Am Ende eines Produktionsbereichs verlassen die Produktionsaufträge diesen insbesondere im Fall einer Werkstattfertigung häufig nicht termingerecht. Werden nun die Aufträge eines vergangenen Zeitraums, z. B. eines Monats, hinsichtlich ihrer Abgangsterminabweichung analysiert und zu einem Histogramm verdichtet, ergibt sich die Verteilung der Abgangsterminabweichung. Hier müssen sich Unternehmen im Zielkonflikt zwischen einer hohen Termineinhaltung, kurzen Lieferzeiten und einem niedrigen Fertigwarenbestand positionieren. Die wichtigste Regelgröße zur Beeinflussung dieser Zielgrößen ist für den Fall einer Auftragsfertigung die Sicherheitszeit. Die Termineinhaltungskennlinien als logistisches Wirkmodell bieten bei dieser Entscheidungsaufgabe eine Unterstützung, indem sie die Termineinhaltung, die Lieferzeit und den Fertigwarenbestand in Abhängigkeit der gewählten Sicherheitszeit in einem Diagramm darstellen. Abb. 3.18 zeigt den generellen Verlauf der Termineinhaltungskennlinien. Ausgehend von einer gegebenen Abgangsterminabweichungsverteilung (siehe exemplarisch Abb. 3.18, links) ergibt sich für den Fall, dass keine Sicherheitszeit eingeplant ist, eine bestimmte Termineinhaltung, je nachdem wie viele Aufträge termingerecht oder zu früh fertig gestellt werden. In diesem Fall entspricht die mittlere Lieferzeit der mittleren Durchlaufzeit durch den Produktionsbereich, wenn vor diesem ein Rohwaren- oder Halbfabrikatelager liegt – vorgelagerte Prozesse also entkoppelt sind. Der Fertigwarenbestand wird einzig durch die zu früh fertiggestellten Aufträge bestimmt, die durch ihre verfrühte Fertigstellung auf Auslieferung warten.

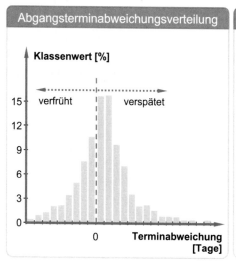 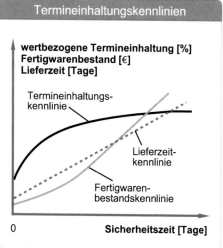

Abb. 3.18 Termineinhaltungskennlinien (in Anlehnung an [66])

Wird nun eine Sicherheitszeit eingeplant, so erhöht sich entsprechend die Lieferzeit um den Wert der Sicherheitszeit. Die Lieferzeitkennlinie hat demnach die Form einer Geraden. Je nach Verteilungsform der Abgangsterminabweichung steigt die Termineinhaltung mit zunehmender Sicherheitszeit erst stärker und dann schwächer, bis der Wert einer 100 %-igen Termineinhaltung erreicht ist. Ab diesem Punkt kann durch eine zusätzliche Sicherheitszeit keine höhere Termineinhaltung realisiert werden. Der Fertigwarenbestand wird nun durch die Aufträge definiert, die vor dem Auslieferungstermin zum Kunden – also vor dem Plan-Fertigstellungstermin oder innerhalb der Sicherheitszeit fertiggestellt sind. Die Steigung der Kennlinie für den Fertigwarenbestand nimmt so lange zu, bis eine Termineinhaltung von 100 % erreicht ist. Danach ist sie eine Gerade mit konstanter Steigung.

Die Termineinhaltungskennlinien können unmittelbar aus den rückgemeldeten Terminabweichungsdaten generiert werden (vgl. [67]). Sie müssen also nicht unter der Annahme von Verteilungsformen berechnet werden, um die Auswirkung der Veränderung einer Sicherheitszeit auf die logistischen Zielgrößen Lieferzeit, Fertigwarenbestand und Termineinhaltung bei einer gegebenen Ist-Situation abschätzen zu können.

Für den Fall, dass die Wirkung von Maßnahmen zur Verbesserung der Terminsituation im betrachteten Produktionsbereich abgeschätzt werden soll, bietet sich die Berechnung der Termineinhaltungskennlinien für eine angenommene Verteilung der Abgangsterminabweichung an. Dies soll für den Fall einer normalverteilten Abgangsterminabweichungsverteilung gezeigt werden (vgl. [66]). Die Lieferzeitkennlinie berechnet sich zu:

$$\text{Lieferzeit} \begin{pmatrix} \text{in Abhängigkeit der} \\ \text{Sicherheitszeit} \end{pmatrix} [\text{Tage}] = \text{Durchlaufzeit Produktionsbereich}\,[\text{Tage}]$$
$$+\text{Sicherheitszeit}\,[\text{Tage}] \qquad \text{(Gl. 3.29)}$$

Die Kennlinie zur Beschreibung der Termineinhaltung für den Fall einer normalverteilten Abgangsterminabweichung, die für Terminabweichungsverteilungen in der Regel als gute Näherung angeommen werden kann, berechnet sich nach Gl. 3.30. Hierbei steht TA für Terminabweichung und StAbw für Standardabweichung:

$$\text{Termineinhaltung} \left(\text{in Abhängigkeit der Sicherheitszeit}\right)[-] = \frac{1}{\text{StAbw}\,[\text{Tage}] \cdot \sqrt{2 \cdot \pi}} \cdot$$
$$\int_{-\infty}^{\text{Sicherheitszeit}} e^{\frac{-(\text{TA}-\text{Mittelwert TA})}{2 \cdot \text{StAbw}^2}} \, d\text{TA} \qquad \text{(Gl. 3.30)}$$

Die Kennlinie zur Berechnung des entsprechenden Fertigwarenbestands ergibt sich zu:

Fertigwarenbestand

$$\big(\text{in Abhängigkeit der Sicherheitszeit}\big)[\text{€}] = \frac{\text{Abgang im UZ}[\text{€}]}{\text{Unteruschungszeitraum}\,(\text{UZ})[Tage]} \cdot$$

$$\frac{1}{\text{StAbw}[Tage]\cdot\sqrt{2\cdot\pi}} \cdot$$

$$\int_{-\infty}^{\text{Sicherheitszeit}}\int_{-\infty}^{\text{Sicherheitszeit}} e^{\frac{-(\text{TA}-\text{Mittelwert TA})}{2\cdot\text{StAbw}^2}}\ \text{dTAdTA}$$

(Gl. 3.31)

Wie erläutert ermöglichen die Termineinhaltungskennlinien Unternehmen die Positionierung ihrer Produktionsbereiche im Spannungsfeld zwischen einer hohen Termineinhaltung, kurzen Lieferzeiten und niedrigen Beständen an fertigen Erzeugnissen. Zudem können im Rahmen einer schnellen Potenzialabschätzung Aufwand und Nutzen von Maßnahmen zur Verbesserung der Terminsituation in Produktionsbereichen gegeneinander abgewogen werden, da deren Auswirkungen auf die Bestandskosten und auf die kundenrelevante Zielgrößen Termineinhaltung und Lieferzeit unmittelbar und aufwandsarm modelliert werden können. Zur Erstellung und Anwendung der Termineinhaltungskennlinie werden nur wenige üblicherweise verfügbare Unternehmensdaten benötigt.

3.5 Fazit

Die vorgestellten logistischen Modelle haben sich bereits in zahlreichen Industrieanwendungen bewährt, wie einige ausgewählte Beispiele zeigen sollen:

- Vogel et al. Haben auf Basis der Lagerkennlinien eine servicegradorientierte Bestandsdimensionierung in einem Beschaffungslager bei der Wittenstein AG durchgeführt (vgl. [68]).
- In einer Leiterplattenfertigung konnten die Produktionskennlinien zur Verbesserung der logistischen Leistungsfähigkeit erfolgreich eingesetzt werden (vgl. [69]).
- Schmidt et al. Haben zur Verbesserung der Termintreue in der Produktion eines Stahlherstellers die Termineinhaltungskennlinien genutzt (vgl. [66]).
- Wiendahl und Steinberg habe die Versorgungsprozesse eines Spezialmaschinenbauers sind anhand des Bereitstellungsdiagramms umfassend untersucht und entsprechende Verbesserungsmaßnahmen abgeleitet (vgl. [70]).

Logistische Modelle haben gegenüber der Simulation und den Ansätzen aus dem Operations Research für die Anwendung und Diskussionen im Rahmen dieses Buches entscheidende Vorteile. Sie liefern nicht die scheinbar exakte Lösung eines Problems wie

Operations Research Ansätze und sie eignen sich nach aktuellem Stand der Technik auch nicht ohne weiteres dazu, komplette unternehmensinterne Lieferketten abzubilden, wie es mit der Simulation möglich ist. Aber sie bieten eine sehr brauchbare Unterstützung bei der Erklärung des logistischen Verhaltens von (Teil-)Systemen der unternehmensinternen Lieferkette und von Wirkbeziehungen zwischen Einfluss- und Zielgrößen. Somit tragen sie zu einem umfassenden Systemverständnis des Anwenders bei. Zudem haben logistische Modelle den Vorteil, dass sie nicht ein unternehmensspezifisches Problem abdecken, sondern allgemeingültigen Charakter haben.

Literatur

1. Kelton WD, Sadowski RP, Sadowski DA (2002) Simulation with Arena, 2. Aufl. McGraw-Hill, Boston
2. Bangsow S (2008) Fertigungssimulationen mit Plant Simulation und SimTalk. Anwendung und Programmierung mit Beispielen und Lösungen. Hanser, München
3. VDI (2014) VDI-Richtlinie 3633, Blatt 1: Simulation von Logistik-, Materialfluß- und Produktionssystemen. Beuth, Berlin
4. Nyhuis P (1991) Durchlauforientierte Losgrößenbestimmung. VDI, Düsseldorf
5. Steenken D, Voß S, Stahlbock R (2004) Container terminal operation and operations re-search – a classification and literature review. OR Spectr 26(1):3–49
6. Dorndorf U, Wensing T (2014) Bestandsverteilung in Produktions- und Distributions-netzwerken. In: Lübbecke M, Weiler A, Werners B (Hrsg) Zukunftsperspektiven des Operations Research. Erfolgreicher Einsatz und Potenziale. Springer Gabler (Research), Wiesbaden, S 3–14
7. Scholl A (2008) Optimierungsansätze zur Planung logistischer Systeme und Prozesse. In: Arnold D, Isermann H, Kuhn A, Tempelmeier H, Furmans K (Hrsg) Handbuch Logistik, 3., neu bearb. Aufl. Springer (VDI-Buch), Berlin, S 43–57
8. Nyhuis P, von Cieminski G, Fischer A (2005) Applying simulation and analytical models for logistic performance prediction. CIRP Ann Manuf Technol 54:417–422
9. Gantt HL (1919) Organizing for Work. Harcourt/Brace and Howe, New York
10. Herrmann JW (2006) Handbook of production scheduling. Springer, New York
11. Pepels W (2013) Produktmanagement. Produktinnovation – Markenpolitik – Programm-planung – Prozessorganisation, 6., überarb. u. erw. Aufl. Oldenbourg, München
12. DIN 69900 Teil 1, 1987: Netzplantechnik
13. Schwarze J (1996) Grundlagen der Netzplantechnik. In: Kern W, Schröder H-H, Weber J (Hrsg) Handwörterbuch der Produktionswirtschaft, 2. Aufl. Schäffer-Poeschel, Stuttgart, S 1275–1290
14. Schwarze J (2001) Projektmanagement mit Netzplantechnik, 8., vollst. überarb. u. wesentl. erw. Aufl. Neue Wirtschafts-Briefe, Herne
15. Wiendahl H-P (2014) Betriebsorganisation für Ingenieure, 8., überarb. Aufl. Hanser, München
16. Heinemeyer W (1974) Die Analyse der Fertigungsdurchlaufzeit im Industriebetrieb. Offsetdruck Böttger, Hannover
17. Nyhuis P, Wiendahl H-P (2012) Logistische Kennlinien. Grundlagen, Werkzeuge und Anwendungen, 3. Aufl. Springer, Berlin/Heidelberg
18. Yu K-W (2001) Terminkennlinie – Eine Beschreibungsmethodik für die Terminabweichung im Produktionsbereich. VDI, Düsseldorf
19. Sachs L, Hedderich J (2006) Angewandte Statistik, 12., vollst. neu bearb. Aufl. Springer, Berlin/Heidelberg

20. Burkschat M, Cramer E, Kamps U (2012) Beschreibende Statistik. Grundlegende Methoden der Datenanalyse, 2. Aufl. Springer, Berlin/Heidelberg

21. Nyhuis P, Schmidt M (2011) Logistic operating curves in theory and practice. In: Schmidt M (Hrsg) Advances in computer science and engineering. InTech, Rijeka, S 371–390

22. Warnecke H-J (1986) Ablauf der Montage. In: Spur G, Stöferle T (Hrsg) Handbuch der Fertigungstechnik. Band 5 Fügen, Handhaben und Montieren. Hanser, München, S 607–620

23. Wiendahl H-P (2010) Betriebsorganisation für Ingenieure, 7., akt. Aufl. Hanser, München

24. Verband für Arbeitsstudien und Betriebsorganisation (1991) Planung und Steuerung, Teil 3, 1. Aufl. Hanser, München

25. Kettner H, Bechte W (1980) Durchlaufzeiten kontrollieren – Möglichkeiten und Grenzen. Maschinenmarkt 86(18):330–333

26. Kettner H, Bechte W (1981) Neue Wege der belastungsorientierten Auftragsfreigabe. VDI-Z 123(11):459–465

27. Kivenko K (1981) Managing work-in-process inventory. Dekker, New York

28. Little JDC (1961) A proof for the queuing formula: L=λW. Oper Res 9(3):383–387

29. Hedtstück U (2013) Simulation diskreter Prozesse. Springer Vieweg, Berlin

30. Conway RW, Maxwell WL, Miller LW (1967) Theory of scheduling. Addison-Wesley, Reading

31. Schmidt M (2012) Visualisierung von Energie- und Stoffströmen. In: von Hauff M, Isenmann R, Müller-Christ G (Hrsg) Industrial Ecology Management – Nachhaltige Entwicklung durch Unternehmensverbünde. Gabler, Wiesbaden, S 257–272

32. Danksagmüller K, Frank R (2004) Planung und Umsetzung von Materialflusssystemen. In: Lutz U, Galenza K (Hrsg) Industrielles Facility Management. Springer, Berlin/Heidelberg, S 129–144

33. Prinz J (2003) Simulationsunterstützte Betriebsführung. In: Bayer J, Collisi T, Wenzel S (Hrsg) Simulation in der Automobilproduktion. Springer (VDI-Buch), Berlin/Heidelberg, S 117–127

34. Eversheim W (1989) Organisation in der Produktionstechnik Band 4. Fertigung und Montage, 2. Aufl. Springer, Berlin/Heidelberg

35. Spur G, Helwig H-J (1986) Montieren. In: Spur G, Stöferle T (Hrsg) Handbuch der Fertigungstechnik. Band 5 Fügen, Handhaben und Montieren. Hanser, München, S 591–606

36. Petersen T (2005) Organisationsformen der Montage. Theoretische Grundlagen, Organisationsprinzipien und Gestaltungsansatz. Univ., Diss. Rostock, 2005. Shaker, Aachen

37. Wiendahl H-P, Reichardt J, Nyhuis P (2010) Handbuch Fabrikplanung. Konzept, Gestaltung und Umsetzung wandlungsfähiger Produktionsstätten, 1. Aufl. Carl Hanser, München

38. Wiendahl H-P (1997) Fertigungsregelung – Logistische Beherrschung von Fertigungsabläufen auf Basis des Trichtermodells, 2. Aufl. Hanser, München

39. Kreutzfeldt H-F (1977) Analyse der Einflussgrößen auf die Terminplanung bei Werkstattfertigung. Technische Universität, Hannover

40. Nyhuis P (1991) Durchlauforientierte Losgrößenbestimmung. VDI, Düsseldorf

41. Bechte W (1979) Konzeption einer statistischen Ablaufkontrolle für die Werkstattsteuerung. In: Kettner H (Hrsg) Fabrikanlagen-Kolloquium 79. poppdruck, Hannover, S 147–163

42. Nyhuis P, Wiendahl H-P (2009) Fundamentals of production logistics. Theory, tools and applications. Springer, Berlin

43. Nyhuis P (2006) Logistic production operating curves – basic model of the theory of logistic operating curves. CIRP Ann Manuf Technol 55(1):441–444

44. Nyhuis P (2007) Practical applications of logistic operating curves. CIRP Ann Manuf Technol 56(1):483–486

45. Lödding H (2013) Handbook of manufacturing control. Fundamentals, description, configuration. Springer, Berlin

46. Fischer A (2007) Modellbasierte Wirkbeschreibung von Prioritätsregeln. PZH, Garbsen

47. Gläßner J (1995) Modellgestütztes Controlling der beschaffungslogistischen Prozeßkette. VDI, Düsseldorf
48. Verband für Arbeitsstudien und Betriebsorganisation (1991) Planung und Steuerung, Teil 2, 1. Aufl. Hanser, München
49. Harris FW (1913) How many parts to make at once. Fact Magaz Manag 10(2):135–136
50. Andler K (1929) Rationalisierung der Fabrikation und optimale Losgröße. Oldenbourg, München
51. Münzberg B (2013) Multikriterielle Losgrößenbildung. PZH, Garbsen
52. Schmidt M, Münzberg B, Nyhuis P (2015) Determining lot sizes in production areas – exact calculations versus research based estimation. Procedia CIRP 28:143–148
53. Gudehus T (2012) Dynamische Disposition. Strategien, Algorithmen und Werkzeuge zur optimalen Auftrags-, Bestands- und Fertigungsdisposition, 3., neu bearb. u. erw. Aufl. Springer, Berlin/Heidelberg
54. Alicke K (2005) Planung und Betrieb von Logistiknetzwerken, 2., neu bearb. u. erw. Aufl. Springer, Berlin
55. Schmidt M, Hartmann W, Nyhuis P (2012) Simulation based comparison of safety-stock calculation methods. CIRP Ann Manuf Technol 61(1):403–406
56. Nyhuis P (1996) Lagerkennlinien – ein Modellansatz zur Unterstützung des Beschaffungs- und Bestandscontrollings. In: Baumgarten H, Holzinger D, Rühle H, Schäfer H, Stabenau H, Witten P (Hrsg) RKW-Handbuch Logistik. Erich Schmidt, Berlin, S 5066/1
57. Lutz S (2002) Kennliniengestütztes Lagermanagement. VDI, Düsseldorf
58. Axsäter S (2006) Inventory control, 2. Aufl. Springer, New York
59. Becker J (2016) Dynamisches kennliniengestütztes Bestandsmanagement. PZH, Garbsen
60. Schmidt M (2011) Modellierung logistischer Prozesse der Montage. PZH, Garbsen
61. Kettner H (1976) Analyse der Montagebereitstellung. In: Kettner H (Hrsg) Neue Wege in der Bestandsanalyse im Fertigungsbereich. Deutsche Gesellschaft für Betriebswirtschaft, Hannover, S 214–257
62. Nyhuis P, Nickel R, Busse T (2006) Logistisches Controlling der Materialverfügbarkeit mit Bereitstellungsdiagrammen. ZWF Z Wirtsch Fabr 101(5):265–268
63. Nickel R (2008) Logistische Modelle für die Montage. PZH, Garbsen
64. Beck S (2013) Modellgestütztes Logistikcontrolling konvergierender Materialflüsse. PZH, Garbsen
65. Nyhuis P, Beck S, Schmidt M (2013) Model-based logistic controlling of converging material flows. CIRP Ann Manuf Technol 62(2):431–434
66. Schmidt M, Bertsch S, Nyhuis P (2014) Schedule compliance operating curves and their application in designing the supply chain of a metal producer. Prod Plan Control Manag Oper 25(2):123–133
67. Schmidt M, Nyhuis P (2010) Termineinhaltung versus Bestände – Positionierung mit einem Entscheidungsmodell. ZWF Z Wirtsch Fabr 105(4):328–332
68. Vogel M, Schmidt M, Emminger D, Mix A (2006) Entwicklung eines Beschaffungskonzepts im Maschinenbau. Supply Chain Manag 2:39–44
69. Wiendahl H-P, Nyhuis P, Helms K (1998) Durchlaufzeit/2 -Die Potentiale liegen auf der Hand! Ergebnisse einer Engpassorientierten Logistikanalyse in der Leiterplattenindustrie. Werkstattstechnik 88(4):159–164
70. Wiendahl H-H, Steinberg F (2015) Montageversorgungsanalyse in der Einzelfertigung. wt Werkstattstech 105(9):597–603

Wirkzusammenhänge zwischen den PPS-Hauptaufgaben und den logistischen Zielgrößen

4

Inhaltsverzeichnis

Zusammenfassung

Das Kap. 4 „Wirkzusammenhänge zwischen den PPS-Hauptaufgaben und den logistischen Zielgrößen" gibt zunächst einen Abriss der historischen Entwicklung von Rahmenmodellen der Produktionsplanung und -steuerung (PPS) vom Material Requirement Planning über das Aachener PPS-Modell bis hin zum Hannoveraner Lieferkettenmodell. Darauf aufbauend werden die Hauptaufgaben der PPS sowie Zielsysteme in den materialführenden Kernprozessen der unternehmensinternen Lieferkette vorgestellt. Der Kern dieses Kapitels ist die qualitative Beschreibung des Einflusses der PPS-Hauptaufgaben auf die logistischen Zielgrößen in den Kernprozessen der unternehmensinternen Lieferkette sowie die qualitative Beschreibung der Wechselwirkungen zwischen logistischen Zielgrößen an sich.

Das Hannoveraner Lieferkettenmodell verdeutlicht modellbasiert die Auswirkungen von im Rahmen der Produktionsplanung und -steuerung (PPS) getroffenen Entscheidungen auf die unternehmensinterne Lieferkette. Dieses Kapitel zeigt zunächst die Entwicklung der PPS skizziert und beschreibt ihre Funktionen nach heutigem Verständnis. Daran schließt eine Modellierung der Wirkzusammenhänge zwischen den PPS-Hauptaufgaben und den von der PPS beeinflussten logistischen Zielgrößen in der unternehmensinternen Lieferkette an.

4.1   Entwicklung der Produktionsplanung und -steuerung

4.1.1   Produktionsplanung und -steuerung vor 1960

Die PPS regelt die Abläufe in der unternehmensinternen Lieferkette. Im Kern geht es dabei um die immer genauere Zuordnung von Aufträgen zu Ressourcen unter Beachtung übergeordneter Ziele wie Lieferzeit, Pünktlichkeit und Kostenminimierung.

Die ersten Modelle der PPS entstanden in den 1960er-Jahren aufgrund der immer größer werdenden Unternehmen, mit immer mehr Fertigungsaufträgen und immer komplexeren Fertigungsprozessen (vgl. [1]). Vor dieser Zeit fanden vor allem statistische Verfahren in der Produktionsplanung und -steuerung Anwendung. Aufgrund der Fülle an Informationen, die ohne den Einsatz von Computern nicht zu bewältigen war, mussten vereinfachende Annahmen getroffen und Informationen zusammengefasst werden. Dies führte jedoch dazu, dass Planvorgaben nur sehr ungenau getroffen werden konnten. Um diese Unsicherheit auszugleichen, war es eine wesentliche Aufgabe der PPS, ausreichende Sicherheitsbestände zu bestimmen (vgl. [2]).

Des Weiteren mussten für den Fall einer Lagerfertigung Meldebestände für die Primär- und Sekundärbedarfe festgelegt werden. Auch dies war aufgrund der unzureichenden Vorhersagegenauigkeit zukünftiger Bedarfe nur eingeschränkt möglich. Ungenauigkeiten wurden auch hier durch höhere Sicherheitsbestände ausgeglichen. Nach der Ermittlung von Meldebeständen wurden kostenoptimale Bestell- und Fertigungslosgrößen zur Deckung der Bedarfe festgelegt. Fehlmengensituationen in der Fertigung traten aufgrund im Vergleich zu heutigen Standards sehr großen Losgrößen häufig auf. Verschärft wurde diese Situation noch durch die Annahme eines konstanten Verbrauchs (vgl. [2]).

Die Produktionsplanung und -steuerung vor der Einführung von Computern war somit vor allem geprägt durch eine hohe Unsicherheit aufgrund einer Vielzahl von Maßnahmen zur Reduzierung der Informationsfülle sowie durch den Einsatz von Faustregeln.

4.1.2   Material Requirement Planning (MRP I)

Die verbrauchsgesteuerte Materialdisposition wurde Anfang der 1960er-Jahre von einer bedarfsgesteuerten abgelöst. Mit dem Einsatz erster Computer in der PPS entwickelte Orlicky ein Verfahren zur Materialbedarfsplanung, das Material Requirement Planning (MRP I) (vgl. [2]). Dabei wurde erstmals die Planung von Primär- und Sekundärbedarfen unterschiedlich behandelt.

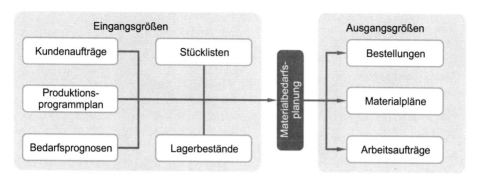

Abb. 4.1 Material Requirement Planning – MRP I (in Anlehnung an [2])

Abb. 4.1 zeigt die Eingangs- und Ausgangsgrößen eines MRP I-Systems. Zu den Eingangsgrößen gehört der Produktionsprogrammplan. Dieser legt für einen definierten Planungshorizont die zu fertigenden Endprodukte fest. Die Bedarfe werden aus vorliegenden Bestellungen und aus Prognosen über zukünftige Nachfragen ermittelt. Eine große Neuerung des MRP I gegenüber bisherigen Verfahren der PPS ist die Ermittlung des eigentlichen Sekundärbedarfs mithilfe einer maschinellen Stücklistenauflösung (BOMP – Bill of Material Processor). Dabei werden die benötigten Komponenten aus Eigen- und Fremdfertigung nach Menge und Termin aus den Primärbedarfen berechnet. Der so ermittelte Brutto-Bedarf wird anschließend mit den vorhandenen Lagerbeständen abgeglichen und so der Netto-Bedarf ermittelt. Aus diesen Eingangsgrößen entstehen Planaufträge für die zu fertigenden Artikel und Produkte einschließlich ihrer Starttermine.

Die größte Schwäche des MRP I besteht in der fehlenden Überprüfung der Realisierbarkeit des Produktionsprogramms. Beim Erstellen des Produktionsprogramms wird von einer stets ausreichenden Kapazität in der Produktion ausgegangen (vgl. [3]). Dies führt dazu, dass vorher festgelegte Start- und Endtermine nicht eingehalten werden konnten, sobald die benötigte Kapazität die tatsächlich zur Verfügung stehende Kapazität überstieg.

4.1.3 Manufacturing Resource Planning (MRP II)

Als Weiterentwicklung entstand Mitte der 1970er-Jahre das Manufacturing Resource Planning (MRP II-Konzept) von Wight (vgl. [4]). Hierbei sollte vor allem die Realisierbarkeit der Produktionsplanung durch einen Abgleich der Belastung mit den Kapazitäten verbessert werden. Das MRP II-Konzept unterscheidet eine langfristige, mittelfristige und kurzfristige Planungsebene (siehe Abb. 4.2). Ausgehend von einer langfristigen Prognose der Märkte und unter Berücksichtigung der langfristig zur Verfügung stehenden Ressourcen wird eine aggregierte Produktionsplanung mit einem Planungshorizont von sechs Monaten bis fünf Jahren erstellt. In der aggregierten Produktionsplanung werden mit langfristigem Planungshorizont Plan-Produktionsmengen, langfristige Plan-Bestände, im Groben erforderliche Ressourcen etc. festgelegt.

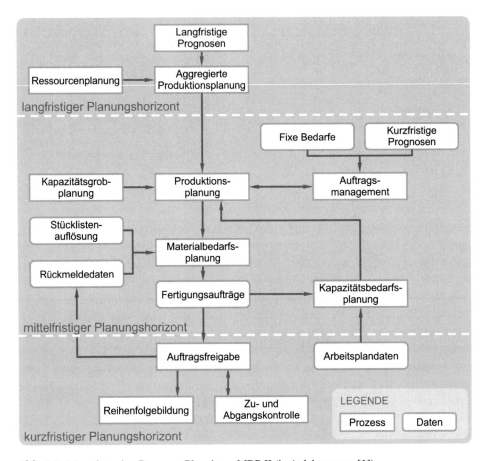

Abb. 4.2 Manufacturing Resource Planning – MRP II (in Anlehnung an [1])

Zusammen mit eingehenden Bestellungen und kurzfristigen Prognosen, die über das Auftragsmanagement einfließen, wird die aggregierte Produktionsplanung auf einen mittelfristigen Planungshorizont verfeinert. Es erfolgt eine Planung der Kapazitäten und die Erstellung eines Produktionsplans. Aus diesem werden mit Hilfe von Stücklisten die Sekundärbedarfe (Materialbedarfsplanung) ermittelt.

Nach der Erstellung von Fertigungsaufträgen finden eine Kapazitätsbedarfsplanung unter Berücksichtigung von Arbeitsplandaten und damit eine Realisierbarkeitsprüfung statt. In der kurzfristigen Planungsebene werden die Aufträge freigegeben und die Reihenfolgen an den Arbeitssystemen gebildet. Bezüglich der Erfüllung von Planvorgaben der einzelnen Aufträge erfolgt eine Auswertung von Rückmeldedaten. Zudem wird eine Zu- und Abgangskontrolle durchgeführt, um u. a. den WIP auf einem konstanten Niveau zu halten (vgl. [1]).

Die zentrale Neuerung des MRP II lag in dem frühzeitigen Abgleich von vorhandenen mit benötigten Kapazitäten, was zu einer besseren Realisierbarkeit des Produktionsprogramms führte, als dies bisher mit der Anwendung des MRP I der Fall war (vgl. [3]).

Während sich in den USA in den folgenden Jahren auf Basis des MRP II-Konzeptes überwiegend PPS-Systeme für die vorherrschende Massen- und Großserienfertigung entwickelten, wurden in Deutschland seit Anfang der 80er-Jahre vor allem Systeme für die Einzel- und Kleinserienfertigung nachgefragt (vgl. [5]).

4.1.4 Enterprise Resource Planning (ERP) und Advanced Planning System (APS)

Als Erweiterung von MRP II entstand Mitte der 90er-Jahre das Enterprise Resource Planning (ERP-Konzept) (vgl. [6]). Das ERP-System verwaltet nahezu alle Ressourcen unterschiedlicher Bereiche, die ein Unternehmen zur Erfüllung seiner Aufgaben benötigt (vgl. [6], oder [5]). Dazu gehören neben dem Materialmanagement auch das Qualitätsmanagement, die Personal-, Finanz- und Projektplanung sowie das Distributionsmanagement. Mit dem ERP-System wurde die prozessorientierte Sicht auf Unternehmensaufgaben auch auf der IT-Ebene verwirklicht. Anstatt verschiedener Programme für unterschiedliche Funktionen bzw. Unternehmensbereiche entstand mit dem ERP ein Planungsprogramm, das die Daten aller Bereiche verwaltet, was verschiedene Vorteile aber auch Nachteile mit sich bringt (vgl. [1]).

Die in der weiteren Entwicklung entstandenen Advanced Planning Systems (APS), auch mit Advanced Planning and Optimization (APO) bezeichnet, unterstützen verschiedene Planungs- und Steuerungsaufgaben entlang einer Lieferkette. Als Beispiele ist hier die Kapazitätsplanung, die Ermittlung eines Forecast oder das Lagermanagement zu nennen (vgl. [1]).

4.1.5 Aachener PPS-Modell

Aufgrund der zunehmenden Fülle verschiedener Lösungen und Verfahren für die Produktionsplanung und -steuerung entwickelte Hackstein in den 80er-Jahren eine erste, breit akzeptierte Definition der Produktionsplanung und -steuerung im deutschsprachigen Raum (vgl. [7]). Hiernach umfassen die Aufgaben der PPS die Planung und Steuerung der gesamten Produktion mit den Teilbereichen Konstruktion, Arbeitsvorbereitung, Beschaffung und Fertigung (vgl. [8]). Aufbauend auf dieser Definition lieferte Hackstein 1989 (vgl. [8]) ein erstes Modell der Produktionsplanung und -steuerung, indem er den einzelnen Hauptaufgaben oder Funktionsgruppen der PPS in den Teilgebieten der Produktionsplanung und Produktionssteuerung die jeweiligen Aufgaben zuordnete (siehe Abb. 4.3).

Daraus entstand in den 1990er-Jahren das Aachener PPS-Modell (vgl. [7]), um die gesammelten Erkenntnisse über die PPS praxisnah darzustellen und nutzbar zu machen.

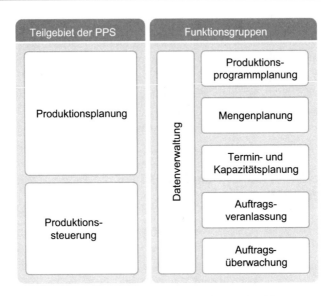

Abb. 4.3 Hauptaufgaben der PPS nach Hackstein (in Anlehnung an [8])

Wegen der zunehmenden Vernetzung der Produktionsindustrie wurde das Modell 2006 um eine Netzwerkbetrachtung erweitert. Heute liefert es einen ganzheitlichen Betrachtungsansatz der Produktionsplanung und -steuerung. Es soll den Anwender bei der Gestaltung und Optimierung der PPS unterstützen sowie die verschiedenen Teile der PPS aus unterschiedlichen Blickwinkeln beschreiben. Das Aachener PPS-Modell gliedert sich dafür in vier verschiedene Referenzsichten:

- Aufgabensicht,
- Prozesssicht,
- Prozessarchitektur und
- Funktionssicht.

Je nach Verwendungszweck sind die einzelnen Sichten besonders für die Erfüllung spezieller Anforderungen geeignet. Für dieses Buch sind die Aufgabensicht und die Prozesssicht von besonderer Bedeutung. Abb. 4.4 zeigt die Struktur der Aufgabensicht mit den Hauptaufgaben der Produktionsplanung und -steuerung, die in Netzwerk-, Kern- und Querschnittsaufgaben unterteilt sind.

Die Netzwerkaufgaben stellen eine Erweiterung des ursprünglichen Aachener PPS-Modells dar. Die Netzwerkaufgaben sind eher strategischer Natur und umfassen die Netzwerkkonfiguration, die Netzwerkabsatzplanung und die Netzwerkbedarfsplanung. Die Kernaufgaben definieren in Anlehnung an das Modell nach Hackstein die Hauptaufgaben der unternehmensinternen Produktionsplanung und -steuerung. Zu den Kernaufgaben gehören die Produktionsprogrammplanung, die Produktionsbedarfsplanung, die Eigenfertigungsplanung und -steuerung und die Fremdbezugsplanung und -steuerung. Die Quer-

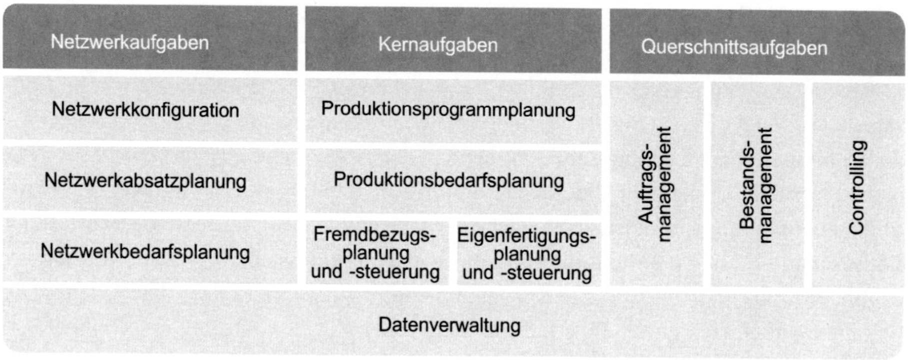

Abb. 4.4 Struktur der Aufgabenreferenzsicht im Aachener PPS-Modell (Adaptiert nach [7]; mit freundlicher Genehmigung von © Springer-Verlag Berlin Heidelberg 2012. All Rights Reserved)

schnittsaufgaben umfassen das Auftragsmanagement, das Bestandsmanagement und das Controlling. Diese unterstützen die Integration der Netzwerk- und Kernaufgaben. Die Datenverwaltung wird im Aachener PPS-Modell sämtlichen Aufgabenarten zugeordnet, da alle Aufgaben mit der Datenverwaltung in Verbindung stehen (vgl. [7]).

Aus der Aufgabensicht leitet sich im Aachener PPS-Modell die Prozesssicht ab. Diese beschreibt die einzelnen Teilschritte der Aufgaben der PPS und bringt sie in eine zeitlich-logische Ordnung. Zudem werden Schnittstellen zu vor- und nachgelagerten Prozessen der innerbetrieblichen PPS und zu Netzwerkpartnern aufgezeigt. Für die innerbetriebliche Sicht werden vier Fertigungstypen unterschieden:

- Auftragsfertiger,
- Variantenfertiger,
- Rahmenvertragsfertiger und
- Lagerfertiger.

Die typabhängige Darstellung der Aufgaben der PPS hilft dabei, ein PPS-System problemspezifisch aufzubauen und die jeweiligen Schwerpunkte bei der PPS angemessen zu setzen (vgl. [7]).

Mit der Prozessarchitektur wurde das Aachener PPS-Modell um eine Sicht erweitert, die die Verteilung von Netzwerk- und Unternehmensaufgaben auf die verschiedenen Netzwerkpartner darstellt (vgl. [7]). Die Funktionssicht hebt die Aufgaben hervor, bei denen eine IT-Unterstützung möglich bzw. notwendig ist und sich daraus ergebende Anforderungen an IT-Systeme definiert (vgl. [7]).

Mit dem Aachener PPS Modell wurde ein Modell entwickelt, das die Produktionsplanung und -steuerung je nach Verwendungszweck aus verschiedenen Sichtweisen betrachtet. Somit ist es möglich, problemspezifisch angepasste PPS-Systeme zu definieren, die die speziellen Anforderungen eines Unternehmens erfüllen, was eine elementare Neuerung gegenüber dem allgemeinen MRP II-Ansatz ist.

4.1.6 Modell der Fertigungssteuerung nach Lödding

Ausgehend von den Aufgabendefinitionen des Aachener PPS-Modells entwickelte Lödding ein Modell der Fertigungssteuerung (vgl. [9]). Im Gegensatz etwa zum Aachener PPS Modell fokussiert der Lödding'sche Ansatz nicht den Ablauf oder die Funktionen der PPS, sondern beschreibt vielmehr die Auswirkungen der Erfüllung der Aufgaben der Fertigungssteuerung auf die logistischen Zielgrößen Durchlaufzeit, Termintreue, Auslastung und Bestand. Lödding unterteilt die Aufgaben der Fertigungssteuerung in die Auftragserzeugung, die Auftragsfreigabe, die Kapazitätssteuerung und die Reihenfolgebildung. Die Aufgaben wirken sich unmittelbar auf die Stellgrößen Zugang, Abgang und Reihenfolge im Plan und im Ist aus. Das Zusammenwirken von Stellgrößen beeinflusst Regelgrößen, mit denen schließlich die logistischen Zielgrößen geregelt werden (siehe Abb. 4.5).

Durch die Auftragserzeugung werden Plan-Fertigungsaufträge im PPS-System erzeugt. Durch die Plan-Start- und Plan-Endtermine dieser Aufträge werden der Plan-Zugang, die Plan-Reihenfolge sowie der Plan-Abgang bestimmt. Die physische Einsteuerung der Fertigungsaufträge in die Produktion erfolgt durch die Auftragsfreigabe. Sie definiert den Ist-Zugang zur Produktion. Durch die Steuerung der Kapazitäten werden die Ist-Abgänge eingestellt. Die Differenz aus Ist-Zu- und Ist-Abgang bestimmt die Regelgröße Bestand in der Fertigung (also den WIP). Der WIP als Regelgröße bestimmt unmittelbar die logistischen Zielgrößen Bestand, Durchlaufzeit und Auslastung. Je größer der Bestand ist, desto länger sind die Durchlaufzeiten und desto höher ist die mittlere Auslastung der Produktion (vgl. hierzu auch [11]). Die Differenz zwischen den Stellgrößen Plan-Abgang und Ist-Abgang ergibt den Rückstand einer Fertigung. Die Differenz zwischen den Stellgrößen Plan-Reihenfolge und Ist-Reihenfolge, die durch die Aufgabe Reihenfolgebildung an den

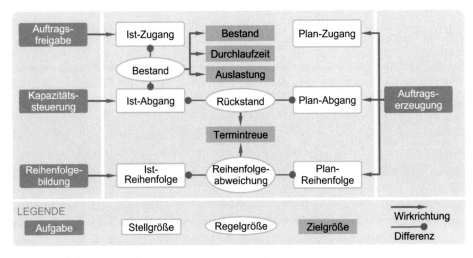

Abb. 4.5 Modell der Fertigungssteuerung (Adaptiert nach [10]; mit freundlicher Genehmigung von © Springer-Verlag Berlin Heidelberg 2016. All Rights Reserved)

einzelnen Arbeitssystemen bestimmt wird, ergibt die Reihenfolgeabweichung der Aufträge. Der Rückstand und die Reihenfolgeabweichung bestimmen die Zielgröße Termintreue (vgl. hierzu auch [12]). Das Modell der Fertigungssteuerung beschreibt so übersichtlich und zunächst qualitativ, wie sich die Erfüllung der Aufgaben der Fertigungssteuerung auf die logistischen Zielgrößen in einer Fertigung auswirken.

4.1.7 Zwischenfazit zur Entwicklung der PPS-Modelle

Über die Jahrzehnte hinweg hat sich der Funktionsumfang der PPS-Konzepte angefangen vom MRP I bis zum ERP oder APS immer weiterentwickelt. Zur Darstellung der Abläufe innerhalb der PPS ist gerade das Aachener PPS-Modell mit seinen unterschiedlichen Sichten umfassend. Die Auswirkungen von erfüllten Aufgaben oder getroffenen Entscheidungen auf die unternehmensinterne Lieferkette werden jedoch nicht dargestellt. Hier liefert das Modell der Fertigungssteuerung als qualitatives Wirkmodell einen sehr guten Ansatz. Ausgehend von den Aufgaben, die im Rahmen der Fertigungssteuerung zu erfüllen sind, werden Auswirkungen auf die Stell- und Regelgrößen und dadurch auf die logistischen Zielgrößen innerhalb einer Fertigung aufgezeigt. Das Modell behandelt jedoch nur die Zusammenhänge zwischen der Fertigungssteuerung und den Zielgrößen der Fertigung. Die übrigen Aufgaben der PPS und die Zielgrößen in anderen Kernprozessen der unternehmensinternen Lieferkette, wie der Beschaffung, werden mit dem Modell der Fertigungssteuerung nicht abgebildet.

4.2 Verständnis der PPS im Hannoveraner Lieferkettenmodell

Das Hannoveraner Lieferkettenmodell ermöglicht die Darstellung der Wechselwirkungen zwischen den Aufgaben der PPS und den logistischen Zielgrößen in der unternehmensinternen Lieferkette. Im Folgenden wird dazu zunächst das Verständnis der PPS im Rahmen des Hannoveraner Lieferkettenmodells skizziert. Abb. 4.6. bringt die Hauptaufgaben der Produktionsplanung und -steuerung in einen zeitlichen und logischen Ablauf. Dieser Teil des Modells baut auf der Aufgabensicht des Aachener PPS-Modells auf (vgl. [7]). Der Lieferketten-Teil des Modells im unteren Teil von Abb. 4.6 mit den Kernprozessen Beschaffung, Produktion und Versand deutet die Zusammenhänge zwischen den PPS-Aufgaben und den Soll-, Plan- und Ist-Größen im Materialfluss sowie die Auswirkungen auf die logistischen Zielgrößen in den einzelnen Kernprozessen der unternehmensinternen Lieferkette an. Der dahinter liegende Ansatz der Modellierung basiert auf dem Modell der Fertigungssteuerung (vgl. [9]). Das Hannoveraner Lieferkettenmodell ermöglicht so eine Modellierung der Verbindung zwischen den verschiedenen Aufgaben der PPS und den Zielgrößen in der gesamten unternehmensinternen Lieferkette. Hierbei stehen zunächst nicht die Verfahren zur Erfüllung der PPS-Aufgaben im Vordergrund, sondern die

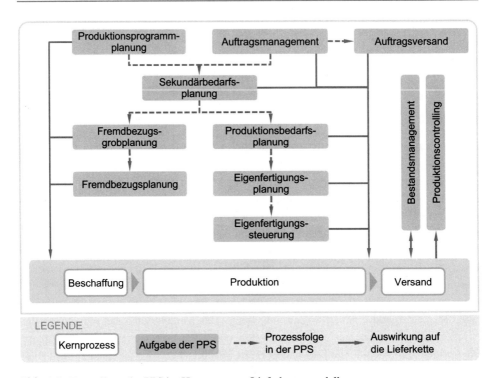

Abb. 4.6 Darstellung der PPS im Hannoveraner Lieferkettenmodell

Auswirkungen getroffener Entscheidungen auf die Zielgrößen in der Lieferkette sowie die Überprüfung der Realisierbarkeit von Entscheidungen und gegebenenfalls ihre Anpassung.

Der in Abb. 4.6 grob skizzierte PPS-Ablauf hat einen kundenauftragsneutralen und einen kundenauftragsspezifischen Initialpunkt. Im Rahmen der Produktionsprogrammplanung wird zunächst von kundenauftragsneutralen Informationen zur Nachfrageentwicklung ausgegangen, die in Form von Prognosen basierend auf der statistischen Auswertung historischer Absatzzahlen vorliegen. Marktindikatoren und Informationen zu Rahmenverträgen mit Kunden, denen noch keine spezifischen Aufträge zugrunde liegen müssen, ergänzen diese Daten und münden in einem Absatzprogramm. Nach einer Brutto- und Netto-Primärbedarfsplanung und einem groben Abgleich der Bedarfe mit den Ressourcen (Personal, Anlagen und Material) des Unternehmens wird ein Produktionsprogramm erstellt, womit ein realisierbares Absatzprogramm einhergeht.

In die PPS-Hauptaufgabe Auftragsmanagement fließen konkrete Kundenaufträge ein (kundenauftragsspezifischen Initialpunkt). Nach einer Klärung der Kundenwünsche werden entsprechende Produktionsaufträge erzeugt und grob terminiert und die Verfügbarkeit erforderlicher Ressourcen geprüft. Sind die Produktionsaufträge realisierbar, erfolgt die Annahme des Kundenauftrags. Die entsprechenden Produktionsaufträge ergänzen das aus der Produktionsprogrammplanung resultierende Produktionsprogramm.

Im Rahmen der Sekundärbedarfsplanung werden durch Stücklistenauflösung und Vorlauf- bzw. Umlaufverschiebung die zu beschaffenden Brutto- und Netto-Sekundärbedarfe abgeleitet. Anschließend erfolgt eine Zuordnung zur Beschaffungsart (Fremdbezug oder Eigenfertigung), sofern diese Information nicht in den Artikelstammdaten hinterlegt ist. Ergebnis der Sekundärbedarfsplanung sind ein Fremdbezugsprogrammvorschlag und ein Eigenfertigungsprogrammvorschlag.

Der Fremdbezugsprogrammvorschlag fließt in die Fremdbezugsgrobplanung. Hier ist die vorgesehene Beschaffung der Artikel zur Deckung der Primär- und Sekundärbedarfe hinsichtlich ihrer Realisierbarkeit mit den Lieferanten abzustimmen. Ist nach Rücksprache mit den Lieferanten die Beschaffung durchsetzbar, wird das Fremdbezugsprogramm freigegeben.

Das Fremdbezugsprogramm ist nun Grundlage für die folgende Fremdbezugsplanung. Auf Basis des Fremdbezugsprogramms erfolgt die Bestellrechnung, wobei im Kern optimale Bestellmenge und -termine bestimmt werden. Anschließend werden Anfragen an Lieferanten gestellt, Angebote eingeholt und schließlich Bestellungen freigegeben, wenn keine langfristigen Verträge mit Lieferanten existieren.

Auf Basis des Eigenfertigungsprogrammvorschlags aus der Sekundärbedarfsplanung wird im Rahmen der Produktionsbedarfsplanung der Kapazitätsbedarf ermittelt und mit dem Kapazitätsangebot bezogen auf Personal und Anlagen abgeglichen. Der Eigenfertigungsprogrammvorschlag ist so auf Realisierbarkeit zu prüfen. Ergebnis der Produktionsbedarfsplanung ist ein Eigenfertigungsprogramm.

Das Eigenfertigungsprogramm bildet die Grundlage für die Eigenfertigungsplanung. Hier erfolgt eine Losgrößenrechnung, welche die wirtschaftlich optimalen Produktionsmengen festlegt. Anschließend findet eine Durchlaufterminierung der Produktionsaufträge statt. Hier werden deren Start- und Endtermine festgelegt und es wird überprüft, ob die nötigen Kapazitäten bzgl. Anlagen und Personal auf Arbeitssystemebene sowie das erforderliche Material planmäßig zur Verfügung stehen werden. Das zentrale Ergebnis der Eigenfertigungsplanung ist ein realisierbarer Produktionsplan.

Der aus der Eigenfertigungsplanung resultierende Produktionsplan fließt in die Eigenfertigungssteuerung ein. Nach einer Verfügbarkeitsprüfung (hinsichtlich der Ist-Situation) bezogen auf Material und Kapazität von Personal und Anlagen werden die Aufträge freigegeben und befinden sich physisch in der Produktion. Für die freigegebenen Aufträge erfolgen die Reihenfolgebildung an den einzelnen Arbeitssystemen sowie die Steuerung der Kapazitäten.

Im Rahmen der PPS-Hauptaufgabe Auftragsversand wird die Auslieferung der Produkte an die Kunden angestoßen. Hierbei kann es sich um kundenspezifisch gefertigte Erzeugnisse oder kundenauftragsneutral gefertigte Lagerprodukte handeln. Im ersten Fall eines Auftragsfertigers werden die in der PPS-Hauptaufgabe Auftragsmanagement angenommenen Kundenaufträge nach ihrer Fertigstellung im Auftragsversand weiter prozessiert. Im zweiten Fall eines Lagerfertigers fließen die Kundenaufträge direkt in die PPS-Hauptaufgabe Auftragsversand ein. In beiden Fällen ist das Ergebnis schließlich ein versendeter Kundenauftrag.

Über nahezu alle Prozesse in der unternehmensinternen Lieferkette hinweg müssen die Bestände verwaltet und gesteuert werden. Die hierunter fallenden Aufgaben werden unter der Hauptaufgabe Bestandsmanagement zusammengefasst. Dies gilt insbesondere für die verschiedenen Lagerstufen für Fertigerzeugnisse, Halbfabrikate und Rohwaren, deren Bestandshöhen sich gegenseitig beeinflussen.

Im Rahmen des Produktionscontrollings werden Rückmeldedaten aus der unternehmensinternen Lieferkette aufgenommen. Die so ermittelbare Ist-Situation der Lieferkette kann nun mit den Soll- und Plan-Größen verglichen werden. Auf dieser Basis kann das Unternehmen steuernd in den Durchlauf der Aufträge eingreifen und es lassen sich Maßnahmen zur Verbesserung des logistischen Verhaltens der unternehmensinternen Lieferkette ableiten.

4.3   Wirkbeziehungen zwischen den Hauptaufgaben der PPS und logistischen Zielgrößen

Die Erfüllung der Aufgaben der PPS wirkt sich unmittelbar auf die unternehmensinterne Lieferkette mit den Kernprozessen Beschaffung, Produktion und Versand aus. Diese Kernprozesse sind durch Informations- und Materialflüsse verknüpft. Die Informationsflüsse ergeben sich durch die Planung, die Steuerung und das logistische Controlling der Prozesse. Die Materialflüsse sind die elementare Grundlage für die Wertschöpfung im Unternehmen. Aus Sicht des Materialflusses sind die Kernprozesse durch ihre jeweiligen Zu- und Abgänge miteinander verknüpft.

Dieser Abschnitt stellt die Wirkbeziehungen zwischen den Hauptaufgaben der PPS und Kernprozessen der unternehmensinternen Lieferkette dar und zeigt die Wechselwirkungen zwischen den kernprozessspezifischen Zielgrößen auf, die durch die PPS unmittelbar über logistische Stell- und Regelgrößen bestimmt werden. Diese Wirkzusammenhänge werden nachfolgend anhand eines generischen Modells dargestellt, das für alle Kernprozesse gilt und dem Ansatz des Lödding'schen Modells der Fertigungssteuerung (vgl. [10]) folgt. Abb. 4.7 zeigt den Aufbau des Modells. Alle Kernprozesse der Lieferkette werden insbesondere durch ihre jeweiligen Zu- und Abgänge an Material bzw. Aufträgen definiert. Diese treten als Plan- und Ist-Größen sowie vereinzelt als Soll-Größen auf.

Die Soll-Größen ergeben sich durch die marktseitig bzw. vom Kunden gewünschten Produktionsmengen und -termine. Eine Überprüfung der Realisierbarkeit hat dabei noch nicht stattgefunden. Die Plan-Größen werden nach einem Abgleich der benötigten mit den vorhandenen Ressourcen (Material, Personal, Arbeitssysteme etc.) aus den Soll-Größen erzeugt. Die Ist-Zugänge und Abgänge der einzelnen Kernprozesse resultieren aus den tatsächlich gemessenen Zu- und Abgängen. Zugang und Abgang der jeweiligen Kernprozesse enthalten somit Informationen über Zu- und Abgangsmengen sowie über Zu- und Abgangstermine.

Die Zu- und Abgänge werden durch die im Rahmen der PPS zu erfüllenden (Haupt-) Aufgaben geplant und gesteuert und stellen somit für alle Kernprozesse die Stellgrößen

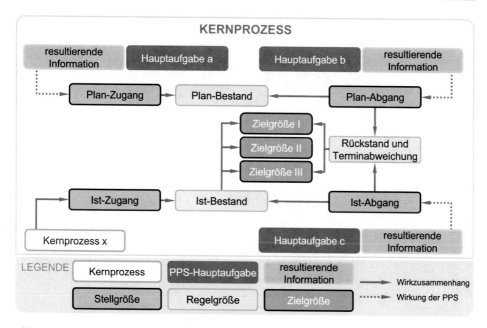

Abb. 4.7 Generisches Modell der Wirkzusammenhänge in den Kernprozessen der unternehmens-internen Lieferkette

dar. Die Stellgrößen Zu- und Abgang wirken sich unmittelbar auf die Regelgrößen aus, welche für alle Kernprozesse der Bestand bzw. der WIP und das Terminverhalten auf der Abgangsseite sind. Der Bestand in einem System lässt sich aus den Zugangs- und Abgangsgrößen berechnen. Durch den Vergleich der Ist-Werte mit den Plan-Werten der Abgänge können der mengenmäßige Rückstand und die Terminabweichung der Aufträge in den Kernprozessen ermittelt werden. Diese Regelgrößen wirken nun unmittelbar auf die logistischen Zielgrößen, die sich von Kernprozess zu Kernprozess unterscheiden. So werden die jeweiligen Zielgrößen der einzelnen Kernprozesse durch die Erfüllung der Hauptaufgaben der PPS über Stell- und Regelgrößen bestimmt. Im Folgenden werden die qualitativen Wirkzusammenhänge zwischen den Hauptaufgaben der PPS und den logistischen Zielgrößen der einzelnen Kernprozesse der unternehmensinternen Lieferkette dargestellt. Dabei werden die Kernprozesse entgegen dem Materialfluss beginnend mit dem Versand über die Produktion bis hin zur Beschaffung beschrieben.

4.3.1 Versand

Abb. 4.8 zeigt die qualitativen Wirkzusammenhänge zwischen den Hauptaufgaben der PPS, den Stell- und Regelgrößen sowie den logistischen Zielgrößen für den Kernprozess Versand. Die von der PPS beeinflussten Stellgrößen sind im Wesentlichen die Abgänge

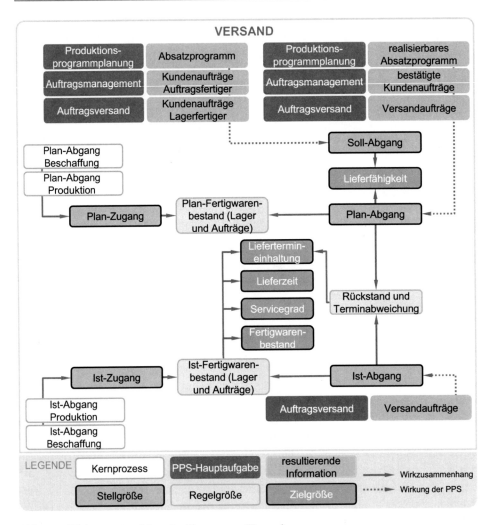

Abb. 4.8 Wirkzusammenhänge im Kernprozess Versand

des Versands. Die Zugänge zum Versand werden in der Regel durch die PPS nicht direkt angesteuert, sondern resultieren aus den Abgängen der Vorgängerprozesse.

Das in der PPS-Hauptaufgabe Produktionsprogrammplanung erstellte Absatzprogramm sowie die Kundenaufträge, die im Fall auftragsspezifisch hergestellter Fertigerzeugnisse in die PPS-Hauptaufgabe Auftragsmanagement und im Fall lagerhaltiger Fertigerzeugnisse in die PPS-Hauptaufgabe Auftragsversand einfließen, legen den Soll-Abgang des Versands fest. Dieser entspricht den vom Markt geforderten Abgängen.

Nach Überprüfung der Soll-Abgänge auf ihre Machbarkeit hin lassen sich diese in Plan-Abgänge überführen. Aus dem kundenauftragsanonymen Absatzprogramm, welches einen langfristigen Betrachtungshorizont hat, wird in der PPS-Hauptaufgabe Produktionsprogrammplanung ein langfristiges Produktionsprogramm abgeleitet, aus welchem ein realisierbares Absatzprogramm resultiert. Damit ist der langfristige und zunächst kundenauftragsanonyme Plan-Abgang im Kernprozess Versand festgelegt. In der PPS-Hauptaufgabe Auftragsmanagement eingegangene Kundenaufträge werden nach Überprüfung der Realisierbarkeit angenommen. Die bestätigten Kundenaufträge bestimmen für einen Auftragsfertiger den kundenauftragsspezifischen Plan-Abgang mit mittelfristigem Planungshorizont im Kernprozess Versand. Die eingegangenen Kundenaufträge für lagerhaltige Fertigerzeugnisse werden in der PPS-Hauptaufgabe Auftragsversand in Versandaufträge überführt und bestimmen so den kurzfristige Plan-Abgang im Kernprozess Versand.

Die Plan-Zugänge zum Versand werden nicht unmittelbar durch die PPS festgelegt. Sie resultieren aus den Plan-Abgängen aus der Beschaffung (Handelsware) und aus der Produktion (produzierte Fertigerzeugnisse). Dementsprechend ergibt sich auch der Ist-Zugang zum Versand aus dem Ist-Abgang der Beschaffung und dem Ist-Abgang der Produktion.

Der Ist-Abgang aus dem Kernprozess Versand wird durch die PPS-Hauptaufgabe Auftragsversand gesteuert. Ein Versandauftrag stößt den Versand von kundenauftragsspezifisch produzierten und lagerhaltigen Fertigerzeugnissen sowie von Handelswaren an.

Die logistischen Zielgrößen im Versand werden durch die Stellgrößen (Zu- und Abgänge) und die Regelgrößen beeinflusst. Die zentrale Regelgröße ist der Fertigwarenbestand im Kernprozess Versand (Lagerbestand und gepufferte Kundenaufträge). Der Fertigwarenbestand, der zugleich eine Zielgröße darstellt, ergibt aus den Ist-Zu- und Ist-Abgängen des Versands. Die zweite Regelgröße ist der Rückstand bzw. die Streuung der Abgangsterminabweichung des Kernprozesses Versand, die sich aus der Differenz zwischen dem Plan- und dem Ist-Abgang ergibt. Die logistischen Zielgrößen (Logistikkosten und Logistikleitung) des Kernprozesses Versand sind:

- Lieferfähigkeit,
- Liefertermineinhaltung (beim Auftragsfertiger),
- Lieferzeit (beim Auftragsfertiger),
- Servicegrad (beim Lagerfertiger) und
- Fertigwarenbestand (Lagerbestand und gepufferter Auftragsbestand).

Die Differenzen zwischen dem kundenauftragsspezifischen Soll-Abgang und dem Plan-Abgang beschreibt direkt die logistische Zielgröße Lieferfähigkeit. Der Soll-Abgang spiegelt unmittelbar die Kundenwünsche bezogen auf die Kundenaufträge wider. Bei den Plan-Abgängen handelt es sich um den Kunden zugesagte Termine und Mengen. Nach Planung der Ressourcen und einer Terminierung der Produktionsaufträge stimmen die Plan-Abgänge des Versands häufig nicht mehr mit den Kundenwünschen überein. Der Grad der Übereinstimmung wird durch die Lieferfähigkeit ausgedrückt.

Beim Lagerfertiger ist ein möglichst hoher Servicegrad im Fertigwarenlager eine wichtige Zielgröße, um Kundenanfragen direkt bedienen zu können (Zielgröße Lieferfähigkeit). Dazu müssen angemessene Lagerbestände im Fertigwarenlager vorgehalten werden. Dies führt zu hohen Bestandskosten. Hier zeigt sich ein Zielkonflikt zwischen den logistischen Zielgrößen Fertigwarenbestand auf der einen Seite und Servicegrad sowie Lieferfähigkeit auf der anderen Seite.

Damit ein Auftragsfertiger eine hohe Termineinhaltung gewährleisten kann, werden häufig Sicherheitszeiten für die den Kundenaufträgen zugeordneten Produktionsaufträge eingeplant. Plan-Liefertermine können so trotz eventueller Störungen im Produktionsprozess, welche in streuenden Durchlaufzeiten und Abgangsterminabweichungen in der Produktion resultieren, eingehalten werden. Bei einer gegebenen Streuung der Abgangstermine erhöht sich die Liefertermineinhaltung mit der Sicherheitszeit. Mit steigender Sicherheitszeit erhöht sich aber auch die Lieferzeit gegenüber dem Kunden sowie der Bestand an bereits fertiggestellten Aufträgen. So zeigen sich im Kernprozess Versand verschiedene Zielkonflikte zwischen logistischen Zielgrößen.

Nachdem die Kundenaufträge den Versand verlassen, erfolgt der Transport zum Kunden, sofern dies vereinbart ist. Die zentrale logistische Zielgröße im Prozess Transport ist die Transportzeit. Diese ist nicht über Stell- und Regelgrößen der PPS beeinflussbar. Die Transportzeit resultiert primär aus dem gewählten Transportmittel und der geplanten Route. Der Transportbestand als eine weitere logistische Zielgröße ist im Mittel bei gegebener Abgangsmenge im Untersuchungszeitraum nur von der Transportzeit abhängig und kann somit auch nicht von der PPS beeinflusst werden. Eine weitere logistische Zielgröße des Prozesses Transport ist die Auslastung der Transportmittel. Diese steht immer dann in Wechselwirkung mit dem Bestand im Kernprozess Versand, wenn zu versendende Kundenaufträge auf andere Aufträge warten müssen, um den Füllgrad eines Transportmittels zu erhöhen. In der Praxis wird der Transport heute vielfach durch spezialisierte Logistikdienstleister übernommen.

4.3.2 Produktion

Abb. 4.9 zeigt die Wirkzusammenhänge zwischen den Hauptaufgaben der PPS, den Stell- und Regelgrößen sowie den logistischen Zielgrößen für den Kernprozess Produktion. Die durch die PPS unmittelbar angesprochenen Stellgrößen sind der Zugang und der Abgang im Plan und im Ist. Mit dem Produktionsprogramm legt die Produktionsprogrammplanung kundenauftragsneutral mit einem langfristigen Betrachtungshorizont den Plan-Abgang der Produktion fest. Hier fließen auch Bedarfe an lagerhaltigen Fertigerzeugnissen ein, für welche aus der PPS-Hauptaufgabe Bestandsmanagement ein Plan-Fertigwarenbestand resultiert. Nachfolgend wird der grobe Plan-Abgang in weiteren PPS-Hauptaufgaben immer weiter detailliert. Aus den eingehenden Kundenaufträgen werden in der PPS-Hauptaufgabe Auftragsmanagement mit mittelfristigem Betrachtungshorizont Produktionsaufträge mit Mengen und Terminen erzeugt, die das Produktionsprogramm ergänzen. Diese legen den kurz- und mittelfristigen, kundenauftragsbezogenen Plan-Abgang der Produktion fest. In der PPS-Hauptaufgabe Sekundärbedarfsplanung werden basierend auf dem sich ständig aktualisierenden Produktionsprogramm aus den Primärbedarfen die Sekundärbedarfe ermittelt. Unter Berücksichtigung der zu

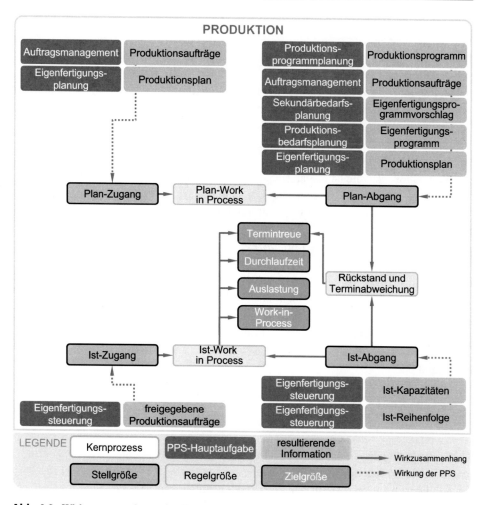

Abb. 4.9 Wirkzusammenhänge im Kernprozess Produktion

produzierenden Plan-Bestände an Halbfabrikaten legt die Sekundärbedarfsplanung mit dem Eigenfertigungsprogrammvorschlag einen vorläufigen Plan-Abgang der Produktion fest. Dieser Eigenfertigungsprogrammvorschlag wird in der Produktionsbedarfsplanung auf seine Machbarkeit hinsichtlich der erforderlichen Ressourcen geprüft. Das Ergebnis ist ein Eigenfertigungsprogramm mit mittelfristigem Betrachtungshorizont. Dies erhöht den Detaillierungsgrad des Plan-Abgangs. Auf dieser Basis legt die Eigenfertigungsplanung die Produktionsmengen fest und terminiert schließlich den Durchlauf der Produktionsaufträge. Der nach Abgleich der erforderlichen und zur Verfügung stehenden Personal- und Anlagenkapazitäten resultierende Produktionsplan definiert den Plan-Abgang der Produktion kurz- bis mittelfristig mit einem hohen Detaillierungsgrad.

Im Rahmen der Eigenfertigungsplanung wird neben dem Plan-Ende und der zu produzierenden Menge auch der Plan-Start der Produktionsaufträge terminiert. Somit legt der

Produktionsplan auch den Plan-Zugang der Produktion fest und ergänzt die im Rahmen des Auftragsmanagements erstellten kundenspezifischen Produktionsaufträge, die mit Plan-Start- und Plan-Endterminen hinterlegt den Plan-Zugang zur Produktion bereits teilweise bestimmen.

Die Freigabe der Produktionsaufträge in der Eigenfertigungssteuerung bestimmt den Ist-Zugang im Kernprozess Produktion. Eine Verfügbarkeit der erforderlichen Materialen aus Vorgängerprozessen ist für den physischen Zugang eine Voraussetzung. Die Reihenfolgebildung und die Kapazitätssteuerung im Rahmen der Eigenfertigungssteuerung wirken sich auf die Ist-Abgänge aus. Somit bestimmt die Eigenfertigungssteuerung gemäß dem Produktionsplan die Ist-Zugänge und Ist-Abgänge der Produktion. Voraussetzung ist, dass die Plan-Abgänge realisierbar sind. Denn die Kapazitätssteuerung hat zur Anpassung der Personal- und Anlagenkapazitäten aufgrund des kurzen Reaktionszeitraums nur noch begrenzte Freiheitsgrade.

Die Regelgrößen in diesem Kernprozess sind der Work in Process (WIP) und der Rückstand bzw. die Streuung der Abgangsterminabweichung. Die Differenz zwischen Ist-Zugang und Ist-Abgang ergibt den Ist-WIP, also den Bestand an Aufträgen in der Produktion. Die Differenz zwischen Plan- und Ist-Abgang bestimmt den Rückstand bzw. die Streuung der Abgangsterminabweichung. Diese Regelgrößen wirken unmittelbar auf die logistischen Zielgrößen im Kernprozess Produktion:

- Termintreue,
- Durchlaufzeit,
- Auslastung und
- WIP.

Die Auslastung beschreibt das Verhältnis von tatsächlich erbrachter Leistung zur maximal möglichen Leistung. Sie sollte im Sinne einer wirtschaftlichen Nutzung der Ressourcen möglichst hoch sein. Dafür muss der WIP ein entsprechend hohes Niveau haben, sodass die Arbeitssysteme zu jeder Zeit mit ausreichend Produktionsaufträgen versorgt sind und es zu keinen Materialflussabrissen kommt. Auf der anderen Seite soll der WIP in der Produktion gleichzeitig so dimensioniert werden, dass die Kapitalbindungs- und Handhabungskosten nicht zu hoch sind. Zusätzlich verursacht ein hoher WIP lange Warteschlangen an den Arbeitssystemen und damit einhergehend lange Durchlaufzeiten der Produktionsaufträge. Aufgrund der mit der Erhöhung der Durchlaufzeiten folgenden stärkeren Streuung der Durchlaufzeiten wirkt sich dies über die Abgangsterminabweichungen der Produktionsaufträge negativ auf das Ziel einer hohen Termintreue aus (vgl. [13]). Dieser Effekt wird dadurch verstärkt, dass eine zu hohe Belastung der Ressourcen zu Rückständen und damit zu einer schlechten Termintreue führt. Wie auch im Kernprozess Versand zeigt sich im Kernprozess Produktion eine teilweise gegensätzliche Ausrichtung der logistischen Zielgrößen.

In einigen Unternehmen ist im Kernprozess Produktion ein Zwischenlager implementiert, welches der Entkopplung von Aufträgen zur Deckung von Sekundär- und

Primärbedarfen bzw. der Entkopplung von kundenauftragsneutralen und kundenauftragsspezifischen Produktionsprozessen dient. Von Lagerung wird in diesem Zusammenhang bei einer der mengen- und zeitmäßigen Entkopplung gesprochen. Bei einer rein zeitmäßigen Entkopplung von Produktionsaufträgen findet keine Lagerung im engeren Sinne statt, sondern eine Pufferung.

Das Zwischenlager wird nicht aktiv geplant und gesteuert. Vielmehr resultieren die Zugänge und die Abgänge aus den Abgängen der Vorgängerprozesse und den Bedarfen bzw. den geplanten und gesteuerten Zugängen nachfolgender Prozesse. Lediglich im Rahmen des Bestandsmanagements wird der Plan-Bestand an Halbfabrikaten im Kernprozess Zwischenlager aktiv geplant. Dieser Plan-Bestand an Halbfabrikaten fließt in der PPS Hauptaufgabe Sekundärbedarfsplanung in den Fremdbezugsprogrammvorschlag bzw. den Eigenfertigungsprogrammvorschlag ein und wirkt so auf die Plan-Abgänge der Kernprozesse Beschaffung und Produktion zur Auffüllung eines Zwischenlagers.

Die Wirkzusammenhänge im Kernprozess Zwischenlager zeigt Abb. 4.10. Der Plan-Abgang aus dem Zwischenlager ergibt sich aus den zur Erfüllung des Bedarfs an Fertigerzeugnissen resultierenden Sekundärbedarfen der Produktion. Der Plan-Zugang zum Zwischenlager wird durch den Plan-Abgang aus der Produktion und der Beschaffung bestimmt. Entsprechend resultiert der Ist-Zugang im Zwischenlager aus dem Ist-Abgang aus der

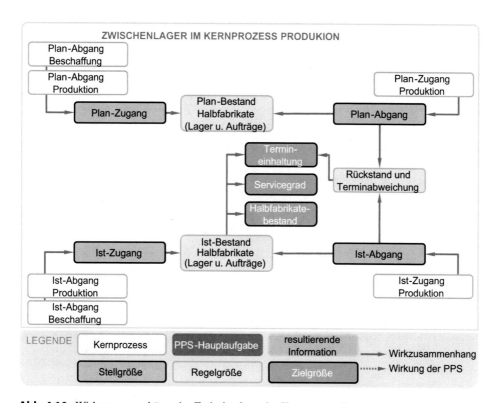

Abb. 4.10 Wirkzusammenhänge im Zwischenlager im Kernprozess Produktion

Produktion zur Deckung der Sekundärbedarfe und dem Ist-Abgang der Beschaffung, wobei letzterer von der logistischen Leistungsfähigkeit der Lieferanten abhängt, da fremdbezogene Halbfabrikate direkt in das Zwischenlager eingelagert werden. Die Entnahmen durch die Produktion bestimmen die Ist-Abgänge aus dem Zwischenlager.

Die Differenz zwischen den tatsächlichen Zugängen und Abgängen im Zwischenlager ergibt die Regelgröße Ist-Bestand an Halbfabrikaten. Dieser bestimmt die logistischen Zielgrößen des Kernprozesses Zwischenlager:

- Termineinhaltung,
- Servicegrad,
- Halbfabrikatebestand.

Für den Fall, dass im Zwischenlager nur eine zeitliche Entkopplung der Produktionsprozesse zur Deckung von Sekundär- und Primärbedarfen stattfindet, ist eine hohe Terminhaltung entscheidend. Die Termineinhaltung resultiert aus der Differenz zwischen den einzelnen Plan-Abgängen und den Ist-Abgängen aus dem Zwischenlager. Diese kann über entsprechend lange Sicherheitszeiten und damit einhergehend hohe Halbfabrikatebestände sichergestellt werden. Je größer die eingeplante Sicherheitszeit ist, desto besser ist die Termineinhaltung. Auf der anderen Seite ergeben sich durch die Sicherheitszeiten erhöhte Halbfabrikatebestände und verlängerte Durchlaufzeiten der Aufträge durch die gesamte unternehmensinterne Lieferkette.

Für lagerhaltige Halbfabrikate muss der Servicegrad ausreichend hoch sein, um eine hohe Versorgungssicherheit der Produktion mit Komponenten und Baugruppen zu gewährleisten, damit es zu keinerlei Terminabweichungen oder gar Produktionsausfällen aufgrund von fehlenden oder verspätet bereitgestellten Halbfabrikaten kommt. Der Servicegrad wird maßgeblich durch den Bestand an Halbfabrikaten im Zwischenlager beeinflusst. Dieser Bestand soll auf der einen Seite ausreichend hoch sein, um die Nachfragen der Produktion immer bedienen zu können. Auf der anderen Seite soll der Bestand im Zwischenlager möglichst niedrig sein, um Kosten für Lagerhaltung, Kapitalbindung etc. möglichst gering zu halten. Auch im Zwischenlager im Kernprozess Produktion zeigt sich eine gegensätzliche Ausrichtung der Zielgrößen Termineinhaltung und Bestand bzw. Servicegrad und Bestand.

4.3.3 Beschaffung

Abb. 4.11 zeigt die Wirkzusammenhänge im Kernprozess Beschaffung zwischen den PPS-Hauptaufgaben und den Stell-, Regel-, und logistischen Zielgrößen. Der Plan-Abgang in der Beschaffung wird generell durch die Plan-Bedarfe nachfolgender Kernprozesse angestoßen. Ausschlaggebend sind:

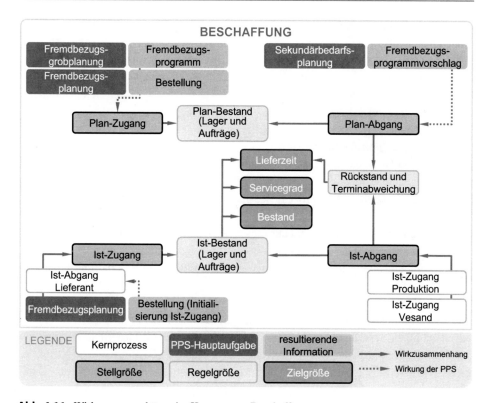

Abb. 4.11 Wirkzusammenhänge im Kernprozess Beschaffung

- für Handelsware (fremdbezogene Artikel zur Deckung der Primärbedarfe) der Plan-Abgang aus dem Versand,
- für zu beschaffende Halbfabrikate, die im Zwischenlager im Kernprozess Produktion produktionsauftragsneutral einzulagern oder die direkt produktionsauftragsspezifisch im Kernprozess Produktion bereitzustellen sind, der Plan-Zugang zur Produktion,
- für Rohwaren, die für die Produktion von Artikeln erforderlich sind, der Plan-Zugang zur Produktion.

Diese Informationen werden in der PPS-Hauptaufgabe Sekundärbedarfsplanung in Verbindung mit dem Beschaffungsmanagement um die Plan-Bestände an zu beschaffenden Rohwaren, Artikeln und Halbfabrikaten ergänzt und anschließend zu einem Fremdbezugsprogrammvorschlag verdichtet. Dieser aggregiert die Plan-Abgänge der Beschaffung mit einem mittel- bis langfristigen Planungshorizont. Der Fremdbezugsprogrammvorschlag fließt in die Fremdbezugsgrobplanung ein und wird hinsichtlich der Realisierbarkeit mit den Lieferanten abgestimmt. Das resultierende Fremdbezugsprogramm definiert somit grob den Plan-Zugang zur Beschaffung.

Das freigegebene Fremdbezugsprogramm wird in der Fremdbezugsplanung in konkrete Bestellungen mit Mengen- und Terminangaben überführt. Daraus resultiert schließlich ein konkretisierter Plan-Zugang der Beschaffung, welcher auch den Ist-Zugang initialisiert.

Der Ist-Zugang ergibt sich aus den tatsächlichen Warenströmen von den Lieferanten, die durch die Fremdbezugsplanung koordiniert werden. Der Ist-Abgang resultiert aus den tatsächlichen Entnahmen aus dem Rohwarenlager bzw. den tatsächlichen Bereitstellungen für die zu versorgenden Kernprozesse Produktion und Versand.

Die primäre Regelgröße im Kernprozess Beschaffung ist der Bestand an Lagerartikeln und auftragsspezifisch beschafften Artikeln und ergibt sich aus der Differenz zwischen Ist-Zugang und Ist-Abgang. Die zweite Regelgröße ist der Rückstand und die damit verbundene Terminabweichung – insbesondere deren Streuung. Durch diese Regelgrößen werden die Zielgrößen im Kernprozess Beschaffung bestimmt. Diese Zielgrößen sind:

- der Bestand an Lagerartikeln und auftragsspezifisch beschafften Artikeln,
- der Servicegrad für den Fall einer auftragsneutralen Beschaffung über eine Lagerstufe,
- die Termineinhaltung für den Fall einer auftragsspezifischen Beschaffung ohne auftragsneutrale Lagerhaltung.

Um eine möglichst hohe Versorgungssicherheit nachfolgender Prozesse zu gewährleisten, ist ein hoher Servicegrad in der entsprechenden Lagerstufe erforderlich. Je höher der gewünschte Servicegrad ist, desto höher muss der Bestand an Lagerartikeln sein. Auf der anderen Seite muss der Lagerbestand so dimensioniert werden, dass die Lager- und Kapitalbindungskosten möglichst gering sind. Auch hier zeigt sich die gegensätzliche Ausrichtung der logistischen Zielgrößen Bestand und Servicegrad. Die Terminabweichung ist eine auftragsbezogene Kennzahl. Sie ergibt sich aus der Differenz von Plan- und Ist-Terminen. Das Verhältnis der Anzahl rechtzeitig bereitgestellter Aufträge zur Gesamtanzahl von Aufträgen in einem Untersuchungszeitraum ergibt die Termineinhaltung. Je früher die Bestellaufträge für die zu beschaffenden Artikel bezogen auf den Plan-Abgangstermin ausgelöst werden, desto größer sind die eingeplanten Sicherheitszeiten und desto größer ist die Wahrscheinlichkeit, dass die Artikel zum geplanten Termin dem zu versorgenden Prozess bereitgestellt werden können. Auf der anderen Seite ergeben sich durch eine Sicherheitszeit eine verlängerte Wiederbeschaffungszeit und ein erhöhter Bestand an auftragsspezifisch beschafften Artikeln, welcher Prozess- und Kapitalbindungskosten verursacht und somit möglichst klein zu halten ist. Auch hier zeigt sich eine konfliktionäre Ausrichtung der Zielgrößen Termineinhaltung und Bestand.

In Summe zeigen sich über alle Kernprozesse der unternehmensinternen Lieferkette Zielkonflikte zwischen den logistischen Zielgrößen zur Beschreibung der Logistikkosten und der Logistikleistung. Diese Zielkonflikte lass sich bspw. durch aus dem Produktionscontrolling abgeleitete Maßnahmen entspannen, jedoch nicht auflösen. Unternehmen müssen sich in den Spannungsfeldern zwischen den logistischen Zielgrößen in erster Linie durch die Erfüllung der Aufgaben der PPS positionieren. Hierbei zeigen sich noch weitere Spannungsfelder zwischen Zielgrößen. Auf diese wird für jede einzelne PPS-Aufgabe im folgenden Kapitel eingegangen.

Literatur

1. Hopp WJ, Spearman ML (2008) Factory physics, 3. Aufl., internat. Aufl. McGraw-Hill/Irwin, Boston
2. Orlicky J (1975) Material requirements planning. The new way of life in production and inventory management. McGraw-Hill, New York
3. Kurbel K (2011) Enterprise resource planning und supply chain management in der Industrie, 7., völlig überarb. u. akt. Aufl. Oldenbourg, München
4. Wight OW (1984) Manufacturing Resource Planning. MRP II – unlocking America's productivity potential. Rev. Ed. Wight, Essex Junction
5. Kurbel K (2005) Produktionsplanung und -steuerung im Enterprise Resource Planning und Supply Chain Management, 6., völlig überarb. Aufl. Oldenbourg, München
6. Shehab EM, Sharp MW, Supramaniam L, Spedding TA (2004) Enterprise resource planning – an integrative review. Bus Process Manag J 10(4):359–386
7. Schuh G, Stich V (2012) Produktionsplanung und -steuerung 1, 4., überarb. Aufl. Springer, Berlin
8. Hackstein R (1989) Produktionsplanung und -steuerung (PPS). Ein Handbuch für die Betriebspraxis, 2., überarb. Aufl. VDI-Verl, Düsseldorf
9. Lödding H (2013) Handbook of manufacturing control. Fundamentals, description, configuration. Springer, Berlin
10. Lödding H (2016) Verfahren der Fertigungssteuerung. Grundlagen, Beschreibung, Konfiguration, 3. Aufl. Springer, Berlin/Heidelberg
11. Nyhuis P, Wiendahl H-P (2012) Logistische Kennlinien. Grundlagen, Werkzeuge und Anwendungen, 3. Aufl. Springer, Berlin/Heidelberg
12. Lödding H, Nyhuis P, Schmidt M, Kuyumcu AK (2012) Modelling lateness and schedule reliability: how companies can produce on time. Prod Plan Control Manag Oper 25(1):59–72
13. Nyhuis P, Wiendahl H-P (2009) Fundamentals of production logistics. Theory, tools and applications. Springer, Berlin

Beeinflussung logistischer Zielgrößen durch die PPS

5

Inhaltsverzeichnis

Zusammenfassung

Das Kap. 5 „Beeinflussung logistischer Zielgrößen durch die PPS" geht im Detail auf die Auswirkung der Erfüllung von einzelnen Aufgaben der Produktionsplanung und -steuerung (PPS) auf die logistischen Zielgrößen in den Kernprozessen der unternehmensinternen Lieferkette ein. Der Fokus liegt hierbei auf den Aufgaben, bei denen Entscheidungen zu treffen sind. Diesen Entscheidungen liegen in der Regel Spannungsfelder zwischen Zielgrößen zugrunde, in denen sich Unternehmen positionieren müssen. Diese im Rahmen der PPS auftretenden Zielkonflikte werden in diesem Kapitel explizit herausgearbeitet und die zu treffenden Entscheidungen werden dargestellt. Zudem werden Lösungsansätze zum Umgang mit den Zielkonflikten aufgezeigt. Diese basieren in der Regel auf der Anwendung logistischer Modelle (Hannoveraner Lieferkettenmodell, Modellkategorie 5).

© Springer-Verlag GmbH Deutschland, ein Teil von Springer Nature 2021
M. Schmidt, P. Nyhuis, *Produktionsplanung und -steuerung im Hannoveraner Lieferkettenmodell*, https://doi.org/10.1007/978-3-662-63897-2_5

Wie im vorangehenden Kapitel dargelegt, bestimmt die Produktionsplanung und -steuerung (PPS) maßgeblich die Ausprägung der logistischen Zielgrößen in den Kernprozessen der unternehmensinternen Lieferkette. Die einzelnen Hauptaufgaben der PPS erfüllen jeweils eine Reihe von Aufgaben. Diese Aufgaben haben einen unterschiedlichen Charakter. Einige dieser Aufgaben stellen reine Rechenschritte oder logische Abfolgen dar. Andere Aufgaben bedingen eine spezifische Entscheidungsfindung. Diesen Entscheidungen liegen Spannungsfelder zwischen Zielgrößen zugrunde. In diesen müssen sich Unternehmen positionieren.

Dieses Kapitel skizziert die einzelnen Aufgaben innerhalb der PPS-Hauptaufgaben mit Fokus auf den entscheidungsrelevanten PPS-Aufgaben. Die vorhandenen Spannungsfelder werden diskutiert. Zudem werden Lösungsansätze zum Umgang mit den Spannungsfeldern aufgezeigt. Diese basieren auf der Anwendung logistischer Modelle (Hannoveraner Lieferkettenmodell, Modellkategorie 5). Das Hannoveraner Lieferkettenmodell (HaLiMo) bietet als Referenzmodell hierzu einen logischen Rahmen. Die Diskussion wird aus didaktischen Gründen analog zur prozessualen Gliederung der Hauptaufgaben der PPS (vgl. Kap. 3) geführt.

5.1   Produktionsprogrammplanung

Das Ziel der Hauptaufgabe Produktionsprogrammplanung ist die Festlegung der zu produzierenden Fertigerzeugnisse. Abb. 5.1 zeigt den Ablauf der Produktionsprogrammplanung. Der erste Schritt der Produktionsprogrammplanung ist die Absatzplanung. Diese wird marktseitig auf zwei Wegen initialisiert: vom Absatzmarkt mit Informationen zur Nachfrageentwicklung und von den Kunden mit Informationen zu Rahmenverträgen. Diese Informationen werden durch die Absatzplanung zu einem Absatzprogramm verdichtet. Dieses initiale Absatzprogramm beschreibt den Soll-Abgang im Kernprozess Versand. Das Absatzprogramm gibt eine erste Vorstellung über die zu produzierende Menge an Endprodukten ohne eine unmittelbare Überprüfung der Realisierbarkeit.

Zur Planung der zu produzierenden Lagerartikel legt das Unternehmen darüber hinaus im Rahmen der Bestandsplanung der PPS-Hauptaufgabe Bestandsmanagement fest, welche Plan-Bestände im Fertigwarenlager angestrebt werden. Zusammen ergeben das Absatzprogramm und die Plan-Bestände an Fertigerzeugnissen den Brutto-Primärbedarf des Unternehmens – also den Bedarf an Fertigerzeugnissen. Dieser wird im nächsten Schritt mit den vorhandenen Ist-Beständen an Fertigerzeugnissen abgeglichen, um einen Netto-Primärbedarf zu ermitteln. Der Netto-Primärbedarf kommt einem ersten Produktionsprogrammvorschlag gleich. Für diesen Vorschlag wird eine langfristige, auftragsanonyme Ressourcengrobplanung mit Produkt- und Materialhauptgruppen durchgeführt. Die Ressourcengrobplanung umfasst Personal- und Anlagenkapazitäten sowie das benötigte Material. In dieser ersten Grobplanung wird auf der Ebene von Produktionsbereichen oder -segmenten geplant. Anschließend erfolgt eine Überprüfung, ob der Produktionsprogrammvorschlag auf dieser Ebene realisierbar ist.

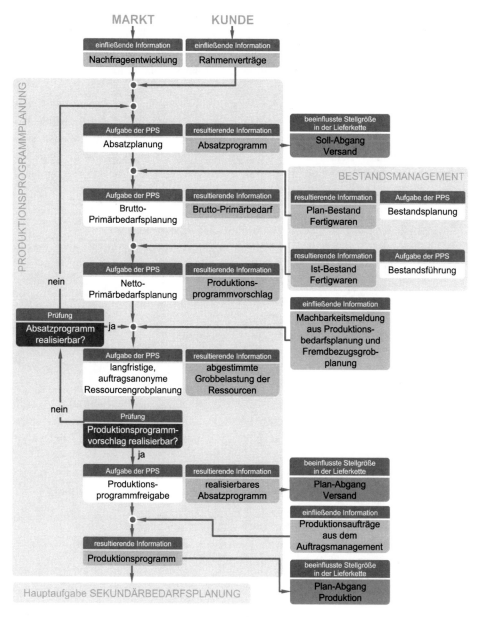

Abb. 5.1 Aufgaben der Produktionsprogrammplanung

Ist der Produktionsprogrammvorschlag nicht durchführbar, müssen die Ressourcen angepasst und die langfristige, auftragsanonyme Ressourcengrobplanung erneut angestoßen werden. Führt dies nicht zu einem realisierbaren Produktionsprogramm, erfolgt so oft eine erneute Absatzplanung und Bestandsplanung mit dem Ergebnis eines modifizierten Absatzprogramms und eines modifizierten Produktionsprogrammvorschlags, bis ein realisierbares Produktionsprogramm und damit zugleich auch ein realisierbares Absatzprogramm vorliegt. Auch zu einem späteren Zeitpunkt kann eine Umplanung des Produktionsprogramms erforderlich werden, wenn bspw. in der Fremdbezugsgrobplanung oder in der Produktionsbedarfsplanung auffällt, dass das Produktionsprogramm in der aktuellen Form nicht zu realisieren ist.

Das realisierbare Absatzprogramm bestimmt den Plan-Abgang aus dem Versand. Durch das Produktionsprogramm, in welches zusätzlich auch Produktionsaufträge für bereits bestätigte Kundenaufträge aus der PPS-Hauptaufgabe Auftragsmanagement einfließen, sind für die Produktionsbereiche und -segmente die Belastungen festgelegt. Das Ergebnis der Hauptaufgabe Produktionsprogrammplanung ist ein freigegebenes Produktionsprogramm, welches den Plan-Abgang der Produktion bestimmt.

Entscheidungsrelevante Aufgaben der Produktionsprogrammplanung

Die drei wesentlichen Aufgaben im Rahmen der Produktionsprogrammplanung sind die Absatzplanung, die Bestandsplanung der Fertigwaren (eigentlich PPS-Hauptaufgabe Bestandsmanagement) und die langfristige, auftragsanonyme Ressourcengrobplanung. Innerhalb dieser Aufgaben sind Entscheidungen zu treffen, denen Konflikte zwischen Zielgrößen zugrunde liegen:

Zielkonflikt 1: Bestandsplanung der Fertigwaren:

Lagerbestand Fertigwaren versus Servicegrad

Erklärung: Je höher der Lagerbestand, desto mehr Nachfragen an das Lager können unmittelbar bedient werden. Also steigt der Servicegrad. Auf der anderen Seite verursacht der Lagerbestand Kosten für Kapitalbindung, Handhabungstätigkeiten, Lagerfläche etc.

Zielkonflikte 2 und 3: Absatzplanung und langfristige, auftragsanonyme Ressourcengrobplanung:

potenzieller Umsatz versus Auslastung und ggf. Investition

Erklärung: Je höher der eingeplante Absatz ist, desto mehr Kapazität muss zur Realisierung der Marktbedarfe bereitgestellt werden. Je näher die bereitgestellten Kapazitäten an der maximalen geplanten Absatzmenge liegen, desto höher ist die Wahrscheinlichkeit, dass Kapazitäten nicht ausgelastet werden. Eine hinreichend große Kapazitätsflexibilität, die jedoch häufig mit monetären Aufwand verbunden ist, kann diesen Zielkonflikt entspannen.

Um die Abläufe der PPS richtig einordnen zu können, müssen zunächst die unterschiedlichen Detaillierungsgrade der Produktionsplanung beachtet werden. Über die Aufgaben der PPS hinweg wird auf verschiedenen Ebenen, Rastern und Horizonten immer feiner geplant. Welcher Detaillierungsgrad hierbei welchem Planungsschritt zugeordnet wird, ist unmittelbar abhängig von den Rahmenbedingungen und dem Geschäftsmodell des Unternehmens und damit nicht zu verallgemeinern. Bspw. hat ein Anlagenbauer, der

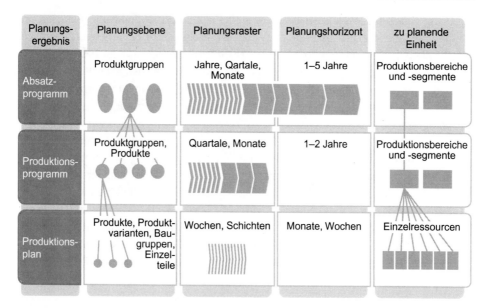

Planungs- ergebnis	Planungsebene	Planungsraster	Planungshorizont	zu planende Einheit
Absatz- programm	Produktgruppen	Jahre, Qartale, Monate	1–5 Jahre	Produktionsbereiche und -segmente
Produktions- programm	Produktgruppen, Produkte	Quartale, Monate	1–2 Jahre	Produktionsbereiche und -segmente
Produktions- plan	Produkte, Produkt- varianten, Bau- gruppen, Einzel- teile	Wochen, Schichten	Monate, Wochen	Einzelressourcen

Abb. 5.2 Detaillierungsgrade in der Produktionsplanung und -steuerung

kundenauftragsspezifisch mit Auftragsdurchlaufzeiten von vielleicht zwölf Monaten produziert, ein anderes Planungsvorgehen als ein Automobilzulieferer, dessen Standardprodukte eine Durchlauflaufzeit von fünf Tagen haben. Abb. 5.2 verdeutlicht die unterschiedlichen Detaillierungsgrade anhand der Planungsergebnisse Absatzprogramm, Produktionsprogramm und Produktionsplan.

Das Absatzprogramm wird in der Regel auf der Ebene von Produktgruppen erstellt. Häufig wird die Absatzplanung quartalsweise, in manchen Fällen auch monatlich oder jährlich angestoßen. Der Planungshorizont reicht dabei von einem Jahr bis zu fünf Jahren. Geplant werden hierbei Produktionsbereiche oder -segmente. In erster Linie wird das Ergebnis der Absatzplanung zusammen mit dem Ergebnis der langfristigen, auftragsanonymen Ressourcengrobplanung dazu genutzt, um zu prüfen, ob mittel- und langfristig Kapazitäten auf- oder abzubauen sind. Die Genauigkeit der Planung nimmt ab, je weiter der Planungshorizont reicht. Während bspw. für das erste Jahr die Mengen noch auf Monatsebene geplant werden, betrachtet man für die folgenden Jahre die Mengen in Quartals- oder Jahresabschnitten.

Das Produktionsprogramm basiert auf dem Absatzprogramm und ist mit den zur Verfügung stehenden Ressourcen abgeglichen. Auch hier wird auf Ebene der Produktgruppen geplant. Die Planung wird quartalsweise oder monatlich angestoßen mit einem Planungshorizont von ein bis zwei Jahren. Geplant werden auch hier Produktionsbereiche oder -segmente. Der Absatzplanung und Produktionsprogrammplanung liegen zunächst keine konkreten Aufträge (mit Terminen, Mengen und ggf. Kunden) zugrunde, sondern es wird mit Plan-Bedarfen gearbeitet, die einem Zeitraum oder einem Zeitpunkt zugeordnet sind. Im Produktionsprogramm ist für die nahe Zukunft die Planung auf Produktgruppenebene hin zur Planung einzelner Produkte zu detaillieren. Zusätzlich sind für die nahe Zukunft bereits bestätigte (Kunden-)Aufträge aus der PPS-Hauptaufgabe Auftragsmanagement zu berücksichtigen, die dann mit den Plan-Bedarfen entsprechend zu verrechnen sind. Für einen Anlagenbauer kann die Einplanung von Kundenaufträgen auch bis zu einem Planungshorizont von einem oder bei sehr komplexen Anlagen auch zwei und mehr Jahren erfolgen.

Aus dem Produktionsprogramm leitet sich über die Hauptaufgaben Sekundärbedarfsplanung, Produktionsbedarfsplanung und Eigenfertigungsplanung der Produktionsplan ab. Dieser umfasst konkrete Produktionsaufträge nach Art, Menge und Termin, die sich schließlich aus den im Produktionsprogramm aufgeführten Plan-Bedarfen und Kundenaufträgen ergeben. Der Produktionsplan wird auf Ebene der Produkte, Produktvarianten, Baugruppen und Einzelteilen erstellt und regelmäßig von Schicht zu Schicht oder Woche zu Woche aktualisiert. Die Planung erfolgt für einzelne Ressourcen, wie einem Arbeitssystem. Der Planungshorizont beträgt in der Regel Wochen oder wenige Monate.

5.1.1 Absatzplanung

Für die Erstellung eines Absatzprogramms werden durch die Absatzplanung Informationen aus dem Absatzmarkt bezüglich der Nachfrageentwicklung und Informationen bezüglich des Absatzes von Produkten in der Vergangenheit zusammengetragen. Aus diesen Informationen entstehen Absatzprognosen. Abhängig vom jeweiligen Verlauf des Absatzes über der Zeit bieten sich unterschiedliche Prognoseverfahren an. Exemplarisch sind hier zu nennen:

- gleitende Mittelwertbildung,
- exponentielle Glättung erster Ordnung oder
- (multiple) lineare Regressionsrechnung.

Des Weiteren fließen in das Absatzprogramm Informationen aus bereits abgeschlossenen Rahmenverträgen mit Kunden ein (vgl. Abb. 5.3). Hierin sind Abnahmemengen der Kunden in zeitlichen Perioden wie einer Woche oder einem Monat und zulässige Abweichungen von diesen vereinbarten Mengen fixiert.

Aus diesen Informationen wird ein initiales Absatzprogramm für einen Planungshorizont von ein bis fünf Jahren erstellt. Dieses Absatzprogramm lässt so Aussagen über den Absatz von Produkten oder Produktgruppen rein auf Basis der angenommenen Kundenwünsche für die einzelnen Zeitperioden im Planungshorizont zu und definiert so den Soll-Abgang aus dem Kernprozess Versand.

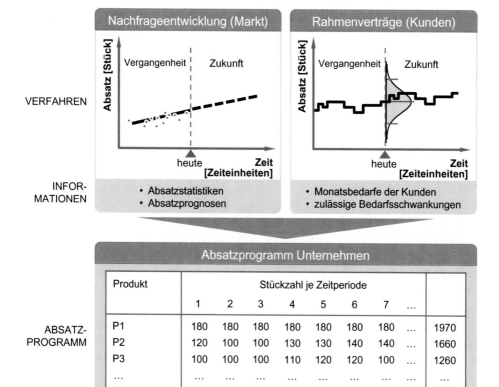

Abb. 5.3 Entstehung des Absatzprogramms

5.1.2 Bestandsplanung Fertigwaren

Um anschließend die Brutto-Primärbedarfe zu bestimmen, müssen Lagerfertiger eine Planung ihrer Fertigwarenbestände vornehmen. Bereits in dieser frühen Phase des PPS-Ablaufs findet eine Positionierung zwischen gegensätzlich ausgerichteten logistischen Zielgrößen statt – in diesem Fall zwischen dem Servicegrad des Fertigwarenlagers und dem Lagerbestand an Fertigwaren im Kernprozess Versand.

Der Plan-Bestand im Fertigwarenlager setzt sich für die einzelnen Produkte aus dem Losbestand und dem Sicherheitsbestand zusammen. Der Losbestand kann mit hinreichender Genauigkeit aus der Halbierung der Produktionslosgrößen der Produkte ermittelt werden. Die Produktionslosgröße wird im Rahmen der PPS-Hauptaufgabe Eigenfertigungsplanung in der Losgrößenrechnung ermittelt. Der Sicherheitsbestand soll Störungen im Produktionsprozess und Schwankungen der Kundennachfrage ausgleichen und so die Versorgung der Kunden sicherstellen. Zur Bestimmung des Sicherheitsbestandes ist eine Vielzahl von Formeln und Verfahren bekannt (vgl. Kap. 2). Im Kern geht es bei der Dimensionierung des Sicherheitsbestands darum, Terminabweichungen der Produktion, also Planabweichungen bezüglich der Produktionsdurchlaufzeiten, Planabweichungen bezüglich der Produktionsmengen und Bedarfsschwankungen auf Kundenseite auszugleichen. Eine Formel, die den Einfluss der verschiedenen Planabweichungen auf den Sicherheitsbestand anschaulich darstellt, ist die in Kap. 2 vorgestellte Formel nach Nyhuis (vgl. [1]). Sie berücksichtigt die Maximalwerte der genannten Planabweichungen und zielt auf einen Servicegrad von 100 %.

Kommt es also während des Produktionsprozesses zu Störungen, bspw. aufgrund von Materialflussabrissen oder Maschinenstillständen, können die vorher eingeplanten Fertigstellungs-termine nicht eingehalten werden. Eingehende Kundenaufträge müssen in diesem Fall aus dem Sicherheitsbestand bedient werden. Neben Terminabweichungen kann es, bspw. bedingt durch Ausschuss, auch zu Produktionsmengenabweichungen kommen. Auch in diesem Fall müssen fehlende Lagerartikeln durch den Sicherheitsbestand kompensiert werden, um trotzdem liefern zu können. Neben Planabweichungen durch Störungen im Produktionsprozess kann es auch zu marktbedingten Planabweichungen kommen. Werden größere Mengen nachgefragt als geplant, müssen für den Zeitraum der Wiederbeschaffungszeit der Fertigerzeugnisse die den Plan-Abgang überschreitenden Kundenaufträge aus dem Sicherheitsbestand bedient werden.

Je kleiner die Abweichungen von den Plangrößen sind, desto niedriger ist der vorzuhaltende Sicherheitsbestand. Ist die Produktionsdurchlaufzeit kürzer als die vom Kunden tolerierte Lieferzeit und sind in der Produktion keine Termin- und Mengenabweichungen zu verzeichnen, so muss kein Sicherheitsbestand vorgehalten werden. Voraussetzung wäre zudem eine hinreichend hohe Kapazitätsflexibilität der Produktion, um sich überlagernde Bedarfsschwankungen an Fertigwaren kompensieren zu können. Häufig ist dies in der Praxis jedoch nicht der Fall. Zusammenfassend lässt sich festhalten: Je höher der mittlere Lagerbestand eines Artikels, desto höher ist der Servicegrad.

Zielkonflikt 1

Hier existiert ein Zielkonflikt zwischen dem Lagerbestand eines Artikels und den damit einhergehenden Kosten für Kapitalbindung, Lagerfläche, Handling, Lagertechnik etc. auf der einen Seite und einem hohen Servicegrad für die Fertigwaren auf der anderen Seite, der für Kunden ein wichtiges Kriterium für die Kaufentscheidung ist.

Um sich im Spannungsfeld zwischen einem hohen Servicegrad und einem geringen Fertigwarenbestand zu positionieren, bietet sich die in Kap. 2 vorgestellte Servicegradkennlinie an (vgl. [2]). Diese beschreibt für einen Artikel mathematisch den Zusammenhang zwischen dem mittleren Bestand im Fertigwarenlager und dem resultierenden Servicegrad. Abb. 5.4 zeigt den generischen Verlauf einer Servicegradkennlinie eines Lagerartikels. Im Ist-Zustand liegt ein mittlerer Lagerbestand vor, der einen Servicegrad von 95 % ermöglicht. Zur Realisierung eines höheren Servicegrads müssen Lagerbestände im Fertigwarenlager unter Inkaufnahme entsprechender Lagerkosten aufgebaut werden.

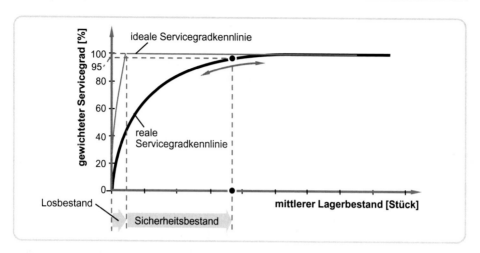

Abb. 5.4 Generische Servicegradkennlinie eines Lagerartikels

Ist das Unternehmen bereit, Servicegradeinbußen zu akzeptieren, können die Lagerbestände reduziert werden.

Die Festlegung der Plan-Bestände für die Fertigwaren ist nicht Bestandteil der PPS-Hauptaufgabe Produktionsprogrammplanung, sondern der Hauptaufgabe Bestandsmanagement.

5.1.3 Brutto-Primärbedarfsplanung

Die Ermittlung der Plan-Fertigwarenbestände erfolgt auf einer anderen Abstraktionsstufe als die Absatzplanung. Die Plan-Bestände der einzelnen Artikel müssen entsprechend hochgerechnet und mit den Absatzzahlen zusammengefasst werden. Der aus dem Absatzprogramm abgeleitete Bedarf und der festgelegte Plan-Bestand für die Fertigwaren ergeben den Brutto-Primärbedarf der zu fertigenden Endprodukte.

5.1.4 Bestandsführung Fertigwaren und Netto-Primärbedarfsplanung

Abb. 5.5 zeigt die Rechenschritte zur Ermittlung des Netto-Primärbedarfs. Zu dem aus der Absatzplanung resultierenden Brutto-Primärbedarf sind bereits vorgenommene Reservierungen von Fertigerzeugnissen sowie der Plan-Lagerbestand im Fertigwarenlager zu addieren. Der Ist-Lagerbestand, der bereits in der Produktion befindliche Auftragsbestand und die bereits vorgenommenen Bestellungen – bspw. für Handelsware – sind vom Brutto-Primärbedarf abzuziehen. Hieraus ergibt sich der Netto-Primärbedarf (vgl. [3]). Dieser entspricht einem ersten Produktionsprogrammvorschlag.

Abb. 5.5 Nettobedarfs-
ermittlung

> **Netto-Primärbedarfsplanung**
>
>   Brutto-Primärbedarf aus der Absatzplanung
> + Reservierungen
> + Plan-Lagerbestand
> -   Ist-Lagerbestand
> -   Auftragsbestand in der Produktionsendstufe
> -   bereits bestellter Bestand
>
> ─────────────────────────────
>
> = Netto-Primärbedarf

Bei der Ermittlung des Brutto-Primärbedarfs aus der Absatzplanung, der vorgenommenen Reservierungen, der Ist-Lagerbestände, des Auftragsbestands in der Produktion und der bereits vorgenommenen Bestellungen sind lediglich Daten zu berücksichtigen, die üblicherweise im ERP- oder PPS-System geführt werden. Diese werden anschließend bei der Berechnung des Netto-Primärbedarfs addiert bzw. subtrahiert. Lediglich die Ermittlung der Plan-Lagerbestände erfordert eine unternehmerische Entscheidung.

5.1.5 Langfristige, auftragsanonyme Ressourcengrobplanung

Die langfristige, auftragsanonyme Ressourcengrobplanung betrachtet die aus dem Produktionsprogrammvorschlag hervorgehenden Fertigwarenbedarfe auf Produktgruppenebene und ordnet diese den Produktionsbereichen zu, woraus die entsprechenden Kapazitätsbedarfe in den Planperioden (z. B. Monat) resultieren. Unternehmen haben nun verschiedene Möglichkeiten zu planen. Prinzipiell müssen entweder die Bedarfe an die zur Verfügung stehenden Ressourcen – im Kern die Anlagenkapazitäten und Personalkapazitäten – angepasst werden oder umgekehrt. Beide Varianten haben Vor- und Nachteile, die unternehmensspezifisch abzuwiegen sind.

Zielkonflikt 2

Hier liegt ein Zielkonflikt vor zwischen potenziellem Absatz der Primärbedarfe, der für das Unternehmen unmittelbar umsatzwirksam ist, und einer potenziellen Unterauslastung von Kapazitäten, die sich deutlich negativ auf die Kostensituation eines Unternehmens auswirkt.

Beim Umgang mit diesem Zielkonflikt sind vier Fälle zu unterscheiden:

Fall 1: Erhöhung der Absatzmengen bei vorhandenen Überkapazitäten
Eine Erhöhung der Absatzmengen entsprechend der zur Verfügung stehenden Kapazität ist sinnvoll, wenn das Absatzprogramm nicht zu einer Auslastung der Kapazitäten führt. Hierbei ist jedoch wichtig, dass das Absatzprogramm seriös angepasst wird. Das bedeutet,

es muss klar sein, welche Maßnahmen z. B. in den Bereichen Marketing oder Vertrieb die Absatzzahlen erhöhen können. Damit werden die zur Verfügung stehenden Kapazitäten ausgelastet und das Unternehmen vor einem Abbau von Kapazitäten bewahrt, die möglicherweise in zukünftigen Planungsperioden wieder aufzubauen sind. Zudem wird der Umsatz des Unternehmens erhöht. Es besteht jedoch ein Risiko, da nicht sicher ist, ob die eingeleiteten Maßnahmen zur Erhöhung der Absatzmengen wirklich greifen. Unternehmen müssen den Aufwand für diese Maßnahmen abschätzen und den entstehenden Kosten durch etwaige nicht ausgelastete Kapazitäten gegenüberstellen, sodass nicht nur der Umsatz, sondern auch die Gewinne bzw. der Geschäftswertbeitrag erhöht wird. Eine Erhöhung des Fertigwarenbestands im Lager über den Plan-Lagerbestand zur Auslastung der Kapazitäten ist nicht sinnvoll, da hierdurch eine ganze Reihe von Kosten (Kapitalbindung, Lagerhaltung, Wagnis, Verschrottung etc.) in Kauf genommen werden müssen. In Ausnahmefällen kann eine Vorproduktion für weiter in der Zukunft liegende Planungsperioden wirtschaftlich sein, wenn bspw. durch Verträge gewährleistet ist, dass in zukünftigen Planungsperioden die vorgefertigten Produkte abgesetzt werden können.

Fall 2: Abbau von Kapazitäten entsprechend der geplanten Bedarfe
Übersteigen die vorhandenen Kapazitäten die zur Umsetzung der geplanten Bedarfe erforderlichen Kapazitäten, so können diese abgebaut werden. Hierbei muss sichergestellt werden, dass es möglich ist, die Kapazitäten auch in entsprechender Zeit wieder aufbauen zu können. Der Kapazitätsabbau ist bei zu geringen Bedarfen sinnvoll, um die Kosten der Unterauslastung möglichst gering zu halten. Diese Maßnahme birgt allerdings das Risiko, dass bspw. Maschinen, von denen sich das Unternehmen getrennt hat, fehlen oder freigesetzte Fachkräfte bei Bedarf am Arbeitsmarkt nicht mehr zur Verfügung stehen.

Fall 3: Reduzierung der Bedarfe entsprechend des zur Verfügung stehenden Kapazitätsniveaus
Reichen die Kapazitäten nicht aus, um die geplanten Bedarfe zu befriedigen, können die Bedarfe reduziert werden. Das bedeutet, dass entweder die geplanten Absatzmengen oder die geplanten Lagerzugänge zum Fertigwarenlager reduziert werden. Eine Reduzierung der Plan-Absatzmengen zieht eine Reduzierung des Umsatzes nach sich, da davon auszugehen ist, dass letztlich Kundenaufträge zurückgewiesen werden müssen. Auch langfristig können dem Unternehmen hierdurch Nachteile entstehen, wenn zurückgewiesene Kunden ihre Produkte zukünftig bei anderen Unternehmen beziehen.

Werden Kundenaufträge angenommen, obwohl diese Mengen im Plan-Absatz nicht vorgesehen sind, wird das Unternehmen zwangsweise in Rückstand und in Terminverzug geraten. Hiervon sind je nach Priorisierung der Aufträge nicht nur die zusätzlich eingeplanten, sondern auch weitere Aufträge betroffen. Werden zur Priorisierung der Kundenaufträge Lageraufträge zurückgestellt, so ergibt sich bei einem Lagerfertiger eine Reduktion des Servicegrads, was ein Abfallen der Kundenzufriedenheit nach sich zieht. Der Vorteil der Absenkung der Plan-Bedarfe auf die vorhandenen Kapazitäten liegt darin, dass keinerlei mitunter kostenintensive Maßnahmen zur Kapazitätserhöhung eingeleitet werden müssen.

Fall 4: Erhöhung der Kapazitäten zur Realisierung der geplanten Bedarfe
Übersteigen die geplanten Bedarfe die zu deren Deckung erforderlichen Kapazitäten, können die Kapazitäten ausgebaut werden. Durch die Realisierung der geplanten Lagerzugänge wird mit einem entsprechenden Servicegradniveau eine hohe Kundenzufriedenheit sichergestellt. Die Realisierung der möglichen Absatzmengen am Markt ermöglicht einen hohen Umsatz des Unternehmens. Maßnahmen zur Erhöhung der Kapazitäten sind in der Regel mit signifikanten Kosten verbunden, bspw. durch die Anschaffung neuer Maschinen oder die Einstellung zusätzlichen Personals. Zudem müssen Unternehmen berücksichtigen, dass die aufgebauten Kapazitäten auch in zukünftigen Planungsperioden zumindest zu einem gewissen Grad ausgelastet werden müssen, um auch in diesen keine Minderung von Gewinnen zu erfahren. Hier ist abzuwägen, wo ein wirtschaftlich sinnvoller Grad der Kapazitätserhöhung liegt.

Die Ressourcengrobplanung ist ein iterativer Prozess, der wie in Abb. 5.1 dargestellt durch die Überprüfung der Realisierbarkeit von Produktionsprogrammvorschlägen auf die Absatzplanung und auf Brutto- und Netto-Primärbedarfsplanung zurückwirkt. Das Ergebnis der Ressourcengrobplanung als eine elementare Aufgabe der Produktionsprogrammplanung sind ein realisierbares Absatzprogramm und ein realisierbares Produktionsprogramm.

Wie bei der Ressourcengrobplanung im Detail vorgegangen werden kann, soll anhand des in Abb. 5.6 skizzierten, generischen Beispiels gezeigt werden. Hierbei ist wichtig, ob Produkte des Unternehmens in ein Fertigwarenlager eingelagert oder kundenauftragsspezifisch hergestellt werden. Der Lagerfertiger hat mit den Beständen im Fertigwarenlager einen zusätzlichen Freiheitsgrad, den er bei der Ressourcengrobplanung nutzen kann. Als Ausgangssituation im Beispiel zeigt das Absatzprogramm eines Lagerfertigers einen Gesamtbedarf von 12.600 Produkten mit einer resultierenden mittleren Bedarfsrate

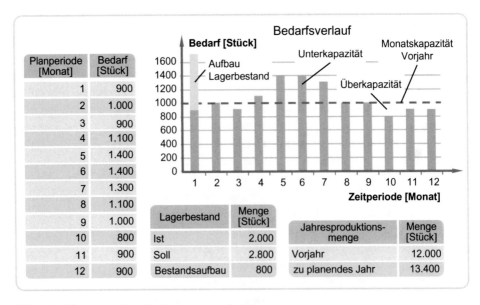

Abb. 5.6 Eingangsgrößen der Ressourcengrobplanung

von 1050 Produkten pro Monat. In diesem Beispiel fasst das Absatzprogramm die Kunden-
bedarfe der nächsten zwölf Monate über die verschiedenen Produktfamilien zusammen.
Zu Erhöhung des Servicegrads im Fertigwarenlager ist zusätzlich der Lagerbestand von
2000 Artikeln auf 2800 Artikel zu erhöhen. So ergibt sich ein Brutto-Primärbedarf von
13.400 Produkten im Planungszeitraum, wobei der Bedarf zur Erhöhung des Lagerbestands der ersten Planperiode zugeordnet ist.

Im vergangenen Jahr wurden 1000 Produkte je Monat produziert mit einer Gesamt-
produktionsmenge von 12.000 Produkten. In diesem Beispiel zeigt sich, dass mit der
Kapazität des Vorjahres der Gesamtbedarf nicht gedeckt werden kann. Für einzelne Zeitperioden hingegen reicht die Produktionskapazität des Vorjahres aus (vgl. Säulendiagramm in Abb. 5.6). Hieraus würden sich schwankende Rückstände im Betrachtungszeitraum ergeben.

Um sich einen Überblick darüber zu verschaffen, zu welchem Zeitpunkt sich welcher
Rückstand ergeben würde, bietet sich der Einsatz des Durchlaufdiagramms an (vgl.
Abb. 5.7, Teil a). In diesem Fall gibt die y-Achse ähnlich wie beim Fortschrittszahlen-
prinzip (vgl. [4]) die Anzahl der zu fertigenden Endprodukte an. Auf der x-Achse sind die

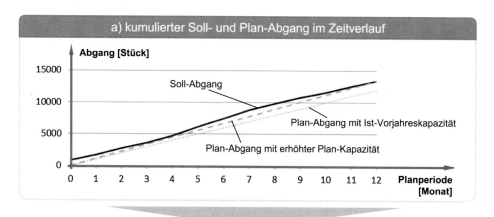

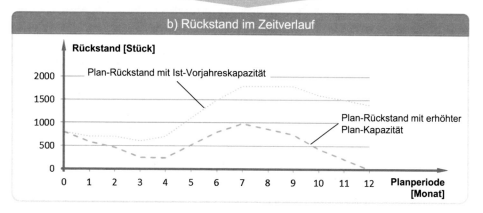

Abb. 5.7 Ressourcengrobplanung mit dem Durchlaufdiagramm

Planperioden abgetragen. Als erster Schritt wird der aus der Marktnachfrage resultierende Soll-Abgang kumuliert über den Planperioden eingetragen. Der vorgesehene Bestandsaufbau von 800 Stück wurde als Bedarf zu Beginn des Planungszeitraums eingeplant, um dadurch möglichst schnell die gewünschten Effekte auf den Servicegrad zu realisieren. Als nächstes wird der mit der aktuellen, dem Vorjahr entsprechenden Kapazität realisierbare Plan-Abgang kumuliert über den Planperioden dargestellt.

Der sich aus der Differenz zwischen Soll-Abgang und Plan-Abgang ergebende schwankende Plan-Rückstandsverlauf (horizontaler Abstand zwischen der gepunkteten und der durchgezogenen Linie) ist in Teil b von Abb. 5.7 isoliert dargestellt (gepunktete Linie). Der Produktionsbereich startet bei einem Rückstand von 800 Produkten. Dieser könnte bei gleichbleibender Kapazität und relativ schwacher Nachfrage in den ersten drei Monaten auf ca. 600 Produkte abgebaut werden. Etwa zur Mitte des Planungsjahres erhöht sich der Rückstand wieder massiv, da die Nachfrage die Plan-Kapazität deutlich übersteigt. Gegen Jahresende lässt sich der Rückstand wieder auf ca. 1400 Produkte absenken. Diese Rückstandsschwankungen würden eine erhebliche Streuung der Abgangsterminabweichung nach sich ziehen (vgl. [5]), was aus Kundensicht nicht akzeptabel wäre. Ein Rückstand von 1400 Produkten verursacht bei einer Abgangsrate von 1000 Produkten pro Monat eine mittlere Terminabweichung von knapp 1,5 Monaten.

Auf Basis dieser Informationen kann nun ein erster Abgleich der Kapazitäten und Bedarfe vorgenommen werden (vgl. die vier zuvor geschilderten Fälle). Das Unternehmen hat einerseits die Möglichkeit, die Bedarfe anzupassen. Dies bedeutet, dass die geplanten Absatzmengen bzw. der geplante Lagerbestand reduziert werden müssen (Fall 3). Eine Reduzierung der geplanten Absatzmengen zieht den Verlust potenzieller Umsätze nach sich und die mit einem Bestandsabbau einhergehende Servicegradreduzierung resultiert in einer Absenkung der Kundenzufriedenheit.

Andererseits kann das Unternehmen Maßnahmen zur Anpassung der Kapazitäten einleiten (Fall 4). Zum einen muss die mittlere Kapazität erhöht werden. Bei einem Jahresgesamtbedarf von 13.400 Produkten ergibt sich eine erforderliche Plan-Kapazität von etwas über 1100 Produkten pro Monat. Zum Ende des Betrachtungszeitraums wären somit die Plan-Rückstände abgebaut. Somit bliebe nur noch das Problem des Ausgleichs der Bedarfsschwankungen, um die Rückstandsschwankungen (graue gestrichelte Linie Abb. 5.7 Teil b) zu vermeiden. Hier ist eine Flexibilisierung der Kapazitäten erforderlich. Aus logistischer Sicht wäre es vorteilhaft, wenn in dem jeweiligen Monat immer entsprechend dem Bedarf produziert werden könnte. Dies zieht sehr hohe Anforderungen an die Kapazitätsflexibilität nach sich. Im Beispiel wären im ersten Monat 1700 Produkte (Bedarf von 900 Produkten und Lagerbestandsaufbau von 800 Produkten) herzustellen und im zweiten Monat 800 Produkte. Das Vorhalten einer solchen Flexibilität ist sehr kostenintensiv.

Für einen Lagerfertiger bieten sich hier Möglichkeiten zum Belastungsabgleich. So könnten die Belastungen zeitlich verschoben werden. Ausgehend von einer mäßigen Kapazitätsflexibilität von etwa 10 % kann das Unternehmen minimal ca. 1000 Produkte und maximal ca. 1200 Produkte pro Monat herstellen und dabei wirtschaftlich agieren.

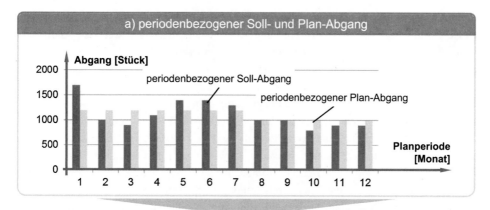

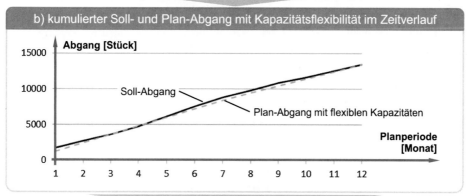

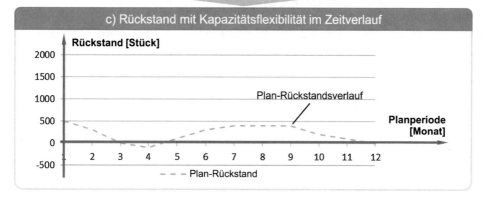

Abb. 5.8 Ergebnis einer Ressourcengrobplanung mit flexiblen Kapazitäten

Abb. 5.8 zeigt ein mögliches Planungsergebnis. Das Säulendiagramm in Teil a des Bildes zeigt den periodenbezogenen Soll- und Plan-Abgang. Nur in den Monaten 8 und 9 wird der exakte Bedarf produziert und in den anderen Monaten die zeitliche Entkopplungs-funktion des Lagers genutzt. In den Monaten 1 bis 7 wird die Maximalkapazität von 1200 Produkten ausgenutzt. In den Monaten 8 bis 12 werden 1000 Produkte gefertigt. Die

Monatskapazität ist also nur einmal anzupassen. Bereits in Monat 3 wird der Plan-Bestand überschritten. Diese leichte Überschreitung des Plan-Lagerbestands ist jedoch unkritisch, da abzusehen ist, dass die hohen geplanten Absatzmengen in den Monaten 5 bis 7 nicht direkt aus der Produktion, sondern aus dem Lager heraus bedient werden müssen. Der Lagerbestand würde dann wieder abgebaut.

Teil b und c von Abb. 5.8 zeigen das Durchlaufdiagramm und den sich ergebenden Rückstandsverlauf. Im Vergleich zum ersten Planungsergebnis (Abb. 5.7) ergibt sich ein deutlich harmonischerer Verlauf der kumulierten Bedarfs- und Kapazitätskurve. Beide Kurven liegen relativ nah beieinander. Die Reduzierung der Schwankungen im Rückstand ist signifikant, obwohl nur eine geringe Kapazitätsflexibilität angenommen wurde. Mit einer größeren Kapazitätsflexibilität hätte die Rückstandsstreuung noch weiter reduziert werden können. Unternehmen versuchen heute eine hohe Flexibilität hinsichtlich der Personalkapazitäten mit Gleitzeitkonten und mit Leiharbeitern zu realisieren. Treten Engpasssituationen bei den Maschinen und Anlagen auf, so werden Produktionsaufträge an Netzwerkpartner weitergeleitet.

Erkauft wird dies mit einer erhöhten Streuung der Bestände im Fertigwarenlager. Letztlich ist ein Trade-off zwischen implementierter Kapazitätsflexibilität, der Streuung des Rückstands und der Streuung des Bestandsniveaus im Fertigwarenlager vorzunehmen. Bei den Schwankungen des Lagerbestands ist zu berücksichtigen, dass mitunter der Plan-Servicegrad nicht eingehalten werden kann. Zudem ist zu prüfen, ob die Lagerkapazität ausreicht, um die teilweise erhöhten Plan-Lagerbestände einzulagern.

Für einen reinen Auftragsfertiger stellt sich eine solche Situation ungleich kritischer dar. Der Rückstand und dessen Schwankungen übertragen sich unmittelbar auf den Kunden. Dies lässt sich nur durch das Vorziehen von Aufträgen (Belastungsabgleich) verhindern. Unternehmen müssen hier entscheiden, wo ihr wirtschaftlicher Betriebspunkt liegt. Für die langfristige, auftragsanonyme Ressourcengrobplanung und für die Absatzplanung existieren keine geeigneten Wirkmodelle für eine Positionierung im Spannungsfeld zwischen den gegensätzlich ausgerichteten Zielgrößen. Die hier eingesetzten Varianten des Durchlaufdiagramms als Beschreibungsmodell helfen jedoch, das Problem zu visualisieren und zu fassen.

Zielkonflikt 3

In der Absatzplanung und in der langfristigen Ressourcengrobplanung liegt ein Zielkonflikt zwischen einer teilweise kostenintensiven Kapazitätsflexibilität, dem Verlauf des Rückstands und dem Verlauf des Bestandsniveaus im Fertigwarenlager über der Zeit vor.

5.1.6 Produktionsprogrammfreigabe

Das Ergebnis der Produktionsprogrammplanung ist – ggf. auch nach mehreren Iterationsschleifen – ein freigegebenes Produktionsprogramm, in welches auch die bestätigten

Kundenaufträge aus dem Auftragsmanagement einfließen. Die Kapazitäten der gesamten Produktion und der Lieferanten sind hierbei unbedingt zu berücksichtigen. Die planmäßig benötigten Materialen sollten in Gesprächen mit den Lieferanten abgestimmt werden. Das freigegebene Produktionsprogramm legt erstmalig den Plan-Abgang des Kernprozesses Produktion und das realisierbare Absatzprogramm den Plan-Abgang aus dem Kernprozess Versand fest. Die logistischen Zielgrößen, die im Wesentlichen beeinflusst werden, sind im Kernprozess Versand:

- die Lieferfähigkeit, die sich aus der Differenz zwischen Soll- und Plan-Abgang ergibt, und
- für einen Lagerfertiger der Plan-Bestand im Fertigwarenlager und der damit angestrebte Servicegrad gegenüber den Kunden.

Die Lieferzeit und die Liefertermineinhaltung ergeben sich erst bei der Einplanung konkreter Kundenaufträge, die beiden Zielgrößen werden jedoch bereits in dieser frühen Phase der PPS durch Plan-Rückstände und Plan-Rückstandsschwankungen beeinflusst.

5.2 Auftragsmanagement

Über das Auftragsmanagement werden Kundenaufträge in die PPS eingepflegt. Die aus den Kundenaufträgen resultierenden Produktionsaufträge ergänzen das Produktionsprogramm. Abb. 5.9 zeigt die einzelnen Schritte der PPS-Hauptaufgabe Auftragsmanagement. Der Ablauf wird durch konkrete Kundenaufträge ausgelöst. Diese Kundenaufträge bestimmen den Soll-Abgang des Versands für einen Auftragsfertiger. Nach einer Auftragsklärung mit dem Kunden erfolgen eine grobe Terminierung der den Kundenaufträgen zugehörigen Produktionsaufträge sowie die Bestimmung von Sicherheitszeiten, um eventuelle Störungen im Produktionsprozess auszugleichen. Aus der Grobterminierung und der Sicherheitszeitbestimmung ergeben sich Plan-Start- und Plan-Endtermine der kundenauftragsspezifisch herzustellenden Auftragspositionen. Auf dieser Basis wird eine kundenauftragsbezogene Ressourcengrobplanung vorgenommen.

Liegen alle Daten vor, wird überprüft, ob alle Auftragsbestandteile realisierbar sind. Ist das nicht der Fall, muss der Kundenauftrag neu terminiert bzw. geplant werden. Eine Neuterminierung der Kundenaufträge kann auch zu einem späteren Zeitpunkt erforderlich werden, falls bspw. aus der Produktionsbedarfsplanung oder der Fremdbezugsgrobplanung eine Meldung erfolgt, dass ein kundenspezifischer Produktionsauftrag bspw. aufgrund von Terminverzögerungen oder Überlastung einzelner Ressourcen nicht vereinbarungsgemäß realisiert werden kann. Auch Terminverschiebungen durch den Kunden sind nicht ungewöhnlich. Beides ist im Rahmen der Auftragskoordination mit den Kunden abzustimmen, um ggf. neue Liefertermine zu vereinbaren.

Ist der Kundenauftrag realisierbar, kann die Annahme des Kundenauftrags erfolgen. Mit Bestätigung des Auftrags und Kommunikation des Liefertermins zum Kunden hin

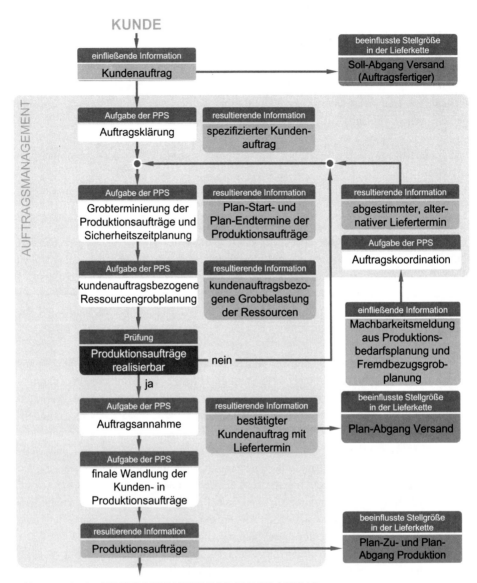

Abb. 5.9 Aufgaben des Auftragsmanagements

wird der Plan-Abgang aus dem Versand bestimmt. Der Kundenauftrag wird dann final in einen oder mehrere Produktionsaufträge gewandelt. Das Ergebnis des Auftragsmanagements sind Produktionsaufträge, die in das Produktionsprogramm einfließen und so die Plan-Zugänge und Plan-Abgänge im Kernprozess Produktion bestimmen.

Entscheidungsrelevante Aufgaben des Auftragsmanagements

Bei der Hauptaufgabe Auftragsmanagement haben zwei Aufgaben unmittelbare Auswirkungen auf die Zielgrößen der unternehmensinternen Lieferkette. Diese sind die Grobterminierung der Produktionsaufträge und Sicherheitszeitplanung und die Auftragsannahme.

Zielkonflikt 4: Grobterminierung der Produktionsaufträge und Sicherheitszeitplanung: *hohe Termineinhaltung versus geringer Fertigwarenbestand und kurze Lieferzeiten*

Erklärung: Je größer die eingeplante Sicherheitszeit, desto mehr Aufträge können termingerecht an den Kunden geliefert werden. Auf der anderen Seite verlängern sich Lieferzeiten und durch verfrüht fertiggestellte Aufträge erhöht sich der Fertigwarenbestand.

Zielkonflikt 5: Auftragsannahme:

Umsatz versus kundenzufriedenheitswirksame Lieferterminabweichungen

Erklärung: Je mehr Kundenaufträge angenommen werden, desto größer ist der Umsatz. Auf der anderen Seite steigt die Gefahr eines (zeitweisen) Rückstands, woraus entsprechende Lieferterminabweichungen resultieren.

5.2.1 Auftragsklärung

Nach Eingang eines Kundenauftrags erfolgt im Rahmen der Auftragsklärung die Spezifizierung der Kundenwünsche, weil im Angebotsstadium häufig noch nicht alle Details geklärt werden können.

5.2.2 Grobterminierung der Produktionsaufträge und Sicherheitszeitplanung

In der folgenden Auftragsgrobterminierung werden die groben Ecktermine zur Auftragsbearbeitung in den einzelnen Produktionsbereichen und ggf. in Konstruktionsabteilungen ermittelt. Prinzipiell kann bei der Terminierung rückwärts oder vorwärts geplant werden. Bei der Vorwärtsterminierung wird ausgehend von einem Plan-Starttermin ein Plan-Endtermin ermittelt. Bei der Rückwärtsterminierung wird geprüft, wann ein Auftrag bei vorgegebenem Endtermin gestartet werden muss und wann er in den einzelnen zu durchlaufenden Bereichen zu bearbeiten ist (vgl. [6]).

Generell wird bei der Terminierung in zwei Schritten vorgegangen. Im ersten Schritt erfolgt je Auftrag eine zeitliche Reihung der einzelnen Arbeitsvorgänge. Im zweiten Schritt wird die Dauer der Arbeitsvorgänge in den einzelnen Produktionsbereichen ergänzt. Die entsprechenden Daten entstammen entweder Schätzwerten auf der Basis vergangener Aufträge, Planwerten aus Standard-Ablaufplänen oder fallweise aus neu berechneten Fristen (vgl. [6]). Reicht ein einfacher Balkenplan zur Darstellung der zeitlichen Verknüpfung nicht aus, was bspw. bei einem mehrstufigen Montageauftrag der Fall sein kann, können Netzpläne genutzt werden. Das Ergebnis ist der voraussichtliche zeitliche Auftragsdurchlauf in den einzelnen Produktionsbereichen. Je nach Fragestellung ergibt sich daraus, wann ein Auftrag – unter der Annahme, dass die benötigte Kapazität in jedem Bereich verfügbar ist – bei bekanntem Fertigstellungstermin gestartet werden muss bzw. wann bei bekanntem Starttermin mit der Fertigstellung zu rechnen ist. Abb. 5.10 veranschaulicht eine Rückwärtsterminierung eines Produktionsauftrags.

Der Plan-Endtermin der Produktion muss nicht dem Plan-Liefertermin zum Kunden entsprechen. Eine negative Differenz dieser beiden Termine – also wenn der Plan-Liefertermin vor dem Plan-Endtermin liegt – lässt darauf schließen, dass der Auftrag nicht termingerecht fertig gestellt und nicht pünktlich an den Kunden ausgeliefert werden kann. Eine positive Differenz zwischen diesen beiden Terminen entspricht einer Pufferzeit. Diese kann als Sicherheitszeit aktiv eingeplant werden. Die Sicherheitszeit soll Störungen im Produktionsprozess ausgleichen, die sich in Streuungen der Durchlaufzeiten und damit in Abweichungen im Abgangsterminverhalten der Produktion widerspiegeln.

Mit der Einstellung einer Sicherheitszeit im PPS-System eines Unternehmens werden die logistischen Zielgrößen im Kernprozess Versand für den auftragsspezifischen Teil beeinflusst. Dies verdeutlicht Abb. 5.11. Teil a zeigt einen generischen Auftragsdurchlauf mit n Arbeitsvorgängen. Dem Auftrag liegen ein Plan-Starttermin, ein Plan-Endtermin und ein Plan-Liefertermin zugrunde. Das hinterlegte Histogramm um den Plan-Endtermin zeigt die Verteilung der Abgangsterminabweichungen aller Produktionsaufträgen des Produktionsbereichs aus einem Untersuchungszeitraum in der Vergangenheit. Wird keine Sicherheitszeit eingeplant, entspricht die Plan-Lieferzeit der Plan-Durchlaufzeit der Produktionsaufträge durch den betrachteten Produktionsbereich und der Plan-Liefer-

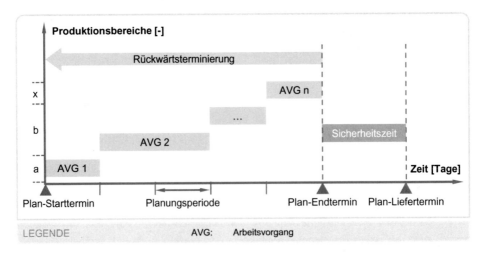

Abb. 5.10 Auftragsgrobterminbestimmung per Rückwärtsterminierung (In Anlehnung an Wiendahl [7])

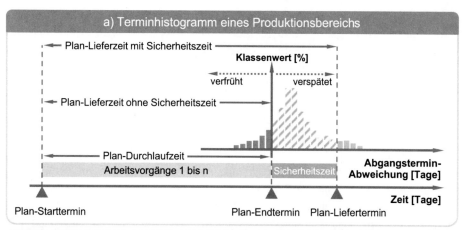

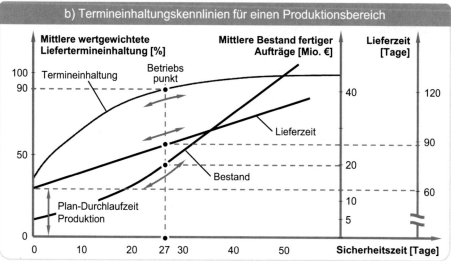

Abb. 5.11 Auswirkung der Sicherheitszeit auf die logistischen Zielgrößen

termin fällt auf den Plan-Endtermin der Produktion. In diesem Fall und unter Berücksichtigung der Abgangsterminabweichungsverteilung aus der Vergangenheit kann nur ein
geringer Teil der Aufträge termingerecht an Kunden ausgeliefert werden. Statistisch betrachtet handelt es sich um den Anteil der rechtzeitig (verfrüht und pünktlich) fertig gestellten Aufträge, deren Histogrammklassen dunkelgrau dargestellt sind. Alle anderen
Aufträge können nur mit einer Verzögerung an den Kunden geliefert werden.

Wird im Rahmen der Auftragsgrobterminierung eine Sicherheitszeit eingeplant, kann
neben den verfrüht fertig gestellten Aufträgen ein im Produktionsbereich verspätet fertiggestellter Auftrag (Ist-Fertigstellungstermin liegt zeitlich nach dem Plan-
Fertigstellungstermin) noch zum Plan-Liefertermin an den Kunden geliefert werden, sofern die Verspätung kleiner als die eingeplante Sicherheitszeit ist. Im Histogramm

entspricht dieser Fall den dunkelgrauen und den schraffierten Balken. Bei der Dimensionierung einer Sicherheitszeit ist zu berücksichtigen, dass diese zu Beständen und Bestandskosten führt, da fertiggestellte Produkte warten müssen, bis sie an Kunden ausgeliefert werden. Zudem verlängert sich die Plan-Lieferzeit an den Kunden, da sich die Plan-Lieferzeit aus der Plan-Durchlaufzeit und der Sicherheitszeit zusammensetzt. Unternehmen müssen sich daher im Spannungsfeld zwischen einer hohen Liefertermineinhaltung, kurzen Lieferzeiten und niedrigen Beständen positionieren. Der PPS-Parameter Sicherheitszeit ist hierbei die Einflussgröße.

Die Termineinhaltungskennlinien (vgl. [8]) in Teil b von Abb. 5.11 veranschaulichen den Zielkonflikt und ermöglichen eine quantitative Positionierung im vorliegenden Spannungsfeld. Die abgebildeten Termineinhaltungskennlinien entstammen einem praktischen Anwendungsbeispiel eines Anlagenbauers mit einem Jahresumsatz von etwa 300 Mio. €. In der Ausgangssituation ist eine Sicherheitszeit von 27 Tagen eingeplant. Die Liefertermineinhaltung beträgt 90 %, der Fertigwarenbestand aufgrund zu früh fertiggestellter Aufträge liegt im Mittel etwa bei 20 Mio. €, die Plan-Lieferzeit entspricht knapp 90 Tagen.

Soll nun bspw. eine höhere Termineinhaltung gegenüber dem Kunden realisiert werden, muss eine erhöhte Sicherheitszeit eingeplant werden. Die Lieferzeit steigt linear mit der Sicherheitszeit. Die Steigung der Liefertermineinhaltungskennlinie nimmt mit zunehmender Sicherheitszeit ab; die Steigung der Fertigwarenbestandskennlinie nimmt hingegen zu und nähert sich einem Grenzwert an. Ab diesem Grenzwert verhält sich der Fertigwarenbestand proportional zur Sicherheitszeit.

Soll bspw. eine kürzere Lieferzeit gegenüber den Kunden erreicht werden, so kann eine Verkürzung der Sicherheitszeit dies unterstützen. Das Unternehmen muss in dem in Abb. 5.11 dargestellten Fall zu diesem Zweck eine Absenkung der Termineinhaltung in Kauf nehmen. Auf der anderen Seite würde sich auch der Fertigwarenbestand reduzieren.

Zielkonflikt 4

Bei der Einplanung von Sicherheitszeiten für kundenspezifische Produktionsaufträge liegt ein Zielkonflikt zwischen einer hohen Termineinhaltung gegenüber den Kunden auf der einen Seite und einem hohen Fertigwarenbestand durch zu früh fertiggestellte Produktionsaufträge und langen Lieferzeiten auf der anderen Seite vor.

Wie dieses Beispiel verdeutlicht, ist die Sicherheitszeit ein PPS-Parameter, um sich im Spannungsfeld zum Teil gegenläufiger Zielgrößen zu positionieren. Der Parameter Sicherheitszeit ist jedoch nur mit Vorsicht zu verändern. Es besteht die Gefahr, dass mit einer Erhöhung der Sicherheitszeit der Fehlerkreis der Fertigungssteuerung angestoßen wird, wenn die Sicherheitszeit nicht ausschließlich als Notpuffer betrachtet wird, sondern bereits als Reserve in die Terminierung der einzelnen Aufträge einfließt. Dann würde mit verlängerten Plan-Durchlaufzeiten gearbeitet und die Ist-Durchlaufzeiten der Aufträge sowie ihre Streuung zunehmen. Um diese Störungen auszugleichen, müsste wiederum die

Sicherheitszeit weiter erhöht werden. Der Fehlerkreis der Fertigungssteuerung wäre durchlaufen (vgl. [9]).

5.2.3 Kundenauftragsbezogene Ressourcengrobplanung

Nach der Grobterminierung und der Bestimmung der Sicherheitszeit sind die Plan-Start- und Plan-Endtermine der Aufträge in den einzelnen Bereichen des Unternehmens in einem ersten Wurf fixiert. Wichtig ist hierbei die Grobterminierung und anschließend die Ressourcengrobplanung nicht nur auf die direkten Bereiche im Kernprozess Produktion zu beschränken, sondern indirekte Bereiche (bspw. einen Konstruktionsbereich, sofern zur Erfüllung des Kundenauftrags Engineeringtätigkeiten vorzunehmen sind) ebenfalls zu berücksichtigen. Anschließend werden die in den einzelnen Bereichen benötigten Kapazitäten mit dem verfügbaren Kapazitätsangebot abgeglichen. Kann der Kapazitätsbedarf nicht exakt bestimmt werden, muss auf Schätz- oder Erfahrungswerte zurückgegriffen werden. Die kundenauftragsbezogene Ressourcengrobplanung findet verdichtet auf Abteilungs- oder Bereichsebene statt und dient in erster Linie dazu, die Machbarkeit eines Auftrags zu prüfen (vgl. [3]). Der Abgleich des Kapazitätsbedarfs mit dem Kapazitätsangebot kann wie in Abb. 5.12 dargestellt erfolgen.

Zu sehen ist ein generisches Kapazitätskonto eines Produktionsbereichs mit einem Planungshorizont von 12 Wochen. Dieser Produktionsbereich hat eine angenommene Plan-Kapazität von 400 Produkten pro Woche. Mit dem Eingang neuer Kundenaufträge werden nun sukzessiv die Plan-Primärbedarfe im Produktionsprogramm durch kundenspezifische Produktionsaufträge substituiert. Für die ersten drei Wochen im Planungshorizont sind in der Planung nur noch Produktionsaufträge und keine Plan-Bedarfe mehr

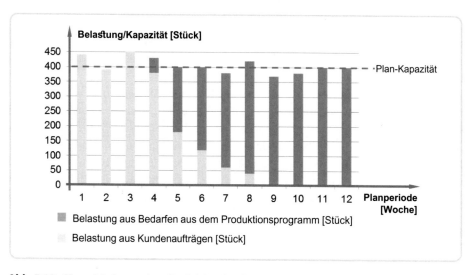

Abb. 5.12 Kapazitätskonto eines Produktionsbereichs

abgebildet. Die Planperioden 4 bis 8 zeigen einen Mix aus Plan-Bedarfen und Produktionsaufträgen, während für die Planperioden 9 bis 12 nur Plan-Primärbedarfe vorliegen.

5.2.4   Auftragsannahme

Werden nun die kundenspezifischen Produktionsaufträge als realisierbar eingestuft, erfolgt die Annahme des Kundenauftrags. Je mehr Kundenaufträge für eine Planungsperiode
eingehen, desto größer sind der Absatz und der damit verbundene Umsatz des Unternehmens. Werden jedoch zu viele Aufträge angenommen, droht im geplanten Produktionsbereich Rückstand. Arbeitet dieser Produktionsbereich am Auslastungsmaximum, kann
der Rückstand kurzfristig nicht aufgeholt werden. Die Folge ist eine entsprechende
Terminabweichung aller mit Rückstand gefertigten Aufträge. Kann der Rückstand wieder
aufgeholt werden – entweder durch eine Unterlast des Produktionsbereichs in folgenden
Planungsperioden oder durch eine Kapazitätsanpassung – ist zumindest eine zeitliche
Schwankung des Rückstands mit den entsprechenden Streuungen der Abgangsterminabweichung die Folge.

Zielkonflikt 5

Bei der Annahme von Kundenaufträgen liegt ein Zielkonflikt zwischen einem hohen
Umsatz, der durch die Annahme vieler Kundenaufträge realisiert werden kann, und
einem hohen Rückstand bzw. einer Schwankung des Rückstands durch eine Überlastung der Kapazitäten vor, was zu einer mangelnden Termineinhaltung führt.

Im Beispiel in Abb. 5.12 können im betrachteten Produktionsbereich 400 Produkte pro
Woche gefertigt werden. Dies entspricht einer Tagesleistung von 80 Stück bei einer unter-
stellten fünftägigen Arbeitswoche. Die angenommenen Kundenaufträge überlasten den
betrachteten Produktionsbereich in einigen Planperioden (z. B. Woche 1 oder 3). Andere
Planperioden weisen eine Unterlast auf. Hieraus resultiert eine zeitliche Schwankung des
Rückstands im Zeitverlauf, welcher in Abb. 5.13 dargestellt ist.

Der Rückstand schwankt zwischen 30 und 110 Produktionseinheiten. Allein aus den
Rückstandsschwankungen resultiert eine Streuung der Abgangsterminabweichung von
knapp einem halben bis eineinhalb Tagen – zusätzliche Effekte, wie Reihenfolgevertauschungen, sind hier nicht berücksichtigt. Das Unternehmen muss nun prüfen, ob es
Kundenaufträge in spätere Planungsperioden verschieben kann, um einen Rückstand zu
vermeiden. Das Ablehnen von Kundenaufträgen scheint für dieses Beispiel noch nicht
notwendig, da bei Betrachtung aller 12 Planperioden die Belastung und die zur Verfügung
stehende Kapazität in etwa übereinstimmen und somit die Kapazitäten nicht dauerhaft
überlastet sind.

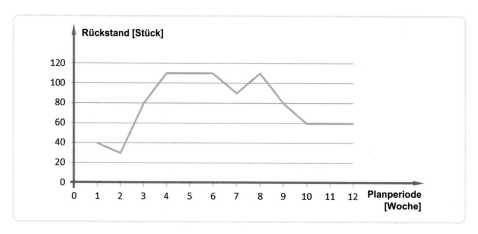

Abb. 5.13 Rückstandsverlauf eines Produktionsbereichs

5.2.5 Finale Wandlung der Kunden- in Produktionsaufträge

Die angenommenen Kundenaufträge werden nun in einem abschließenden Schritt final in Produktionsaufträge gewandelt. Diese PPS-Aufgabe stellt einen reinen Programmschritt im eingesetzten PPS-System dar. Zielkonflikte liegen bei der Wandlung der Kunden- in Produktionsaufträge nicht vor. Sollten im weiteren Prozess der Auftragsabwicklung eine Umplanung der kundenspezifischen Produktionsaufträge erforderlich sein, so ist dies im Rahmen der PPS-Aufgabe Auftragskoordination mit den Kunden abzustimmen.

Das Ergebnis des Auftragsmanagements sind die angenommenen Kundenaufträge mit bestätigtem Liefertermin. Diese bestimmen den Plan-Abgang des Versands. Aus dem Vergleich von Soll-Abgang (eingehende Kundenaufträge) und Plan-Abgang (bestätigte Kundenaufträge) ergibt sich die logistische Zielgröße Lieferfähigkeit im Kernprozess Versand. Die kundenspezifischen Produktionsaufträge ersetzen nach und nach die Plan-Bedarfe im Produktionsprogramm und fließen als kundenspezifische Produktionsaufträge in das Produktionsprogramm ein. Die kundenspezifischen Produktionsaufträge wirken sich auf die Plan-Zugänge und Plan-Abgänge im Kernprozess Produktion aus und haben somit unmittelbaren Einfluss auf die logistischen Zielgrößen in diesem Kernprozess. Zudem sind in kundenspezifischen Produktionsaufträgen bereits Sicherheitszeiten eingeplant. Hierdurch werden die logistischen Zielgrößen Liefertermineinhaltung, Lieferzeit und Fertigwarenbestand im Kernprozess Versand unmittelbar beeinflusst.

5.3 Sekundärbedarfsplanung

Nach der Produktionsprogrammplanung und dem Auftragsmanagement erfolgt die Sekundärbedarfsplanung, deren Ablauf Abb. 5.14 visualisiert. Aus dem Produktionsprogramm werden die Sekundärbedarfe für die Fertigerzeugnisse abgeleitet. Bei den

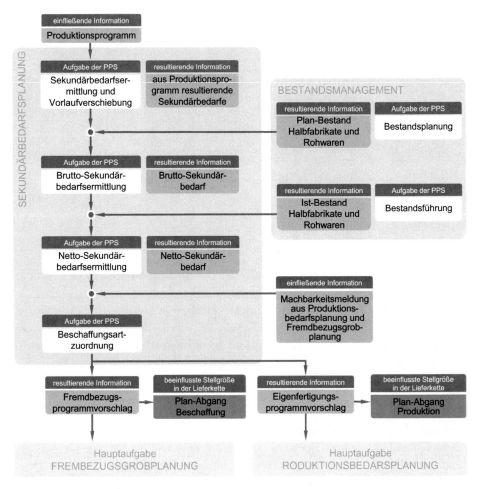

Abb. 5.14 Aufgaben der Sekundärbedarfsplanung

Sekundärbedarfen handelt es sich um Halbfabrikate oder Rohwaren. Die Halbfabrikate (einzelne Artikel oder Baugruppen) werden über einen Beschaffungsprozess fremdbezogen oder in eigenen Produktion in Vorfertigungsbereichen oder Vormontagen hergestellt und anschließend wieder im Kernprozess Produktion, bspw. in einer Endmontage zur Finalisierung bereitgestellt. Die fremd zu beziehenden Rohwaren fließen über einen Beschaffungsprozess dem Kernprozess Produktion zu. Für die ermittelten Sekundärbedarfe wird anschließend eine Vorlaufverschiebung vorgenommen.

Zusätzlich legt das Unternehmen Plan-Bestände für Halbfabrikate und Rohwaren zur Deckung von Sekundärbedarfen im Rahmen der PPS-Hauptaufgabe Bestandsmanagement fest. Zusammen ergeben der Plan-Bestand an Halbfabrikaten und Rohwaren und die aus dem Produktionsprogramm abgeleiteten Sekundärbedarfe den Brutto-Sekundärbedarf.

Aus dem Abgleich des Brutto-Sekundärbedarfs mit dem Ist-Bestand an Halbfabrikaten und Rohwaren resultiert der Netto-Sekundärbedarf. Alle benötigten Artikel und Baugruppen werden anschließend einer Beschaffungsart – entweder Eigenfertigung oder Fremdbezug – zugeordnet. Falls aus der Produktionsbedarfsplanung oder der Fremdbezugsgrobplanung eine Meldung erfolgt, dass ein Beschaffungs- oder ein Produktionsauftrag nicht realisierbar ist, bspw. aufgrund von Lieferengpässen, kann die Beschaffungsartzuordnung noch mal überdacht werden.

> **Entscheidungsrelevante Aufgaben der Sekundärbedarfsplanung**
> Bei der PPS-Hauptaufgabe Sekundärbedarfsplanung wirken sich drei Aufgaben direkt auf die logistischen Zielgrößen der unternehmensinternen Lieferkette aus. Dies sind die Sekundärbedarfsermittlung und Vorlaufverschiebung, die Bestandsplanung der Halbfabrikate und Rohwaren und die Beschaffungsartzuordnung.
>
> **Zielkonflikt 6:** Sekundärbedarfsermittlung und Vorlaufverschiebung:
> *hohe Verfügbarkeit von Halbfabrikaten und Rohwaren zur Sekundärbedarfsdeckung versus niedriger Halbfabrikate- und Rohwarenbestand*
> Erklärung: Je größer der eingeplante Vorlauf, desto höher ist die Wahrscheinlichkeit, dass die benötigten Halbfabrikate und Rohwaren zur Deckung der Sekundärbedarfe zum Bedarfszeitpunkt verfügbar sind. Jedoch verursachen lange Vorlaufzeiten hohe Bestände und ggf. lange Durchlaufzeiten.
>
> **Zielkonflikt 7:** Bestandsplanung der Halbfabrikate und Rohwaren:
> *Lagerbestand an Halbfabrikaten und Rohwaren versus termingerechte Bereitstellung in der Produktionsendstufe*
> Erklärung: Je höher der Lagerbestand, desto mehr Nachfragen an das Lager können unmittelbar bedient werden. Also steigt der Servicegrad. Auf der anderen Seite verursacht der Lagerbestand Kosten für Kapitalbindung, Handhabungsaufwand, Lagerfläche etc.
>
> **Zielkonflikt 8:** Beschaffungsartzuordnung:
> *hier überlagern sich verschiedene Zielkonflikte*
> Erklärung: Wichtige, bei der Beschaffungsartzuordnung zu berücksichtigende und teilweise gegenläufige Zielgrößen sind die Herstellkosten, die Auslastung eigener Ressourcen, die Durchlaufzeiten oder die Sicherung von Know-how.

Kernergebnis der Sekundärbedarfsplanung sind ein Fremdbezugs- und ein Eigenfertigungsprogrammvorschlag. Der Fremdbezugsprogrammvorschlag legt den Plan-Abgang der Beschaffung fest. Der Eigenfertigungsprogrammvorschlag ist nun neben den Primärbedarfen aus dem Produktionsprogramm um die Sekundärbedarfe ergänzt. Er legt somit die Plan-Abgänge der Produktion fest.

5.3.1 Sekundärbedarfsermittlung und Vorlaufverschiebung

Um den Sekundärbedarf für die Erzeugnisse aus dem Produktionsprogramm abzuleiten, stehen prinzipiell drei Ansätze zur Verfügung (Abb. 5.15):

- deterministische Bedarfsermittlung,
- stochastische Verfahren und
- heuristische Verfahren.

Bei der Sekundärbedarfsermittlung nach dem deterministischen Ansatz werden die Stücklisten der Fertigerzeugnisse aufgelöst, um die Bedarfe an Baugruppen und Einzelteilen zu ermitteln. In Kombination mit den Mengen an Fertigerzeugnissen aus dem Produktionsprogramm können so die Sekundärbedarfe zur Herstellung der Fertigerzeugnisse bestimmt werden. Die deterministische Bedarfsermittlung wird in erster Linie für kundenspezifische Produkte eingesetzt, um hier u. a. das Verschrottungsrisiko möglichst gering zu halten, oder für Produkte mit hohem Wert bzw. mit großem Volumen, um die Kapitalbindung bzw. die Bindung von Flächen und Lagerkapazitäten zu minimieren.

Im Rahmen der stochastischen Bedarfsermittlung werden zur Ermittlung der Sekundärbedarfe Prognoseverfahren wie die exponentielle Glättung genutzt. Hierbei fließen Verbrauchsstatistiken aus der Vergangenheit und Verbrauchsprognosen für die Zukunft in die Sekundärbedarfsermittlung ein. Diese Art der Bedarfsermittlung wird oft für Artikel eingesetzt, die einen mittleren Artikelwert haben.

Bei der Anwendung heuristischer Verfahren basiert die Sekundärbedarfsermittlung auf der erfahrungsbasierten Abschätzung zukünftiger Bedarfe. Diese Form der Bedarfs-

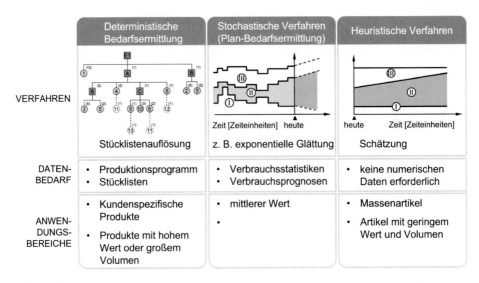

Abb. 5.15 Ansätze der Bedarfsermittlung (in Anlehnung an Wiendahl [6])

ermittlung wird für geringwertige Artikel mit geringem Volumen eingesetzt. Vielfach erfolgt die Bedarfsdeckung für solche Artikel heute überhaupt nicht mehr über Einzelbestellungen, sondern durch kleine Läger am Verbrauchsort, die von einem Lieferanten regelmäßig aufgefüllt werden.

Der Bedarf an Halbfabrikaten und Rohwaren (Sekundärbedarf) entsteht zeitlich vor dem Bedarf des zugehörigen Fertigerzeugnisses (Primärbedarf). Der Grund hierfür ist die zur Herstellung des Fertigerzeugnisses aus den Halbfabrikaten und Rohwaren benötigte Zeitdauer (Durchlaufzeit). Dieser zeitliche Versatz wird über eine Vorlaufverschiebung berücksichtigt. Eine Vorlaufverschiebung ist dann erforderlich, wenn die Sekundärbedarfe direkt aus den Primärbedarfen abgeleitet werden wie bei der deterministischen Bedarfsermittlung. Abb. 5.16 veranschaulicht das Prinzip anhand eines generischen Fristenplans eines Montageprodukts mit drei Montagekomponenten (zwei Beschaffungsteile und ein Eigenfertigungsteil). Die Sekundärbedarfe werden zeitlich aus der Zukunft in Richtung Gegenwart um die Vorlaufzeit verschoben (vgl. [10]). Es ist sinnvoll, bei der Ermittlung der Vorlaufzeiten die Anzahl der Arbeitsvorgänge der mit den Sekundärbedarfen zu produzierenden Fertigerzeugnisse und die jeweiligen Plan-Durchlaufzeiten an den zu durchlaufenden Arbeitssystemen zu berücksichtigen.

Eine andere in der Praxis eher selten vorzufindende Möglichkeit ist es, den zeitlichen Versatz im Rahmen einer Umlaufverschiebung über einen definierten (Umlauf-)Bestand zu berücksichtigen. Die Umlaufverschiebung ist hinsichtlich des Steuerungsaufwands einfacher als die Vorlaufverschiebung, da für die einzelnen Bedarfe nicht immer wieder eine

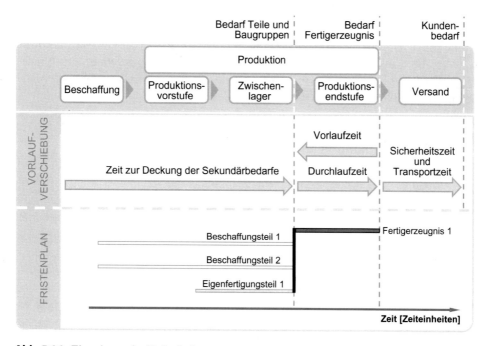

Abb. 5.16 Einordnung der Vorlaufzeit

Verschiebung der Bedarfszeitpunkte erforderlich ist. Die Umlaufverschiebung bietet sich in der Serienproduktion mit konstanten Bedarfen an, da der definierte Umlaufbestand an die Bedarfsraten der Fertigerzeugnisse anzupassen ist. Häufig wird sie in Kombination mit dem Fortschrittszahlenprinzip eingesetzt. Bei eher sporadisch auftretenden Primärbedarfen ist eine Vorlaufverschiebung vorteilhaft, um nicht unnötige Bestände an Halbfabrikaten und Rohwaren vorhalten zu müssen (vgl. [4]).

Je länger die eingeplanten Vorlaufzeiten sind, desto größer ist die Wahrscheinlichkeit, dass die zur Herstellung der Primärbedarfe erforderlichen Sekundärbedarfe auch tatsächlich zum Bedarfszeitpunkt zur Verfügung stehen. Werden zu kurze Vorlaufzeiten eingeplant, so besteht tendenziell das Risiko, dass bei auftretenden Störungen in der Produktion oder auch bei Lieferanten der Sekundärbedarf nicht gedeckt werden kann. Eine länger gewählte Vorlaufzeit erhöht zudem die Flexibilität der Produktion zur Finalisierung der Endprodukte, da tendenziell Halbfabrikate und Rohwaren frühzeitig zur Verfügung stehen und Vertauschungen der Plan-Reihenfolge in der Produktion dadurch ermöglicht werden, um bspw. auf Abweichungen zwischen den Plan- und Ist-Bedarfen an Fertigerzeugnissen oder auf sich ändernde Kundenwünsche zeitnah reagieren zu können. Auf der anderen Seite werden durch lange Vorlaufzeiten die Bestände an Halbfabrikaten und Rohwaren in plangetriebenen Lagerstufen in den Kernprozessen Beschaffung und im Zwischenlager im Kernprozess Produktion erhöht. Die Festlegung der Vorlaufzeit wirkt sich somit auf die Termineinhaltung und die Flexibilität der Produktion sowie den Bestand an Halbfabrikaten und Rohwaren aus.

Zielkonflikt 6

Bei der Einplanung von Vorlaufzeiten liegt ein Zielkonflikt zwischen einer tendenziell hohen Termineinhaltung und hohen Flexibilität der Produktion gegenüber den Kunden auf der einen Seite und einem hohen Bestand durch sehr früh bereitgestellte Halbfabrikate und Rohwaren auf der anderen Seite vor.

5.3.2 Bestandsplanung der Halbfabrikate und Rohwaren

Um eine Brutto- und Netto-Sekundärbedarfsermittlung durchführen zu können, müssen zunächst die Plan-Bestände an Halbfabrikaten und Rohwaren in der PPS-Hauptaufgabe Bestandsmanagement bestimmt werden. Wie der Plan-Bestand eines Artikels ermittelt werden kann, hängt davon ab, wie dieser im Kernprozess Produktion im Zwischenlager bzw. im Kernprozess Beschaffung disponiert wird. Hierbei sind drei Merkmale maßgeblich:

- die Art der Entkopplung (mengen- und zeitmäßig oder nur zeitmäßig),
- die Art der Disposition der Halbfabrikate und Rohwaren (verbrauchsgesteuert oder bedarfsgesteuert) und

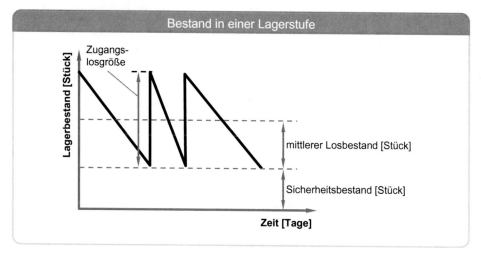

Abb. 5.17 Bestand in einer Lagerstufe bei mengen- und zeitmäßiger Entkopplung

- die Art der Kompensierung von Prozessstörungen (Sicherheitsbestand oder Sicherheitszeit oder keine derartigen Maßnahmen).

Bei der Betrachtung des Bestands an Halbfabrikaten und Rohwaren ist zwischen den Bestandsarten Sicherheitsbestand und Losbestand zu unterscheiden. Der Sicherheitsbestand hat die Funktion, Störungen im Prozessablauf auszugleichen. Der Losbestand hat die Funktion, Quellen und Senken voneinander zu entkoppeln. Findet eine mengen- und zeitmäßige Entkopplung der Primär- und Sekundärbedarfe durch ein Zwischenlager im Kernprozess Produktion oder ein Rohwarenlager im Kernprozess Beschaffung statt, so wird von einer Lagerung gesprochen. Bei einer rein zeitmäßigen Entkopplung wird von einer Pufferung gesprochen. Abb. 5.17 zeigt den idealisierten Bestandsverlauf eines Lagerartikels in einer Lagerstufe bei mengen- und zeitmäßiger Entkopplung.

In bestimmten zeitlichen Abständen gehen der Lagerstufe in einem Vorfertigungs- oder Vormontagebereich fertiggestellte oder fremdbezogene Artikel zur Deckung der Sekundärbedarfe zu, die später in Abhängigkeit der Losgrößen zur Herstellung der Endprodukte in der Produktion mehr oder weniger kontinuierlich aus dem Zwischenlager oder dem Rohwarenlager entnommen werden. Der Zugangszeitpunkt wird durch das für die Lagerstufe eingesetzte Dispositionsverfahren bestimmt (bspw. Bestellbestandsverfahren, Kanban oder plangetriebene Auffüllung der Lagerstufe).

Der mittlere Losbestand entspricht in guter Näherung der halben Zugangslosgröße (vgl. Kap. 2). Dies gilt sowohl für verbrauchsgesteuerte Artikel als auch für bedarfsgesteuerte Artikel, sofern davon ausgegangen werden kann, dass der Lagerartikel mit einer konstanten Zugangslosgröße aufgefüllt wird.

Wird zur Kompensation von Störungen im Prozess ein Sicherheitsbestand eingeplant, so lässt sich dieser für einen angestrebten Servicegrad von 100 % gemäß Kap. 2 berechnen.

Der Sicherheitsbestand sollte Bedarfsratenschwankungen auf der Abgangsseite sowie Mengen- und Terminabweichungen auf der Zugangsseite berücksichtigen. Über die Verwendung der Servicegradkennlinie lässt sich, wie in Abschn. 5.1.2 zur Bestimmung der Fertigwarenbestände beschrieben, der Sicherheitsbestand für einen angestrebten Ziel-Servicegrad bestimmen, der auch unter dem 100 %-Wert liegen kann.

Erfolgt die Entkopplung der Aufträge zur Deckung der Primär- und Sekundärbedarfe nur zeitmäßig durch einen Puffer, dann werden die Halbfabrikate und Rohwaren in der Regel bedarfs- bzw. planorientiert disponiert. Die Notwendigkeit der zeitlichen Entkopplung der Aufträge zur Deckung der Sekundärbedarfe und der Primärbedarfe ergibt sich bspw., wenn Aufträge zum Belastungsabgleich vorgezogen werden oder wenn Produktionsaufträge für Sekundärbedarfe zur Reduzierung von Rüstaufwendungen zusammengefasst werden. Der Losbestand kann in diesem Fall nicht über die halbe Zugangslosgröße abgeschätzt werden. Der Bestandsverlauf im allgemeinen Lagermodell hat keinen sägezahnförmigen Verlauf, sondern ähnelt eher Burgzinnen (vgl. Abb. 5.18). In diesem Fall ist der Losbestand in erster Linie abhängig von der Zu- bzw. Abgangslosgröße und der Zeitdauer, in welcher die Aufträge in der Lagerstufe gepuffert werden (Verweilzeit).

Die Verweilzeit eines Auftrags setzt sich aus verschiedenen Zeitanteilen zusammen. Sie ergibt sich aus der planmäßigen Liegezeit des Auftrags im Kernprozess Zwischenlager, der Terminabweichung des Abgangs und der Terminabweichung im Zugang:

$$\text{Verweilzeit}[\text{Tage}] = \text{planmäßige Liegezeit im Zwischenlager}[\text{Tage}]$$
$$+\text{Terminabweichung Zugang}[\text{Tage}]$$
$$+\text{Terminabweichung Abgang}[\text{Tage}] \qquad \text{(Gl. 5.1)}$$

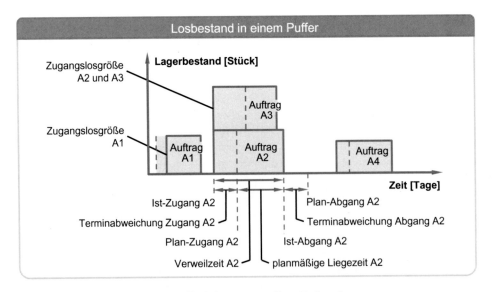

Abb. 5.18 Losbestand in einem Puffer bei mengenmäßiger Entkopplung

Die Terminabweichung im Zugang kann sich aufgrund von Störungen in der Produktion oder beim Lieferanten ergeben. Es kann auch zu einer Terminabweichung gegenüber der ursprünglichen Planung durch einen zeitlichen Vorzug des Auftrags zwecks Belastungsabgleich oder durch das Zusammenfassen von Aufträgen zu größeren Produktionslosen kommen.

Der über einen Untersuchungszeitraum gemittelte Losbestand eines planmäßig disponierten und rein zeitmäßig entkoppelten Artikels lässt sich aus dem Produkt der Verweilzeit und der Losgröße der zwischengepufferten Aufträge (graue Flächen in Abb. 5.18) im Verhältnis zum Untersuchungszeitraum berechnen. Für den mittleren Losbestand eines Artikels in einem Puffer gilt näherungsweise:

$$\text{mittlerer Losbestand}\,[\text{Stück}] = \frac{\text{mittlere Verweilzeit}\,[\text{Tage}] \quad \text{mittlere}}{\text{Losgröße}\,[\text{Stück}] \quad \text{Anzahl Lose im UZ}\,[-]}{\text{Untersuchungszeitraum}\,(\text{UZ})\,[\text{Tage}]} \quad (\text{Gl. } 5.2)$$

Zur Kompensation von Prozessstörungen wird bei rein zeitmäßig entkoppelten Artikeln häufig mit einer Sicherheitszeit gearbeitet. Die Sicherheitszeit lässt sich wie die Sicherheitszeit für kundeauftragsspezifisch herzustellende Fertigerzeugnisse berechnen (vgl. Abschn. 5.2.2). Ausschlaggebend ist die Terminabweichungsverteilung im Zugangsprozess (Beschaffung oder Vorfertigungs- bzw. Vormontagebereich im Kernprozess Produktion). Schwankungen der Bedarfsrate auf der Abgangsseite werden in diesem Fall nicht berücksichtigt. Werden nun die Plan-Bestände aller Artikel aufsummiert, so ergibt sich der Plan-Bestand im Kernprozess Zwischenlager.

Zielkonflikt 7

Bei der Planung der Bestände für Halbfabrikate und Rohwaren zur Deckung der Sekundärbedarfe liegt ein Zielkonflikt zwischen einem hohen Servicegrad bzw. einer hohen Verfügbarkeit der Artikel und einem niedrigen Bestand an Halbfabrikaten und Rohwaren vor.

5.3.3 Brutto-Sekundärbedarfsermittlung

Der Plan-Lagerbestand der Artikel zur Deckung der Sekundärbedarfe und die ermittelten Sekundärbedarfe ergeben den Brutto-Sekundärbedarf.

5.3.4 Bestandsführung Halbfabrikate und Rohwaren und Netto-Sekundärbedarfsermittlung

Anschließend ist aus dem Brutto-Sekundärbedarf der Netto-Sekundärbedarf zu ermitteln (vgl. Abb. 5.19). Der Netto-Sekundärbedarf eines Artikels ergibt sich aus dem Brutto-Sekundärbedarf zzgl. den Reservierungen einzelner Positionen und dem Plan-Lagerbestand abzüglich des Ist-Lagerbestands im Zwischenlager im Kernprozess Produktion und im

Netto-Sekundärbedarfsermittlung

    Brutto-Sekundärbedarf

+ Reservierungen

+ Plan-Lagerbestand in den Kernprozessen Zwischenlager und Beschaffung

- Ist-Lagerbestand in den Kernprozessen Zwischenlager und Beschaffung

- Auftragsbestand zur Deckung von Sekundärbedarfen in der Produktion

- bereits bestellter Bestand

= Netto-Sekundärbedarf

Abb. 5.19 Netto-Sekundärbedarfsermittlung

Kernprozess Beschaffung und dem Auftragsbestand in der Produktion sowie den bereits bei Lieferanten bestellten Halbfabrikaten und Rohwaren.

5.3.5 Beschaffungsartzuordnung

Nach der Ermittlung der Netto-Sekundärbedarfe muss festgelegt werden, wie die einzelnen Artikel zu beschaffen sind. Dies geschieht im Rahmen der Beschaffungsartzuordnung. Im Ablauf der PPS ist diese Aufgabe in der Hauptaufgabe Sekundärbedarfsplanung verortet. In der Regel wird diese Entscheidung jedoch generell für einen Artikel getroffen und die Beschaffungsart in den Artikelstammdaten hinterlegt. Die Entscheidung kann jedoch auch fallweise erfolgen. Es existieren zwei Möglichkeiten, Artikel zur Deckung von Bedarfen zu beschaffen: Sie können selbst hergestellt werden oder am Markt fremdbezogen werden. Die Beschaffungsartzuordnung hat einen unmittelbaren Einfluss auf die Wertschöpfungstiefe eines Unternehmens (vgl. auch [3]). Auf die generelle Zuordnung eines Artikels zu einer Beschaffungsart (auch als Make-or-Buy-Entscheidung bekannt) haben verschiedene Aspekte Einfluss. Dies sind u. a.:

- die Herstellkosten in der eigenen Produktion und bei externen Partnern,
- die technische Fähigkeit, einen Artikel in der geforderten Qualität in der eigenen Produktion herzustellen,
- die Durchlaufzeit für die Artikel in der eigenen Produktion und die Durchlaufzeit bei externen Partnern sowie
- Bestrebungen zur Sicherung der Kernkompetenzen des Unternehmens.

Eine gute Übersicht über Gründe für Eigenfertigung bzw. Fremdbezug liefern Beckmann und Schmitz (vgl. [11]). Kurzfristig wirken sich auf die Beschaffungsartzuordnung auch kapazitive Betrachtungen aus. Sind eigene Ressource im Rückstand und auch weiterhin zumindest temporär überlastet, so kann es sich anbieten, Artikel, die eigentlich in der eigenen Produktion hergestellt werden sollen, fremd zu beschaffen, um die Belastung der eigenen Kapazitäten zu reduzieren und einen ggf. drohenden Rückstand zu vermeiden. Dies kann aus einer ganzheitlichen Betrachtung heraus auch dann sinnvoll sein, wenn der Fremdbezug teurer ist als die Eigenfertigung. Ähnliche Überlegungen lassen sich im umgekehrten Fall anstellen, wenn der Fremdbezug von Artikeln kostengünstiger ist als die Eigenfertigung, jedoch die eigenen Ressourcen nur unzureichend ausgelastet sind.

Zielkonflikt 8

Bei der Beschaffungsartzuordnung überlagern sich diverse Zielkonflikte. Wichtige, teils gegenläufige Zielgrößen sind die Herstellkosten, die Auslastung eigener Ressourcen, die Durchlaufzeiten zur Herstellung der Artikel und die Sicherung von Know-how.

5.4 Fremdbezugsgrobplanung

Der Fremdbezugsprogrammvorschlag aus der Sekundärbedarfsplanung stößt die Fremdbezugsgrobplanung an. Der Fremdbezugsprogrammvorschlag enthält zu beschaffende Artikel zur Deckung der Primär- und Sekundärbedarfe. Die Primärbedarfe sind aus der Produktionsprogrammplanung und dem Auftragsmanagement und die Sekundärbedarfe aus der Sekundärbedarfsplanung bekannt. Abb. 5.20 zeigt die Aufgabenfolge der Fremd-

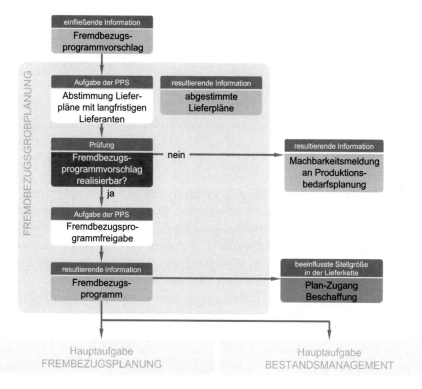

Abb. 5.20 Aufgaben der Fremdbezugsgrobplanung

bezugsgrobplanung. Die aus dem Fremdbezugsprogrammvorschlag abzuleitenden Lieferpläne sind in Bezug auf ihre Realisierbarkeit mit den langfristigen Lieferanten abzustimmen. Ist der Fremdbezug der Artikel und Produkte nicht wie geplant möglich, muss
der Fremdbezugsprogrammvorschlag geändert werden. Hier existieren verschiedene
Möglichkeiten: Es müssen in Abstimmung mit dem Einkauf alternative Lieferanten gefunden werden oder es erfolgt eine Meldung an die Produktionsbedarfsplanung. Diese
stößt ggf. weitere Maßnahmen an, wie eine Änderung der Beschaffungsart, eine Überprüfung des Produktionsprogramms oder eine Absprache mit Kunden bzgl. Liefertermin-
änderungen. Ist die Beschaffung, nach Rücksprache mit den Lieferanten, wie festgelegt
durchsetzbar, kann die Freigabe des Fremdbezugsprogrammvorschlags erfolgen.

> **Entscheidungsrelevante Aufgaben der Fremdbezugsgrobplanung**
> Die Fremdbezugsgrobplanung umfasst keine Aufgaben, in denen aus Sicht der ope-
> rativen PPS wichtige Entscheidungen zu treffen sind. Vielmehr ist in dieser Haupt-
> aufgabe der PPS mit den Lieferanten abzustimmen, ob die zur Umsetzung des
> Produktionsprogramms erforderlichen Fremdbezüge realisierbar sind.

Kernergebnis der Fremdbezugsgrobplanung ist das Fremdbezugsprogramm. Dieses legt
den Plan-Zugang der Beschaffung fest. Dieses Ergebnis wird an die PPS-Hauptaufgabe
Fremdbezugsplanung – zur Umsetzung des Fremdbezugsprogramms – und an die PPS-Hauptaufgabe Bestandsmanagement – zur aktualisierten Planung der Bestände – weitergeleitet.

5.5   Fremdbezugsplanung

Die Umsetzung des Fremdbezugsprogramms erfolgt durch die Fremdbezugsplanung,
deren Aufgaben Abb. 5.21 visualisiert. Auf Grundlage des Fremdbezugsprogramms wird
eine Bestellrechnung durchgeführt, woraus die optimalen Bestellmengen und -termine
und ein Bestellprogrammvorschlag resultieren. Auf dieser Basis lassen sich konkrete
Anfragen an Lieferanten ableiten. Daraufhin werden – sofern keine langfristigen Liefer-
kontrakte bzw. Rahmenverträge existieren – von verschiedenen Lieferanten Angebote erstellt, die dann das Unternehmen bewertet. Im Zuge der Lieferantenauswahl entscheidet
sich das Unternehmen für ein Angebot eines Lieferanten. Die Angebote der Lieferanten
für die zu liefernden Artikel werden ständig mit dem Bestellprogrammvorschlag verglichen, um dessen Realisierbarkeit zu überprüfen. Sollte der Bestellprogrammvorschlag
nicht realisierbar sein, muss das Fremdbezugsprogramm erneut auf Durchführbarkeit
überprüft werden. Ist das Fremdbezugsprogramm generell durchsetzbar, werden die
Schritte von der Bestellrechnung bis zur Prüfung erneut durchgeführt, bis eine Bestellfreigabe erfolgen kann. Ist das Fremdbezugsprogramm nicht durchsetzbar, erfolgt eine Machbarkeitsmeldung. Anhand dieser wird die Auswirkung des nicht realisierbaren Fremdbezugsprogramms geprüft. Ist das Eigenfertigungsprogramm generell umsetzbar, so sind
ggf. nur einzelne Produktionsaufträge umzuplanen und ein modifizierter Produktionsplan

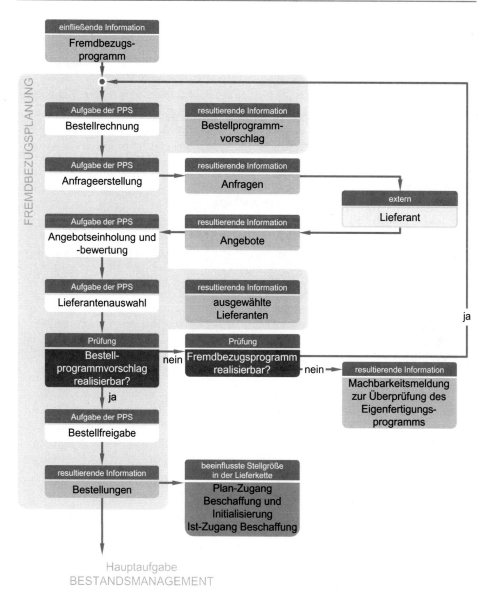

Abb. 5.21 Aufgaben der Fremdbezugsplanung

zu erstellen. Etwaig entstehende Terminverzüge gegenüber Kunden sollten mit diesen abgestimmt werden. Sind die Auswirkungen schwerwiegender und ist das Eigenfertigungsprogramm nicht realisierbar, müssen über das Auftragsmanagement kundenspezifische
Aufträge mit den Kunden koordiniert werden und es erfolgt eine Meldung an die
Produktionsbedarfsplanung, damit der Eigenfertigungsprogrammvorschlag geprüft werden kann. Daraufhin werden mögliche Maßnahmen, wie eine Veränderung der Beschaf-

fungsartzuordnung geprüft. Sollte dies nicht zum gewünschten Ergebnis führen, muss schließlich das Produktionsprogramm angepasst werden. Entsprechende Änderungen, welche die Kunden betreffen, sind mit diesen im Rahmen des Auftragsmanagements abzustimmen.

Ist das Bestellprogramm realisierbar, werden die Bestellungen freigegeben. Kernergebnis der Fremdbezugsplanung sind die freigegebenen Bestellungen, die den Plan-Zugang der Beschaffung festlegen und den Ist-Zugang initialisieren. Informationen zu den Bestellungen werden zudem an das Bestandsmanagement weitergegeben, damit die Aktualisierung der Bestandsführung erfolgen kann.

Entscheidungsrelevante Aufgaben der Fremdbezugsplanung

Im Rahmen der Fremdbezugsplanung sind bei zwei PPS-Aufgaben wichtige Entscheidungen zu treffen, die sich auf die logistischen Zielgrößen in der Lieferkette auswirken. Dies sind die Bestellrechnung und die Lieferantenauswahl. Diesen beiden Aufgaben liegen Zielkonflikte zwischen logistischen Zielgrößen zugrunde.

Zielkonflikte 9, 10 und 11: Bestellrechnung:
Prozesskosten versus Bestandskosten
hohe Verfügbarkeit der Artikel versus niedriger Bestand an fremdbezogenen Artikeln
Erklärung: Hier treten verschiedene Zielkonflikte auf:

Je größer die Beschaffungslosgröße, desto größer sind möglicherweise Preisnachlässe und desto geringer sind die Kosten für den Beschaffungsprozess an sich. Auf der anderen Seite verursachen große Beschaffungslose hohe Bestände und damit Bestandskosten.

Je früher Material für einen spezifischen Auftrag bestellt wird, desto wahrscheinlicher ist die Verfügbarkeit der Artikel zum Bedarfszeitpunkt. Auf der anderen Seite verursachen verfrühte Lieferungen erhöhte Bestände.

Zielkonflikt 12: Lieferantenauswahl:
Artikelkosten versus Produktqualität versus Logistikleistung des Lieferanten
Erklärung: Lieferanten unterscheiden sich neben anderen Faktoren hinsichtlich der Artikelpreise, der Produktqualität und ihrer Logistikleistung. Der Vergleich von Lieferanten zeigt unterschiedliche Kombinationen der Ausprägungen dieser Leistungsmerkmale, zwischen denen sich Unternehmen bei der Lieferantenauswahl entscheiden müssen.

5.5.1 Bestellrechnung

Im Rahmen der Bestellrechnung werden die optimale Bestellmenge – also die Beschaffungslosgröße – und der Bestelltermin bestimmt. Die Bedeutung und die Auswirkung der zu treffenden Entscheidungen auf logistische Zielgrößen sind abhängig von der Art und Weise, wie die Lieferanten an das Unternehmen angebunden sind. Eine gute Übersicht über Möglichkeiten der Lieferantenanbindung liefern Nyhuis und Rottbauer (vgl. [12]). Sie definieren sechs Standardbeschaffungsmodelle, die sich unter anderem nach Dispositions- und Bestandsverantwortung unterscheiden:

* Konsignationskonzept,
* Vertragslagerkonzept,
* Standardteilemanagement,
* synchronisierte Produktionsprozesse,
* Vorratsbeschaffung,
* Einzelbeschaffung.

Zur zielgerichteten Zuordnung der Beschaffungsartikel zu Standardbeschaffungsmodelle kann die ABC-Analyse genutzt werden. Die ABC-Analyse ermöglicht eine Klassifizierung von Artikeln bzgl. des wertmäßigen Verbrauchs. Andere Kriterien wie Wert, Umsatz, Volumen etc. können auch als Klassifizierungsmerkmal herangezogen werden (vgl. [13]).

Beim Konsignationskonzept, beim Vertragslagerkonzept und beim Standardteilemanagement erfolgt eine Lagerhaltung durch die Lieferanten. Signifikante Teile der Dispositionsaufgaben werden an den Lieferanten übertragen. Beim Konsignationskonzept unterhält der Lieferant ein Konsignationslager direkt beim Abnehmer vor Ort. Es werden ein Minimal- und ein Maximalbestand vereinbart. Der Lieferant ist dafür verantwortlich, dass der Bestand im Konsignationslager in den definierten Grenzen bleibt. Der Eigentumsübergang findet erst mit Entnahme der Artikel aus dem Lager statt. Das Konsignationskonzept wird häufig für hochwertige A- und B-Teile mit hohen Stückzahlen und einem regelmäßigen Bedarfsverlauf genutzt.

Beim Vertragslagerkonzept unterhält der per Rahmenvertrag an den Abnehmer gebundene Lieferant oder ein Logistikdienstleister ein (Vertrags-)Lager in räumlicher Nähe zum Abnehmer. Auf Abruf erfolgt die bedarfssynchrone Lieferung und Bereitstellung der benötigten Materialien in einem Puffer in unmittelbarer Nähe zum Verbrauchsort z. B. an ein Montageband. Das Vertragslagerkonzept kommt vorrangig zur Beschaffung von großvolumigen A- und B-Teilen in hohen bis mittleren Stückzahlen zur Anwendung. Es ist eine abgeschwächte Form des Konsignationskonzepts.

Beim Standardteilmanagement werden Standardartikel – bspw. C-Teile wie Schrauben – in einem verbrauchsnahen Pufferlager durch einen externen Dienstleister bereitgestellt. Der Abnehmer entnimmt die Standardteile nach Bedarf und der Dienstleister sorgt für eine regelmäßige Auffüllung der Vorräte. Dieses Beschaffungsmodell eignet sich besonders für Standardteile mit geringem Wert und einem relativ konstanten Bedarfsverlauf.

Durch den Einsatz eines dieser drei Konzepte werden die Verantwortung für eine vorrätige Lagerhaltung und ein großer Teil der dispositiven Aufgaben von einem Unternehmen als Abnehmer auf den Lieferanten oder einen Logistikdienstleister übertragen. Der Abnehmer muss somit keine Bestellrechnung zur Festlegung von Bestellterminen und

Bestellmengen durchführen. Diese Funktionen übernimmt der Lieferant, der damit seine eigene Kapazitäts- und Bestandsplanung berücksichtigen kann. Wichtig für ein Unternehmen als Abnehmer ist es, sicherzustellen, dass der Lieferant die geforderten Mengen termingerecht bereitstellen kann und auch über die notwendige Mengen- und Terminflexibilität verfügt. Dies ist im Rahmen der Fremdbezugsgrobplanung vertraglich zu fixieren.

Bei synchronisierten Produktionsprozessen sind die Produktionsprozesse von Lieferant und Abnehmer sehr eng miteinander verknüpft. Der Lieferant produziert für den Abnehmer bedarfsgerecht und liefert durch einen automatischen Auftragsimpuls direkt an den Verbrauchsort des Abnehmers. Synchronisierte Produktionsprozesse finden speziell bei hochwertigen und großvolumigen Teilen mit einer großer Varianz Anwendung. Da Lieferverzögerungen unmittelbar zu Produktionsstillständen beim Abnehmer führen, existieren sehr hohe Anforderungen an die Produktqualität und Lieferzuverlässigkeit des Lieferanten. Auch hier findet keine klassische Ermittlung von Bestellterminen und -mengen statt. Wie bei den drei vorangehend beschriebenen Beschaffungsmodellen ist auch hier entscheidend, dass die geforderten Mengen auch mittel- und langfristig durch den Lieferanten termingereicht geliefert und bereitgestellt werden können (vgl. PPS-Hauptaufgabe Fremdbezugsgrobplanung).

Bei der klassischen Vorratsbeschaffung erfolgt die Lieferung durch den Lieferanten auf Bestellung des Abnehmers. Es resultiert eine bewusste Vorhaltung von Materialbeständen, welche eine hohe Versorgungssicherheit für die nachfolgende Produktion gewährleisten soll. Zur Deckung der Bedarfe der Produktion werden die Materialen mehr oder weniger kontinuierlich aus den entsprechenden Lagerstufen entnommen. Da der Eigentumsübergang bei der Lieferung erfolgt, trägt der Abnehmer das Risiko für Lagerhaltung und Bereitstellung.

Bei der Festlegung der kostenoptimalen Bestellmengen (Bestelllosgröße) laufen verschiedene Zielgrößen gegeneinander. Auf der einen Seite fallen für jede Bestellung Kosten der Auftragsabwicklung für Disposition, Wareneingang, Qualitätsprüfung, interne Logistik und Rechnungswesen an (vgl. [14]). Dem stehen Lagerhaltungskosten für die Lagerung des Losbestands gegenüber. Unter die Lagerhaltungskosten fallen Kosten für Kapitalbindung, Lagerflächen, technische Lagerausstattung, Warenverwaltungssoftware und Personal. Das Modell von Harris (vgl. [15]) bzw. Andler (vgl. [16]) ist sehr gut geeignet, um diese gegenläufigen Zielgrößen bei der Bestimmung der optimalen Bestellmenge zu beschreiben und eine optimale Bestellmenge ab-zuleiten (Abb. 5.22).

Mit zunehmender Bestelllosgröße steigen die Lagerhaltungskosten für den Losbestand proportional an. Ausgehend von einem kontinuierlichen Lagerabgang ergeben sich die Lagerhaltungskosten aus der halben Bestelllosgröße multipliziert mit den Stückkosten und dem Lagerhaltungskostensatz (siehe Bildteil a). Die Bestellkosten ergeben sich aus den Kosten für einen Bestellprozess multipliziert mit der Anzahl der Bestellungen im Betrachtungszeitraum, wobei sich die Anzahl der Bestellungen aus dem Verhältnis der Nachfragemenge im Betrachtungszeitraum zur Bestelllosgröße ergibt (siehe Bildteil b). Bildteil c zeigt das Minimum der Summe dieser beiden Kosten in Abhängigkeit der Bestelllos-

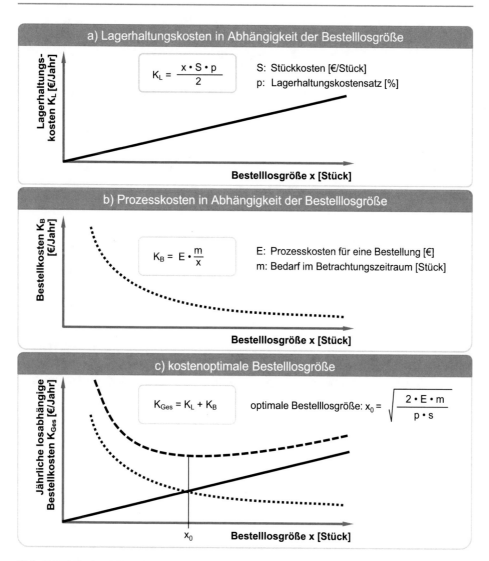

Abb. 5.22 Optimale Bestelllosgröße

größe, welches der kostenoptimalen Bestelllosgröße entspricht. Mengeneffekte hinsichtlich der Stückpreise werden hierbei nicht berücksichtigt. Dies ist jedoch einfach durch
eine Erweiterung des vorgestellten Modells möglich (vgl. [17]).

Zielkonflikt 9

Bei der Berechnung der optimalen Bestelllosgröße existiert ein Zielkonflikt zwischen
möglichst niedrigen Lagerhaltungskosten auf der einen Seite und möglichst niedrigen

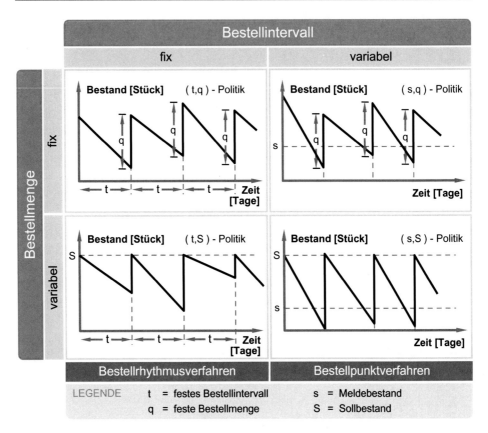

Abb. 5.23 Bestellpolitiken (in Anlehnung an Verband für Arbeitsstudien und Betriebsorganisation [18])

Kosten zur Durchführung der Beschaffungsprozesse auf der anderen Seite. Es ist hier
jedoch gut möglich, sich rechnerisch einem Optimum zu nähern.

Im Rahmen der Vorratsbeschaffung hat die zugrundeliegende Bestellpolitik erheb-
lichen Einfluss auf den Bestellzeitpunkt. Im Wesentlichen gibt es vier verschiedene Bestellpolitiken, welche sich hinsichtlich Bestellintervall (Bestelltermin) und Bestellmenge
(Bestelllosgröße) unterscheiden. Abb. 5.23 verdeutlicht die Prinzipien anhand des allgemeinen Lagermodells. Die Bestellung kann entweder in festen Intervallen (Bestellrhythmusverfahren) oder aufgrund der Unterschreitung eines Meldebestands (Bestellpunktverfahren) ausgelöst werden. Ebenso kann die Bestellmenge fix oder variabel sein
(vgl. [17]).
    Die beiden Bestellrhythmusverfahren sind die (t,q)-Politik und die (t,S)-Politik. Bei der
(t,q)-Politik wird nach jedem abgelaufenem Zeitraum t der Lagerbestand um die zuvor
festgelegte Bestellmenge q erhöht. Die Bestellmenge q sollte einer wirtschaftlich berechneten Bestelllosgröße entsprechen. Bei der (t,S)-Politik wird der Lagerbestand nach

jedem Zeitraum t auf die Sollmenge S aufgefüllt. Die (t,S)-Politik ist bei ungleichmäßigen Lagerabgängen zu bevorzugen. Da in solchen Fällen das Bestandsniveau bei Anwendung der (t,q)-Politik stark schwankt, findet diese Bestellpolitik in der Praxis nur sehr selten Anwendung.

Die (s,q)-Politik und die (s,S)-Politik fallen in die Kategorie der Bestellpunktverfahren, welche durch einen Bestellpunkt bei Unterschreiten des Meldebestands s gekennzeichnet sind. Während bei der (s,S)-Politik der Lagerbestand nach Unterschreiten des Melde-bestands s auf die Sollmenge S aufgefüllt wird, sieht die (s,q)-Politik eine Bestandsauf-füllung um die konstante Zugangsmenge q vor. Auch hier kann die Bestellmenge q nach den Kriterien der optimalen Losgrößenbestimmung berechnet werden.

Der Bestellzeitpunkt ergibt sich somit bei den Bestellrhythmusverfahren in Abhängig-keit des Zeitintervalls t zwischen zwei Bestellungen bzw. Lieferungen. Das Zeitintervall t kann aus dem Verhältnis von mittlerer Zugangslosgröße zur mittleren Bedarfsrate ab-geschätzt werden.

Aus den beschriebenen grundlegenden Bestellpolitiken lassen sich weitere Verfahren kombinieren – die (t,s,q)-Politik und die (t,s,S)-Politik, welche unter der Kategorie Kontrollrhythmusverfahren zusammengefasst werden (vgl. [19]). Bei diesen beiden Be-stellpolitiken wird nach einem Zeitraum t kontrolliert, ob ein Meldebestand s unter-schritten ist. Nur wenn dies der Fall ist, wird bei der (t,s,q)-Politik die Bestellmenge q dem Lager zugeführt und bei der (t,s,S,)-Politik wird der Lagerbestand auf den Sollbestand S aufgefüllt.

Der Bestellzeitpunkt ergibt sich somit bei den Bestellrhythmusverfahren in Abhängig-keit des Zeitintervalls t zwischen zwei Bestellungen bzw. Lieferungen. Das Zeitintervall t kann aus dem Verhältnis von mittlerer Zugangslosgröße zur mittleren Bedarfsrate ab-geschätzt werden.

$$\text{Bestellintervall t}\left[\text{Tage}\right] = \frac{\text{optimale Bestelllosgröße q}\left[\text{Stück}\right]}{\text{mittlere Bedarfsrate}\left[\dfrac{\text{Stück}}{\text{Tag}}\right]} \qquad \text{(Gl. 5.3)}$$

Bei den Bestellpunktverfahren ergibt sich der Bestellzeitpunkt durch das Unterschreiten eines Meldebestands. Der Meldebestand entspricht dem Verhältnis aus mittlerer Bedarfs-rate und Wiederbeschaffungszeit addiert zum Sicherheitsbestand des betrachteten Artikels.

$$\text{Meldebestad s}\left[\text{Tage}\right] = \frac{\text{mittlere Bedarfsrate}\left[\dfrac{\text{Stück}}{\text{Tag}}\right]}{\text{Wiederbeschaffungszeit}\left[\text{Tage}\right]} \\ + \text{Sicherheitsbestand}\left[\text{Stück}\right] \qquad \text{(Gl. 5.4)}$$

Die Festlegung des Bestellintervalls und des Meldebestands ist keine zielbeeinflussende Aufgabe im Rahmen der Fremdbezugsplanung. Beide Größen resultieren vielmehr aus der Bestimmung der optimalen Bestelllosgröße bzw. aus der Festlegung des Sicherheitsbestands.

Bei der Einzelbeschaffung sind die Zusammenhänge anders. Hier wird ein Teil oder ein Los für einen spezifischen Auftrag beschafft. Eine Vorratshaltung entfällt. Eine optimale Bestelllosgröße muss somit nicht ermittelt werden. Die Bestimmung des Bestellzeitpunkts wirkt sich bei diesem Beschaffungsmodell jedoch unmittelbar auf logistische Zielgrößen aus. Lieferanten zeigen immer wieder Terminabweichungen bei Lieferungen. Bestellt ein Unternehmen zeitlich vor dem planerisch erforderlichen Bedarfszeitpunkt, so ist die Wahrscheinlichkeit größer, dass die benötigten Artikel auch tatsächlich zur Verfügung stehen. Auf der anderen Seite kommen die Artikel vermutlich verfrüht an, sodass hier mit bestandsinduzierten Kosten gerechnet werden muss. Solche Kosten entstehen durch Kapitalbindung, Flächenkosten, Handhabungskosten, Verschrottungsrisiken etc. Die Termineinhaltungskennlinien als logistisches Wirkmodell können zur Beherrschung dieses Zielkonflikts sehr gut eingesetzt werden.

Aus den vorangegangenen PPS-Hauptaufgaben resultieren die Plan-Zugangstermine zum Kernprozess Beschaffung für fremdbezogene Artikel zur Deckung der Primär- und Sekundärbedarfe. Diese zukünftigen Bedarfstermine können nun um eine Sicherheitszeit in Richtung Gegenwart verschoben werden, um eine möglichst hohe Termineinhaltung der zu beschaffenden Artikel zu gewährleisten. Zu Bestimmung einer angemessenen Sicherheitszeit ist die Verteilung der Zugangsterminabweichung zu betrachten, die von dem in Frage kommenden Lieferant verursacht wird. Teil a von Abb. 5.24 zeigt eine solche in diesem Fall wertgewichtete Zugangsterminabweichung eines Lieferanten.

Die Verteilung der Zugangsterminabweichung lässt sich mathematisch leicht in die Termineinhaltungskennlinien transformieren (vgl. Kap. 2). Diese sind in Teil b von Abb. 5.24 dargestellt. Je länger die eingeplante Sicherheitszeit, desto besser ist die Termineinhaltung. Hierbei ist zu bedenken, dass die Termineinhaltungskennlinien auf der Basis von Vergangenheitsdaten oder auf Annahmen von statistischen Verteilungen beruhen. Die sich bei einer eingeplanten Sicherheitszeit ergebende Termineinhaltung entspricht also für

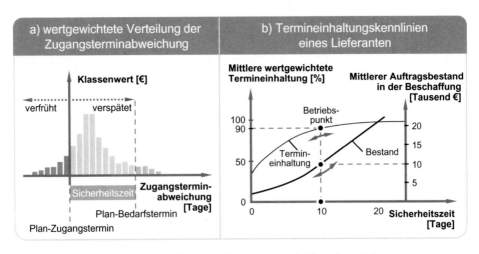

Abb. 5.24 Termineinhaltungskennlinien zur Unterstützung der Bestellterminierung

den Fall einer Einzelbeschaffung einer Wahrscheinlichkeit, dass die bestellten Artikel bedarfsgerecht zur Verfügung stehen.

Wie bereits bei der Einplanung von Sicherheitszeiten im Rahmen des Auftragsmanagements diskutiert (vgl. Abschn. 5.2), entstehen durch die Einplanung von Sicherheitszeiten zusätzliche Bestände durch die verfrühte Anlieferung bestellter Artikel. Der Wert des durch die Sicherheitszeit verursachten Bestands kann ebenso durch die Termineinhaltungskennlinien ermittelt werden, sofern für einen Lieferanten mit konstanten Sicherheitszeiten gearbeitet wird. Ist dies nicht der Fall, können die durch die Sicherheitszeit entstehenden Bestandskosten durch die Multiplikation des Bestellwerts mit dem Kapitalbindungskostensatz und mit der erwarteten verfrühten Ankunft abgeschätzt werden, die sich aus der Differenz aus der Sicherheitszeit und dem Erwartungswert der Verspätung durch den Lieferanten ergibt. Mit dem Terminhistogramm und den Termineinhaltungskennlinien verfügen Unternehmen über ein Hilfsmittel bei der Positionierung im Spannungsfeld zwischen einer hohen Verfügbarkeit bestellter Artikel und den resultierenden Bestandskosten im Rahmen einer Einzelbeschaffung.

Zielkonflikt 10

Bei der Bestimmung der Bestelltermine im Rahmen der Einzelbeschaffung zeigt sich ein Zielkonflikt zwischen einer hohen Verfügbarkeit der benötigten Artikel auf der einen Seite und durch verfrühte Bestellungen resultierenden bestandsinduzierten Kosten auf der anderen Seite.

Werden Artikel wiederholt über eine Einzelbeschaffung bezogen, so besteht die Möglichkeit, Bestellungen zusammenzufassen. Hierdurch können Preisnachlässe durch Mengeneffekte erzielt und durch die Beschaffung verursachte Prozesskosten eingespart werden. Demgegenüber stehen die durch die verfrühte Bestellung verursachten Bestandskosten.

Zielkonflikt 11

Werden Artikel bei einem Lieferanten wiederholt über eine Einzelbeschaffung bezogen, existiert ein Zielkonflikt zwischen Preisnachlässen durch Mengeneffekte sowie reduzierten Prozesskosten auf der einen Seite und durch eine verfrühte Bestellung verursachte Bestandskosten auf der anderen Seite.

5.5.2 Anfrageerstellung und Angebotseinholung und -bewertung

Auf Basis der Bestellrechnung werden Anfragen an Lieferanten formuliert und es erfolgt die Einholung und Bewertung der Angebote.

5.5.3   Lieferantenauswahl

Als Folgeprozess lässt sich die PPS-Aufgabe Lieferantenauswahl in den Ablauf der PPS einordnen. Für eine Einzelbeschaffung ist diese Verortung sinnvoll. Für andere Beschaffungskonzepte wie das Standardteilemanagement, das Konsignationskonzept, das Vertragslagerkonzept, die synchronisierten Produktionsprozesse und teilweise auch die Vorratsbeschaffung werden Lieferanten in der Regel in bestimmten zeitlichen Abständen für einen definierten Zeitraum ausgewählt und langfristige vertragliche Vereinbarungen hinsichtlich der Lieferkonditionen getroffen. Hierfür ist der strategische Einkauf in Unternehmen zuständig. Eine Auswahl muss dann nicht bei jeder Bestellung erneut erfolgen. Bei der Lieferantenauswahl sind drei übergeordnete Kriterien entscheidend:

- die Qualität der zu beschaffenden Produkte,
- der Preis der zu beschaffenden Produkte,
- die logistische Leistungsfähigkeit der Lieferanten.

Das Kriterium Produktqualität hat hierbei eine Ausnahmestellung. Produkte zu einem günstigeren Preis zu beziehen und dafür Einschränkungen der Produktqualität in Kauf zu nehmen, zahlt sich nicht aus. Die resultierenden Folgekosten, die durch Nacharbeit, Ausschuss, Rückläufer von Kunden, Kunden, die ihre Produkte von der Konkurrenz beziehen, etc. entstehen, werden durch die Preiseffekte in der Regel nicht kompensiert.

Der Produktpreis ist ein weiteres wichtiges Kriterium zur Auswahl der Lieferanten. Die Kosten für Rohwaren und Halbfabrikate schlagen sich unmittelbar in den Herstellkosten und somit den Marktpreisen der vom Unternehmen herzustellenden Produkte nieder. Für fremdbezogene Artikel zu Deckung der Primärbedarfe – also Handelsware – gilt dies noch verstärkt.

Unter der logistischen Leistungsfähigkeit der Lieferanten lassen sich diverse Subkriterien definieren. Dies sind primär die klassischen logistischen Zielgrößen Liefertermintreue und Lieferzeit. Hinzu kommen zusätzliche Leistungsgrößen wie der Kundenservice eines Lieferanten (bspw. 24h-Service bei Ausfall eines Produkts), die Flexibilität und die Informationsbereitschaft der Lieferanten. Als Logistikkosten fallen Aufwände für Transport, Lagerhaltung und Handling sowie für Kommunikation an; letztere sind stark von Faktoren wie Sprach- und Kulturgrenzen abhängig (vgl. [20]). Neben den Logistikkosten wirkt sich auch eine unzureichende Logistikleistung der Lieferanten durch erhöhte Prozess- und Bestandskosten zur Kompensation von Fehlern negativ auf die Kostensituation des Unternehmens aus.

Abb. 5.25 verdeutlicht dies anhand eines Rechenbeispiels. Ein Artikel wird über eine Vorratsbeschaffung bezogen. Es stehen zwei Lieferanten zur Auswahl. Der Jahresbedarf beträgt 10.000 Stück. Im Beschaffungslager wird ein Servicegrad von 95 % angestrebt. Die Lieferanten 1 und 2 unterscheiden sich hinsichtlich der Artikelpreise und der Logistikleistung. Lieferant 1 bietet den zu beschaffenden Artikel zu 6 € an und liegt damit 0,20 €

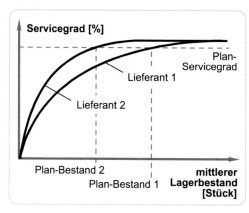

	Lieferant 1	Lieferant 2
Artikelpreis	6,00 €	6,20 €
Jahresbedarf	10.000	10.000
Plan-Servicegrad	95%	95%
erforderlicher Plan-Bestand	4.000	2.500
Bestandskostensatz	25%	25%
Beschaffungswert	60.000 €	62.000 €
aus Logistikleistung des Lieferanten resultierende Kosten	6.000 €	3.875 €
Summe Beschaffungskosten	66.000 €	65.875 €

Abb. 5.25 Exemplarische Bewertung der logistischen Leistungsfähigkeit von Lieferanten

unter dem Preis von Lieferant 2. Die Logistikleistung (Lieferzeit, Liefertreue, Wiederbeschaffungszeit etc.) von Lieferant 1 ist deutlich schlechter als die von Lieferant 2. Um den Plan-Servicegrad von 95 % im Beschaffungslager realisieren zu können, muss ein deutlich höherer Bestand vorgehalten werden, um die schlechtere Lieferperformance von Lieferant 1 auszugleichen. Der jeweils erforderliche Bestand lässt sich anhand der Servicegradkennlinien (vgl. Kap. 2) berechnen. In diesem Rechenbeispiel verzehren die resultierenden Bestandskosten die Kostenersparnis durch den niedrigeren Artikelpreis, sodass sich Lieferant 2 als der günstigere erweist.

Dieses Beispiel liefert keine allgemeingültige Aussage, welche Lieferanten zu bevorzugen sind, aber es zeigt zumindest, wie mit Teilen der bei der Lieferantenauswahl vorherrschenden Zielkonflikte umgegangen werden kann. Weitere wichtige, jedoch größtenteils schwierig miteinander zu vergleichende Kriterien zur Auswahl von Lieferanten sind:

- Kommunikation,
- Service,
- Flexibilität,
- Know-how,
- Umweltschutz,
- Bonität,
- Entwicklungspotenzial
- etc.

Zielkonflikt 12

Lieferanten zeigen mitunter sehr unterschiedliches Leistungsportfolios hinsichtlich Produktqualität und -preis sowie der Logistikleistung. Die Auswahl der Lieferanten wirkt sich somit unmittelbar auf die Zielgrößen in der unternehmensinternen Lieferkette aus.

Generell müssen Unternehmen prüfen, welche Lieferanten mit welchem Beschaffungsmodell fähig sind, eine wirtschaftliche und zuverlässige Versorgung des Unternehmens zu gewährleisten. Zusätzlich ist die eher strategische Frage zu klären, ob eine preislich vorteilhafte Singlesourcing-Strategie oder aus Risikogründen eine Multisourcing-Strategie verfolgt werden soll.

5.5.4   Bestellfreigabe

Ist das Bestellprogramm generell realisierbar, erfolgt nach der Auswahl der Lieferanten schließlich die Bestellfreigabe. Die Bestellungen sind das Kernergebnis der Fremdbezugsplanung. Diese werden an die Lieferanten übermittelt und legen final den Plan-Zugang zur Beschaffung fest und initialisieren den Ist-Zugang. Zur Aktualisierung der Bestandsplanung werden die Bestellungen als Information auch an das Bestandsmanagement weitergegeben.

5.6   Produktionsbedarfsplanung

Der Eigenfertigungsprogrammvorschlag, der aus der Produktionsprogrammplanung und der Sekundärbedarfsplanung resultiert, bildet die Eingangsinformation zur Produktionsbedarfsplanung (Abb. 5.26). Im Rahmen der Produktionsbedarfsplanung wird mit mittelfristigem Planungshorizont überprüft, ob der Eigenfertigungsprogrammvorschlag realisierbar ist. Dazu ist eine mittelfristige Ressourcengrobplanung vorzunehmen. In erster Linie sind die geplanten Personal- und Anlagenkapazitäten der eigenen Produktion mit dem Kapazitätsbedarf abzugleichen und ggf. Anpassungsmaßnahmen einzuleiten. Auf dieser Basis erfolgt die Überprüfung der Realisierbarkeit des Eigenfertigungsprogrammvorschlags. Hier fließen neben den Informationen zu den Belastungen und Kapazitäten Machbarkeitsinformationen aus der Fremdbezugsgrobplanung ein, um zu prüfen, ob die zur Realisierung des Eigenfertigungsprogrammvorschlags erforderlichen, fremd zu beziehenden Materialien verfügbar sind.

Steht zu wenig Kapazität zur Verfügung oder können die für die Produktion benötigten Materialien nicht fremdbezogen werden, ist der Eigenfertigungsprogrammvorschlag nicht realisierbar. In diesem Fall muss erneut überprüft werden, ob das Produktionsprogramm umsetzbar ist. Ist das Produktionsprogramm generell umsetzbar, wird eine Machbarkeitsmeldung an die Beschaffungsartzuordnung weitergeleitet. Hier werden mögliche Maßnahmen, wie eine Veränderung der Beschaffungsartzuordnung geprüft. Ist das Produktionsprogramm nicht umsetzbar, muss es schließlich angepasst werden. Entsprechende Änderungen, die Kunden betreffen, sind mit diesen im Rahmen des Auftragsmanagements abzustimmen. Ist der Eigenfertigungsprogrammvorschlag durchführbar, kann das Eigenfertigungsprogramm freigegeben werden. Dieses bestimmt den Plan-Abgang der Produktion.

Entscheidungsrelevante Aufgaben der Produktionsbedarfsplanung
Die wesentliche Aufgabe im Rahmen der Produktionsbedarfsplanung ist die mittelfristige Ressourcengrobplanung. Hierbei sind Entscheidungen zu treffen, denen Konflikte zwischen Zielgrößen zugrunde liegen:

Zielkonflikt 13: mittelfristige Ressourcengrobplanung:
potenzieller Umsatz versus Auslastung und ggf. Investition
Erklärung: Je näher die eingeplanten Produktionsmengen am Maximalwert der Planung liegen, desto mehr Kapazität muss zur Realisierung der Produktionsmengen bereitgestellt werden. Dadurch kann ein potenziell großer Umsatz sichergestellt werden. Auf der anderen Seite erhöht sich die Wahrscheinlichkeit, dass Kapazitäten nicht ausgelastet werden. Eine hinreichend große Kapazitätsflexibilität, die jedoch häufig mit monetären Aufwand verbunden ist, kann diesen Zielkonflikt entspannen.

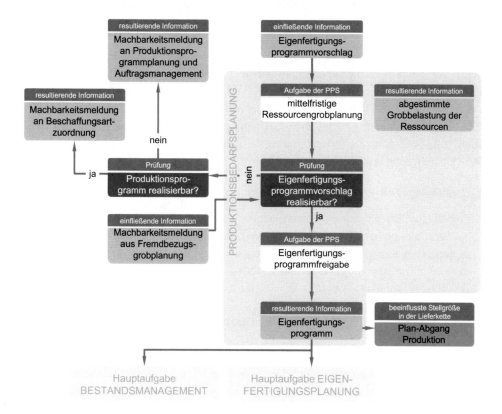

Abb. 5.26 Aufgaben der Produktionsbedarfsplanung

5.6.1 Mittelfristige Ressourcengrobplanung

Im Rahmen der mittelfristigen Ressourcengrobplanung werden in erster Linie Kapazitätsbedarfe ermittelt und mit dem Angebot an Personal- und Anlagenkapazitäten abgeglichen.
Diese PPS-Aufgabe wird analog zur Absatzplanung und zur langfristigen, auftragsanonymen Ressourcengrobplanung in der PPS-Hauptaufgabe Produktionsprogrammplanung (vgl. Abschn. 5.1.5) durchgeführt. Auch hier lassen sich vier Fälle als generelle
Handlungsoptionen unterscheiden:

- Fall 1: Erhöhung der Produktionsmengen bei vorhandenen Überkapazitäten,
- Fall 2: Abbau von Kapazitäten entsprechend der geplanten Produktionsmengen bei vorhandenen Überkapazitäten,
- Fall 3: Reduzierung der geplanten Produktionsmengen entsprechend des zur Verfügung
  stehenden Kapazitätsniveaus bei Unterkapazitäten,
- Fall 4: Erhöhung der Kapazitäten zur Realisierung der geplanten Produktionsmengen
  bei Unterkapazitäten.

Die Diskussion der vier Fälle aus der langfristigen, auftragsanonymen Ressourcengrobplanung und auch die spezifischen Vor- und Nachteile können auf die mittelfristige
Ressourcengrobplanung übertragen werden. Die Handlungsspielräume bspw. in Bezug
auf Maßnahmen zur Erhöhung der Kapazitäten oder Maßnahmen zur Erhöhung der
Plan-Absatzmengen und damit Plan-Produktionsmengen sind im Vergleich zur PPS-
Hauptaufgabe Produktionsprogrammplanung aufgrund des kürzeren Planungshorizonts
jedoch deutlich eingeschränkt.

Zielkonflikt 13

Je näher die eingeplanten Produktionsmengen am Maximalwert der Planung liegen, desto
größer ist der potenziell realisierbare Umsatz. Jedoch erhöht sich damit die Wahrscheinlichkeit, dass Kapazitäten nicht ausgelastet werden. Eine hinreichend große, jedoch monetär mitunter aufwändige Kapazitätsflexibilität kann diesen Zielkonflikt aufweichen.

5.6.2 Eigenfertigungsprogrammfreigabe

Auch in der Produktionsbedarfsplanung wird größtenteils noch nicht auf der Basis konkreter Produktionsaufträge geplant. Der Unterschied zur Absatzplanung und zur langfristigen, auftragsanonymen Ressourcengrobplanung sind der deutlich kürzere Planungshorizont des Eigen-fertigungsprogramms von Wochen oder Monaten und der damit
vergleichsweise kleinere Entscheidungsspielraum sowie die Berücksichtigung zusätz-
licher Information, wie die aktuelle Auftragssituation des Unternehmens oder der aktuelle

Produktionsrückstand. Ist der Eigenfertigungsprogrammvorschlag nach Prüfung der Ressourcenverfügbarkeit (Personal- und Anlagenkapazität und Material) realisierbar, so wird dieser freigegeben. Kernergebnis der Produktionsbedarfsplanung ist ein freigegebenes Eigenfertigungsprogramm, in welchem die Materialbedarfe und der Kapazitätsbedarf mit den planmäßig zur Verfügung stehenden Materialien und Kapazitäten abgestimmt sind. Das Eigenfertigungsprogramm fließt in die PPS-Hauptaufgabe Eigenfertigungsplanung ein und beschreibt den Plan-Abgang der Produktion. Das Eigenfertigungsprogramm wird zusätzlich an das Bestandsmanagement zur Bestandsplanung weitergegeben.

5.7 Eigenfertigungsplanung

Im Rahmen der Eigenfertigungsplanung (Abb. 5.27) werden auf Basis des Eigenfertigungsprogramms konkrete Produktionsaufträge mit festgelegten Produktionsmengen und -terminen erzeugt. Die wirtschaftlich optimalen Produktionsmengen resultieren aus der Losgrößenrechnung. Anschließend findet eine Durchlaufterminierung der Produktionsaufträge auf Arbeitsvorgangsebene statt. Hier werden die Start- und Endtermine der einzelnen Arbeitsvorgänge an den Arbeitssystemen bestimmt. Sobald absehbar ist, wann welcher Auftrag mit welchem Umfang ein bestimmtes Arbeitssystem belegt, wird im Rahmen der kurzfristigen Ressourcenfeinplanung überprüft, ob die erforderlichen Kapazitäten zur Verfügung stehen. Daraus ergibt sich der Ressourcenbelegungsplan. Zusammen ergeben die erzeugten mit Terminen und Mengen hinterlegten Produktionsaufträge den Produktionsplan, der nun auf Umsetzbarkeit zu prüfen ist. Kann der Produktionsplan nicht umgesetzt werden, wird zunächst geprüft, ob das Eigenfertigungsprogramm realisierbar ist. Wenn das Eigenfertigungsprogramm nicht umsetzbar ist, erfolgt eine Machbarkeitsmeldung an die Produktionsbedarfsplanung zur Überprüfung des Eigenfertigungsprogrammvorschlags (siehe Abschn. 5.6). Etwaige kundenwirksame Terminverzüge sind im Rahmen der Auftragskoordination (PPS-Hauptaufgabe Auftragsmanagement) mit den Kunden abzustimmen. Ist das Eigenfertigungsprogramm generell realisierbar, wird die Eigenfertigungsplanung erneut angestoßen, bspw. um Aufträge zu verschieben und so einen Belastungsabgleich durchzuführen.

Ist der Produktionsplan schließlich realisierbar, kann er freigegeben werden. Kernergebnis der Eigenfertigungsplanung ist der freigegebene Produktionsplan, der kurz- und mittelfristige Produktionsaufträge enthält. Der Produktionsplan wird im Rahmen der Eigenfertigungsplanung ständig angepasst. Er bestimmt die Plan-Zugänge und Plan-Abgänge im Kernprozess Produktion. Der Produktionsplan wird schließlich an die PPS-Hauptaufgabe Bestandsmanagement zur Bestandsplanung und an die PPS-Hauptaufgabe Eigenfertigungssteuerung zur Umsetzung weitergegeben.

Entscheidungsrelevante Aufgaben der Eigenfertigungsplanung

In der PPS-Hauptaufgabe Eigenfertigungsplanung sind die drei wesentlichen Aufgaben die Losgrößenrechnung, die Durchlaufterminierung und die kurzfristige Ressourcenfeinplanung. Allen drei Aufgaben liegen Zielkonflikte zugrunde, in denen sich Unternehmen durch die zur Erfüllung der PPS-Aufgaben zu treffenden Entscheidungen positionieren müssen.

Zielkonflikte 14 und 15: Losgrößenrechnung:

Auftragswechselkosten versus Bestandskosten und Logistikleistung

Erklärung: Je größer die Produktionslosgröße, desto seltener müssen Arbeitssysteme gerüstet werden und desto geringer sind die Auftragswechselkosten. Auf der anderen Seite werden durch große Lose die Bestände in der nachfolgenden Lagerstufe erhöht und die Logistikleistung der Produktion negativ beeinflusst.

Zielkonflikt 16: Durchlaufterminierung und kurzfristige Ressourcenfeinplanung:

Auslastung versus Durchlaufzeit

Erklärung: Je mehr Aufträge gleichzeitig eine Ressource belasten, desto größer ist die bestandsbedingte Auslastung der Ressource. Auf der anderen Seite verursachen hohe Bestände an den Arbeitssystemen lange Warteschlangen und damit lange Durchlaufzeiten.

5.7.1 Losgrößenrechnung

Die Losgrößenrechnung für die Produktion ist eine wesentliche Aufgabe der Eigenfertigungsplanung. Diese Aufgabe muss immer dann bearbeitet werden, wenn an einem Arbeitssystem mehr als ein Erzeugnis zu fertigen ist und Rüstvorgänge an der Maschine erforderlich sind. Um ein ständiges Umrüsten zu vermeiden, wird häufig eine gewisse Anzahl gleicher Produkte zu einem sogenannten Los zusammengefasst. Als Los wird dabei die Anzahl identischer Erzeugnisse bezeichnet, die ohne Unterbrechung durch die Bearbeitung anderer Erzeugnisse auf einer Produktionsanlage hergestellt wird (vgl. [21]). Bei der Bestimmung von Produktionslosgrößen ist zu unterscheiden, ob die Produktionsaufträge in eine Lagerstufe fließen oder für spezifische Kundenaufträge angestoßen werden.

Für den Fall einer Produktion auf Lager sind stichtagsbezogene oder periodenbezogene Bedarfe in Produktionsaufträge umzuwandeln. Durch die Wahl der Losgröße werden verschiedene logistische Zielgrößen maßgeblich beeinflusst. Klassisch werden in Unternehmen bei der Ermittlung der Produktionslosgrößen die losgrößenabhängigen Auftragsauflage- und Lagerhaltungskosten berücksichtigt (vgl. [21]). Die Auftragsauflagekosten, die häufig auch als Sortenwechselkosten, Einrichtekosten, Auftragswechselkosten, auflagenfixe Kosten oder einfach Rüstkosten bezeichnet werden, entstehen bei der Umstellung der Maschinen zwischen zwei Losen. Sie fallen bei jedem Loswechsel an und nehmen damit in Summe zu, wenn zugrunde liegende Losgrößen verkleinert werden. Die Auftragsauflagekosten setzen sich üblicherweise aus den folgenden Komponenten zusammen:

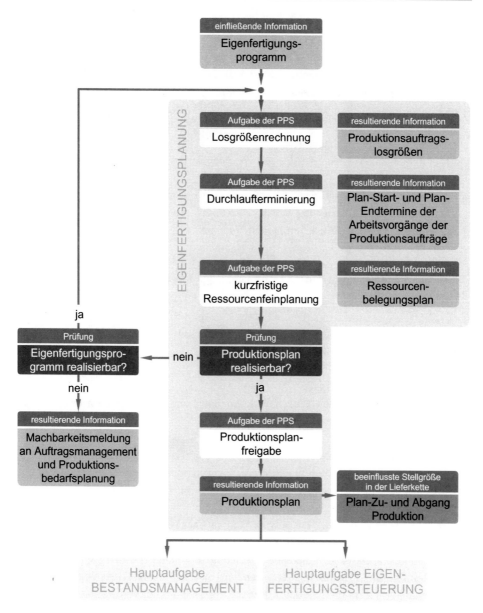

Abb. 5.27 Aufgaben der Eigenfertigungsplanung

- Material- und Lohnkosten für die Reinigung einer Anlage,
- Lohnkosten für Justierung der Anlage sowie das Montieren spezieller Ausrüstungsteile wie z. B. Spannvorrichtungen,
- Werkzeugwechselkosten und Transportkosten,
- Verwaltungsaufwand für das Erstellen des Fertigungsauftrags,

- Anlaufkosten zu Beginn der Losproduktion, z. B. durch erhöhten Ausschuss,
- Maschinenkosten während der Rüstzeit.

Die Lagerkosten bzw. Lagerhaltungskosten als zweite zentrale Komponente der direkten Kosten steigen mit zunehmenden Losgrößen, da die Anzahl der nicht sofort absetzbaren Produktionseinheiten steigt. Für diese fallen im Wesentlichen folgende Kosten an:

- Zinskosten für das gebundene Kapital,
- Abschreibungen, Versicherungskosten, Wartungskosten etc. für Gebäude und Lager-technik,
- Pflege- und Verwaltungsaufwand für gelagerte Artikel,
- Risiko- und Wagniskosten – bspw. durch Wertminderung,
- Kosten für die Ein- und Auslagerung der Produkte.

Neben den angesprochenen Auftragsauflage- und Lagerhaltungskosten existieren jedoch noch losgrößenabhängige Effekte auf die logistische Leistungsfähigkeit eines produzierenden Unternehmens. Die beeinflussten Größen sind (vgl. [22]):

- die Durchlaufzeiten der Aufträge durch die Produktion,
- die Streuung der Durchlaufzeiten,
- die Streuung der Terminabweichung,
- die Flexibilität der Produktion,
- der zur Kompensation der schlechten Logistikleistung der Produktion erforderliche Sicherheitsbestand im Fertigwarenlager.

Zur Berechnung von Produktionslosen werden unterschiedliche Verfahren eingesetzt, welche größtenteils ein Kostenminimum anstreben. Hierbei ist zwischen statischen und dynamischen Verfahren zu unterscheiden. Bei dem Einsatz statischer Verfahren wird eine feste Produktionslosgröße für einen Artikel berechnet (vgl. exemplarisch Harris [15], Andler [16] oder Nyhuis [23]). Diese wird dann als fixer Parameter für einen bestimmten Zeitraum im PPS-System hinterlegt. Die berechneten Produktionslosgrößen sind regelmäßig zu hinterfragen, da sich die der Berechnung zugrunde liegenden Parameter häufig ändern. Beim Einsatz dynamischer Verfahren wird in Abhängigkeit der aktuellen Rahmenbedingungen für jeden Produktionsauftrag erneut eine Produktionslosgröße berechnet (vgl. exemplarisch Wagner und Whitin [24], Silver und Meal [25] oder Helber [26]). Ein Vergleich der klassischen Verfahren zur Berechnung von Produktionslosgrößen zeigt, dass sich die Ergebnisse der einzelnen Verfahren hinsichtlich der Kostenwirksamkeit nur geringfügig unterscheiden. Das ist auch wenig verwunderlich, weil die meisten Verfahren auf dem gleichen Grundansatz basieren – der Gegenüberstellung der Lagerhaltungskosten für Fertigprodukte auf der einen Seite und der Kosten für den Auftragswechsel auf der anderen Seite (vgl. [27]). Aus Kostensicht haben die losgrößenabhängigen Kosten jedoch

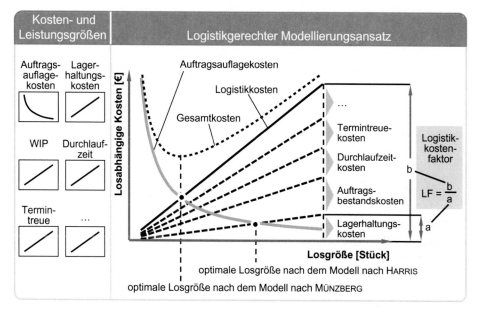

Abb. 5.28 Grundidee eines praxisnahen logistikorientierten Ansatzes zur Losgrößendimensionierung (in Anlehnung an Nyhuis et al. [29])

keinen signifikanten Einfluss auf die gesamten Stückkosten. Sie machen in der Regel lediglich einen Anteil im geringen Prozentbereich aus (vgl. [28]).

Die gegensätzliche Wirkung der losgrößenabhängigen Auftragsauflage- und Lagerhaltungskosten deutet an, dass bzgl. der berücksichtigten Kostenarten ein kostenminimaler Bereich beim Einstellen einer wirtschaftlich optimalen Produktionslosgröße existiert. Münzberg ermöglicht mit seinem Modell durch die Integration eines Logistikkostenfaktors in den klassischen Ansatz nach Harris, die Auswirkung der Losgrößenwahl auf die Logistikkosten und -leistung eines Produktionsbereichs zu berücksichtigen (vgl. [27]). Abb. 5.28 veranschaulicht den Grundgedanken des Modells.

Durch die zusätzliche Berücksichtigung logistischer Zielgrößen – neben den Kostengrößen – ergeben sich deutlich kleinere logistikorientierte Produktionslosgrößen. Diese Zielgrößen sind bspw. der WIP, die Durchlaufzeit oder die Termintreue; diese wurden im vorliegenden Modell in Kostengrößen transformiert. Abb. 5.28 zeigt deutlich die gegensätzliche Ausrichtung logistischer Zielgrößen in Abhängigkeit der gewählten Produktionslosgröße.

Zielkonflikt 14

Große Produktionslosgrößen beeinflussen die Auftragsauflagekosten positiv. Sie sind jedoch nachteilig hinsichtlich der resultierenden Lagerhaltungskosten in folgenden Lagerstufen sowie der logistischen Leistungsfähigkeit des Produktionsbereichs, was sich bspw. in den Durchlaufzeiten oder der Termintreue widerspiegelt. Hier liegt ein Zielkonflikt vor.

Ein Auftragsfertiger wandelt Kundenaufträge in der PPS-Hauptaufgabe Auftragsmanagement in Produktionsaufträge um. Das Unternehmen hat nun die Möglichkeit verschiedene Kundenaufträge, die gleiche Artikel umfassen, zu Produktionsaufträgen zusammenzufassen bzw. einen Kundenauftrag in mehrere Produktionsaufträge zu splitten. Das Zusammenfassen von Kundenaufträgen zu Produktionsaufträgen wirkt sich letztlich auf eine Größe positiv aus:

• die Auftragsauflagekosten.

Entsprechend lange Lieferzeiten zum Kunden sind eine Voraussetzung für eine Auftragszusammenfassung und somit auch als negativer Aspekt zu nennen. Zudem ergeben sich durch das Zusammenfassen von Kundenaufträgen zu Produktionsaufträgen:

• streuende Auftragsdurchlaufzeiten – gemessen vom Eingang des Kundenauftrags bis zum Auslieferungszeitpunkt des Produkts,
• lange Durchlaufzeiten,
• ein erhöhter Pufferbestand durch zu früh fertiggestellte Aufträge – entsprechende Pufferflächen müssen zur Verfügung stehen,
• ausgedehnte zeitliche Belastungen der Arbeitssysteme durch den gleichen Artikeltyp.

Durch das Aufteilen von Kundenaufträgen in mehrere Produktionsaufträge haben Unternehmen die Möglichkeit, die Flexibilität der Produktionsanlagen zu erhöhen, weil die Arbeitssysteme nicht zu lange durch einen einzelnen Auftrag belegt sind. Zudem lassen sich die Arbeitsinhalte der Produktionsaufträge harmonisieren, was einen positiven Effekt auf den Fluss in der Produktion hat. Dadurch erhöhen sich aber die Auftragsauflagekosten und es sind Flächen zur Pufferung und Komplettierung der Kundenaufträge erforderlich.

Zielkonflikt 15

Kundenspezifische Produktionsaufträge können zusammengefasst oder einzelne Aufträge können gesplittet werden. Wie auch beim Lagerfertiger wirken sich größere Produktionslose positiv auf die Auftragsauflagekosten aus. Kleinere Produktionslose erhöhen die Flexibilität und wirken sich positiv auf die Logistikleistung aus.

5.7.2 Durchlaufterminierung und kurzfristige Ressourcenfeinplanung

Im Anschluss an die Losgrößenrechnung erfolgen die Terminierung der einzelnen Auftragsdurchläufe sowie eine Zuordnung der Produktionsaufträge zu den einzelnen Arbeitssystemen bzw. Ressourcen. Primär sollen durch die Durchlaufterminierung bei gegebenen Plan-Fertigstellungsterminen die Plan-Starttermine für die Aufträge sowie Plan-Start- und Endtermine für die einzelnen Arbeitsvorgänge ermittelt werden. Hierbei wird von einer retrograden Terminierung gesprochen. Die Plan-Fertigstellungstermine leiten sich aus den Plan-Lieferterminen und einer ggf. eingeplanten Sicherheitszeit (vgl. Abschn. 5.2) oder aus Bedarfen zur Auffüllung von Lagern ab. In einigen Branchen wird hingegen häufig mit einer progressiven Terminierung gearbeitet. In diesem Fall wird ausgehend von dem Plan-Starttermin eines Produktionsauftrags ein Plan-Endtermin ermittelt. Dies ist bspw. mitunter im Anlagenbau der Fall. Um nun eine Durchlaufterminierung durchführen zu können, müssen die Durchlaufzeiten für die einzelnen Arbeitsvorgänge ermittelt werden. Die Ermittlung der Arbeitsvorgangsdurchlaufzeiten kann nach unterschiedlichen Ansätzen erfolgen:

- Schätzung der Durchlaufzeiten bspw. auf der Basis von Vergangenheitswerten (vgl. [7]),
- Schätzung der Durchlaufzeiten aus dem Arbeitsinhalt und einer pauschalen Warte- bzw. Liegezeit an den Arbeitssystemen (vgl. [7]),
- Berechnung der Durchlaufzeiten bspw. mit logistischen Modellen (vgl. [30]) oder mit Ansätzen des maschinellen Lernens (vgl. [31] oder exemplarisch Kramer et al. [32])

Nachdem die Arbeitsvorgangsdurchlaufzeiten ermittelt wurden, können diese dem Arbeitsplan des betrachteten Auftrags entsprechend in eine Reihenfolge gebracht und der Durchlauf des Auftrags terminiert werden (vgl. [6]). In Abb. 5.29 oben ist das generische Ergebnis einer Durchlaufterminierung eines Produktionsauftrags 1 zu sehen. Aus der Durchlaufterminierung ergeben sich die Plan-Start- und Plan-Endtermine des Produktionsauftrags sowie der einzelnen Arbeitsvorgänge. Daraus lässt sich erkennen, wann ein Auftrag an einem Arbeitssystem vorliegt.

Im Anschluss an die Durchlaufterminierung erfolgt die kurzfristige Ressourcenfeinplanung mit einer Belastungsrechnung und einer Kapazitätsplanung. Hier wird berücksichtigt, wie viele Aufträge sich gleichzeitig an den Arbeitssystemen befinden. Nun können die einzelnen Produktionsaufträge mit ihren Arbeitsvorgängen den Ressourcen (Personal oder Anlagen) in zeitlichen Perioden zugeordnet werden. Dies ist in Abb. 5.29 unten dargestellt. Hier zeigt sich der terminierte Durchlauf der Produktionsaufträge 1, 2 und 3. Daraus lässt sich die zeitliche periodenbezogene Zuordnung der Produktionsaufträge zu den Ressourcen A und B ableiten. An Ressource A werden bspw. im dargestellten Fall die jeweils ersten Arbeitsvorgänge bearbeitet und an Ressource B die jeweils zweiten Arbeitsvorgänge.

Aus der in Abb. 5.29 dargestellten periodenbezogenen Zuordnung der Produktionsaufträge zu den Ressourcen kann die Belastung der Ressourcen ermittelt und mit der zur Verfügung stehenden Kapazität abgeglichen werden. Dazu werden häufig Kapazitätsbelastungskonten oder Durchlaufdiagramme eingesetzt.

Abb. 5.30 zeigt das generische Kapazitätsbelastungskonto eines Arbeitssystems. Hier ist eine Vielzahl an Produktionsaufträgen über einen längeren Planungszeitraum berücksichtigt. Aus den Arbeitsplänen der Produktionsaufträge lassen sich die Arbeitsinhalte der einzelnen Arbeitsvorgänge entnehmen. Werden nun diese Arbeitsinhalte (gemessen in

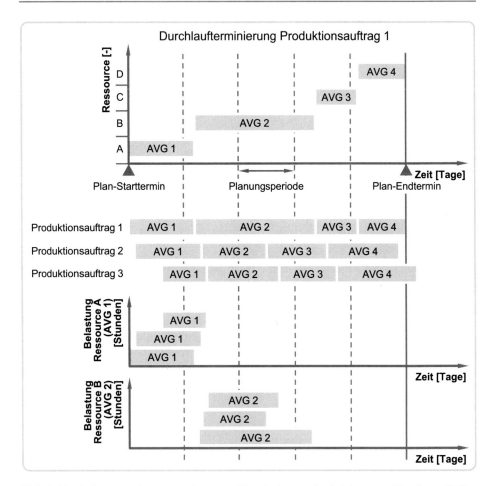

Abb. 5.29 Auftrags- und ressourcenbezogene Terminplanung (in Anlehnung an Brankamp [33])

Stunden) den Ressourcen zugeordnet, so ergibt sich ein periodenbezogener Belastungs-
verlauf eines betrachteten Arbeitssystems. Eine Periode kann bspw. eine Schicht oder
einen Tag umfassen.

Damit liegt nun ein Entwurf des Ressourcenbelegungsplans als erstes Ergebnis der
Durchlaufterminierung und Ressourcenfeinplanung vor. Nun gibt es verschiedene Gründe,
warum dieser Entwurf zu überarbeiten ist. Bspw. kann es sein, dass das Planungsergebnis
der Durchlaufterminierung nicht den Soll-Lieferterminen genügt, die sich unmittelbar aus
den Kundenwünschen ergeben. Oder es drohen aufgrund von Störungen Terminverzögerungen eines Produktionsauftrags. In diesem Fall muss die Durchlaufterminierung
und die Ressourcenfeinplanung erneut angestoßen werden. Flankierende Maßnahmen zur
Reduzierung von Durchlaufzeiten können eine Weitergabe von Teillosen an das folgende
Arbeitssystem oder ein Splitten von Produktionslosen sein.

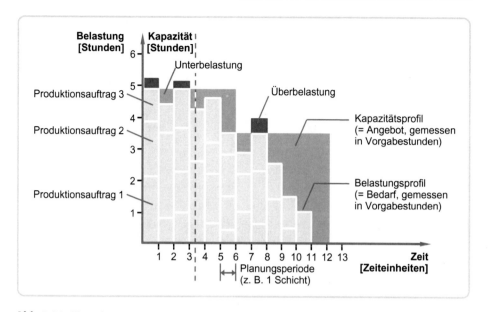

Abb. 5.30 Kapazitätskonto eines Arbeitssystems (in Anlehnung an Wiendahl [6])

Aus Sicht der Ressourcen ergibt sich die Notwendigkeit einer erneuten Planungsiteration aus Differenzen zwischen der Belastung einer Ressource und der zur Verfügung stehenden Kapazität. Wie auch das Beispiel in Abb. 5.30 zeigt, gibt es Perioden, in denen die Ressource überlastet ist, und andere Perioden, in denen die Ressource nicht ausgelastet ist. In diesem Fall werden Arbeitsvorgänge ggf. zeitlich verschoben, um das Kapazitätsangebot und die Belastung aufeinander abzustimmen. Dies wirkt sich jedoch auf die Belastung nachfolgender Ressourcen aus, sodass die Durchlaufterminierung und die Ressourcenfeinplanung ggf. nochmal zu überprüfen sind (vgl. [6]).

Bei der Festlegung der Plan-Durchlaufzeiten hat der Anwender große Freiheiten. Die Ist-Durchlaufzeiten sind jedoch keine im PPS-System einzustellende, sondern eine resultierende Größe, die sich in erster Linie aus dem Bestand im Produktionsbereich, den zur Verfügung stehenden Kapazitäten und den Reihenfolgevertauschungen in der Produktion ergibt. Dies ist in der Eigenfertigungssteuerung entsprechend zu berücksichtigen.

Die Wahl der Plan-Durchlaufzeiten wirkt sich auf unterschiedliche logistische Zielgrößen aus. Abb. 5.31 verdeutlicht die Zusammenhänge für ein Arbeitssystem. Im Bildteil a sind zwei generische Durchlaufdiagramme mit Plan-Werten hinterlegt. Im linken Durchlaufdiagramm (Betriebszustand I) wird mit kurzen Plan-Durchlaufzeiten gearbeitet und im rechten (Betriebszustand II) mit langen. Die Arbeitsinhalte der Aufträge seien ähnlich und Reihenfolgevertauschungen nicht vorgesehen.

Aufträge mit langen Plan-Durchlaufzeiten werden deutlich vor dem Plan-Fertigstellungstermin freigegeben bzw. gehen der betrachteten Ressource sehr früh zu. In diesem Betriebszustand warten mehrere Produktionsaufträge gleichzeitig auf ihre Bearbeitung. Somit ergeben sich aus den langen Plan-Durchlaufzeiten hohe Plan-Bestände

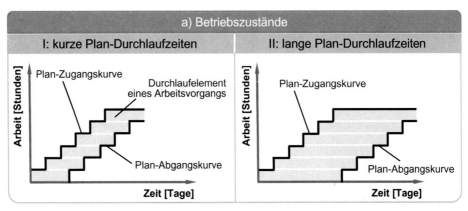

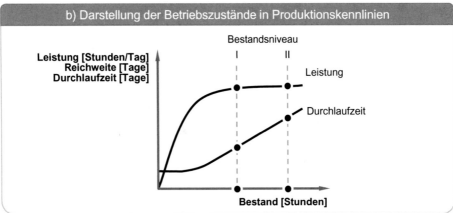

Abb. 5.31 Auswirkung der Plan-Durchlaufzeit auf die logistischen Zielgrößen

an den Ressourcen. Erfolgt die Auftragsfreigabe planmäßig, so sind auch die Ist-Bestände an den Ressourcen entsprechend hoch. Bei kurzen Plan-Durchlaufzeiten ergeben sich hingegen geringere Plan-Bestände und folglich auch geringere Ist-Bestände.

Wie die Produktionskennlinien in Teil b von Abb. 5.31 verdeutlichen, resultieren aus den niedrigen Beständen wiederum niedrige Ist-Durchlaufzeiten, während hohe Bestände lange Ist-Durchlaufzeiten nach sich ziehen. Die Leistung der Ressource wird in erster Linie durch die eingeplante Belastung vorgegeben. Aufgrund von Störungen in vorgelagerten Prozessen oder aufgrund von schwankenden Arbeitsinhalten der verschiedenen Arbeitsvorgänge kann es an Ressourcen zu Leistungseinbußen aufgrund eines fehlenden Arbeitsvorrats kommen. Je höher die Bestände an Aufträgen an den Ressourcen sind, desto unwahrscheinlicher sind Leistungseinbußen aufgrund von Materialflussabrissen. Dies verdeutlicht die in Teil b von Abb. 5.31 dargestellte Leistungskennlinie. Eine hinreichende Kapazitätsflexibilität der Ressourcen kann diesen Nachteil niedriger Bestände kompensieren.

Wird unterstellt, dass bei der Abarbeitung der Produktionsaufträge keine Reihenfolgevertauschungen vorgenommen werden, und stimmen die Plan-Bestände mit den Ist-Beständen überein, so wirkt sich die Länge der Plan-Durchlaufzeit nicht auf die Termintreue der Produktion aus. Erfahrungen und Untersuchungen in der industriellen Praxis zeigen jedoch, dass mit steigendem Bestand in den Produktionsbereichen die vorgenommenen Reihenfolgevertauschungen zunehmen. Hieraus ergeben sich Abweichungen zwischen Plan- und Ist-Durchlaufzeiten. Die Folge sind Terminabweichungen bei der Fertigstellung der Aufträge. Ein Grund für Reihenfolgevertauschungen kann bspw. das Einsteuern von Eilaufträgen sein, wobei ein gewisser Anteil an Eilaufträge für einen Produktionsbereich verkraftbar ist, ohne den Auftragsfluss signifikant zu stören und starke Streuungen der Durchlaufzeiten nach sich zu ziehen (vgl. [34]).

Zielkonflikt 16

Die Länge der Plan-Durchlaufzeiten wirkt sich auf den Plan- und den Ist-Bestand in den Produktionsbereichen aus. Längere Plan-Durchlaufzeiten ziehen höhere Bestände nach sich, stellen aber eine bestandsbedingt hohe Auslastung der Ressourcen sicher. Auf der anderen Seite verursachen sie lange Ist-Durchlaufzeiten und eine tendenziell schlechtere Terminsituation. Kürzere Plan-Durchlaufzeiten führen zu geringeren Beständen und kürzeren Ist-Durchlauf-zeiten. Die Terminsituation wird positiv beeinflusst. Auslastungsverluste aufgrund von Materialflussabrissen sind jedoch wahrscheinlicher.

5.7.3 Produktionsplanfreigabe

Nach Bearbeitung der vorangegangenen PPS-Aufgaben Losgrößenrechnung, Durchlaufterminierung und kurzfristige Ressourcenfeinplanung, kann der Produktionsplan schließlich freigegeben und an die Eigenfertigungssteuerung übergeben werden. Mit dem Produktionsplan werden die Plan-Zugänge und die Plan-Abgänge der Produktion final festgelegt.

5.8 Eigenfertigungssteuerung

Die Grundlage für die Eigenfertigungssteuerung bildet der aus der Eigenfertigungsplanung resultierende Produktionsplan. In der Eigenfertigungssteuerung werden die Produktionsaufträge in die Produktion eingelastet und anschließend durch die Produktion gesteuert. Den Ablauf zeigt Abb. 5.32. Zunächst findet eine Verfügbarkeitsprüfung der benötigten Ressourcen (Materialen sowie Personal- und Anlagenkapazitäten) statt. Sollten diese nicht in ausreichender Menge zur Verfügung stehen, wird die Realisierbarkeit des Produktionsauftrags untersucht. Ist diese nicht gegeben, muss der Auftrag umgeplant werden. Dazu wird die Realisierbarkeit des Eigenfertigungsprogramms überprüft. Ist das Eigenfertigungsprogramm generell umsetzbar, wird die Eigenfertigungsplanung erneut angestoßen, um den Produktionsauftrag umzuplanen. Ist das Eigenfertigungsprogramm nicht realisierbar, erfolgt eine Machbarkeitsmeldung an das Auftragsmanagement, um etwaige Terminverzüge gegenüber Kunden mit diesen abstimmen zu können, und an die Produktionsbedarfsplanung. Im Rahmen der PPS-Hauptaufgabe Produktionsbedarfsplanung wird dann erneut die Realisierbarkeit des Eigenfertigungsprogrammvorschlags und des Produktionsprogramms geprüft. Sollten diese nicht wie geplant umgesetzt werden können, müssen weiterreichende Maßnahmen wie eine Überprüfung der Beschaffungsartzuordnung oder eine Anpassung des Produktionsprogramms angestoßen werden. Die Kunden betreffende Änderungen sind mit diesen im Rahmen der Auftragskoordination abzustimmen.

Sind die erforderlichen Ressourcen für einen Produktionsauftrag vorhanden, so kann dieser freigegeben werden. Hierdurch wird der Ist-Zugang zur Produktion bestimmt. Der Ist-Abgang der Produktion, der im Groben durch die eingeplanten Kapazitäten als Ergebnis vorangehender Planungsaufgaben bestimmt wurde, wird nun im Rahmen der Kapazitätssteuerung genauer bestimmt. Die Reihenfolgebildung wirkt sich ebenso auf die Ist-Abgänge aus der Produktion aus, allerdings nicht bezogen auf die kumulativen Produktionsmengen, sondern auf die Abgangstermine der einzelnen Aufträge.

Entscheidungsrelevante Aufgaben der Eigenfertigungssteuerung
Die zentralen Aufgaben der PPS-Hauptaufgabe Eigenfertigungssteuerung sind die Auftragsfreigabe, die Kapazitätssteuerung und die Reihenfolgebildung. Allen drei Aufgaben liegen Zielkonflikte zugrunde, in den sich Unternehmen durch die zur Erfüllung der PPS-Aufgaben zu treffenden Entscheidungen positionieren müssen, wobei die getroffene Entscheidung stark vom eingesetzten Verfahren zur Erfüllung der Aufgabe abhängt.

Zielkonflikt 17: Auftragsfreigabe:
Bestand, Durchlaufzeit und Termintreue versus Auslastung
Erklärung: Je mehr Aufträge in die Produktion freigegeben werden, desto höher sind die Bestände, sofern die Kapazitäten nicht entsprechend angepasst werden. Dies wirkt sich positiv auf die Auslastung aus. Allerdings sind lange und tendenziell streuende Durchlaufzeiten die Folge. Dies wirkt sich negativ auf die Termintreue aus. Bei zu wenig freigegebenen Aufträgen sind die Effekte umgekehrt.

Zielkonflikt 18: Reihenfolgebildung:
Termintreue versus Leistung
Erklärung: Werden Aufträge in eine Reihenfolge gebracht, welche die effektive Leistung maximiert, werden Plan-Endtermine der Produktionsaufträge vernachlässigt. Umgekehrt werden leistungsmindernde Auftragswechselaufwände außer Acht gelassen, wenn Produktionsaufträge rein terminorientiert priorisiert werden.

Zielkonflikt 19: Kapazitätssteuerung:
Kapazitätsflexibilität versus Kosten
Erklärung: Die Kapazitätsflexibilität ist keine primäre logistische Zielgröße. Sie bietet jedoch großes Potenzial, um Konflikte zwischen logistischen Zielgrößen zu entspannen. Auf der anderen Seite verursacht eine hohe Kapazitätsflexibilität signifikante Kosten.

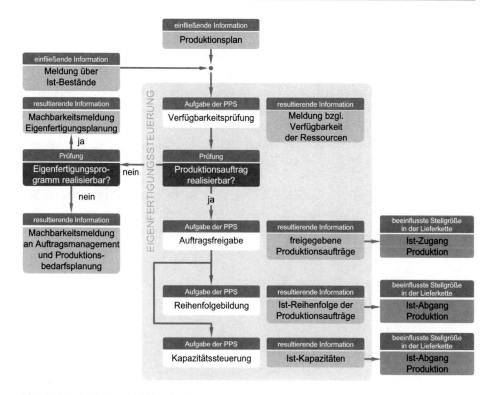

Abb. 5.32 Aufgaben der Eigenfertigungssteuerung

Die Kernergebnisse der Eigenfertigungssteuerung sind freigegebene Produktionsaufträge, die Reihenfolge der Produktionsaufträge und die zur Verfügung gestellten Ist-Kapazitäten, wodurch der Ist-Zugang und der Ist-Abgang der Produktion bestimmt sind.

5.8.1 Verfügbarkeitsprüfung

Bevor die Produktionsaufträge im Rahmen der Eigenfertigungssteuerung freigegeben werden, sind die erforderlichen Materialien sowie Personal- und Anlagenkapazitäten auf ihre Verfügbarkeit hin zu prüfen.

5.8.2 Auftragsfreigabe

Nach der Verfügbarkeitsprüfung können die Produktionsaufträge für die physische Bearbeitung freigegeben werden. Die Auftragsfreigabe regelt den Ist-Zugang zur Produktion und wirkt sich damit unmittelbar auf die logistischen Zielgrößen WIP, Durchlaufzeit, Termintreue und Auslastung aus. Werden mehr Aufträge in die Produktion freigegeben, als abgearbeitet werden können, steigen WIP und Durchlaufzeit. Die Termintreue sinkt, da die Produktionsbereiche in Rückstand geraten. Die Auslastung ist aufgrund des hohen Auftragsbestands auf einem sehr hohen Niveau. Werden in der Produktion weniger Aufträge freigegeben, als abgearbeitet werden können, sinken WIP und Durchlaufzeit. Die Terminsituation wird hierdurch positiv beeinflusst. Irgendwann kommt es allerdings zu bestandsbedingten Auslastungsverlusten. Schwankt die Anzahl und der Arbeitsinhalt der freigegebenen Aufträge stark über dem Zeitverlauf, so streuen auch das Bestandsniveau und die Durchlaufzeiten, was sich negativ auf die Terminsituation auswirkt. Auslastungsverluste aufgrund von Materialflussabrissen sind wahrscheinlich. Eine hinreichend hohe Kapazitätsflexibilität entspannt diesen Zielkonflikt.

Zur Freigabe der Produktionsaufträge existiert eine Reihe von Verfahren. Diese haben teilweise eine ähnliche Wirkrichtung hinsichtlich der beeinflussten logistischen Zielgrößen und teilweise eine gegensätzliche. Die Auftragsfreigabe kann im Kern nach drei Prinzipien erfolgen:

- sofort nach Bekanntwerden eines Auftrags,
- terminorientiert oder
- bestandsorientiert.

Bei einer sofortigen Auftragsfreigabe werden die Produktionsaufträge unmittelbar nach deren Bekanntwerden freigegeben, sei es durch einen Kundenauftrag oder durch die Notwendigkeit der Auffüllung eines Lagers. Vorhandene freie Kapazitäten in den Produktionsbereichen, Plan-Termine sowie Plan- und Ist-Bestände in den Produktionsbereichen werden hierbei nicht berücksichtigt. Einige Aufträge sind lange vor einem Plan-Endtermin bekannt, andere erst kurz davor. Dies hat zur Folge, dass die Plan- und die Ist-Durchlaufzeiten der einzelnen Aufträge stark schwanken. Um dies zu kompensieren und Plan-Endtermine zu halten, sind ständige Reihenfolgevertauschungen im folgenden Auftragsfluss durch die Produktion nicht zu vermeiden. Durch die vergleichsweise unkoordinierte Freigabe der Aufträge, verstärkt durch eine naturgemäß schwankende Marktnachfrage, ergibt sich eine starke Schwankung der Belastung der Produktionsbereiche, was mitunter zu Auslastungsverlusten, aber immer zu Bestandsschwankungen und Durchlaufzeitschwankungen führt. Eine unbefriedigende Terminsituation ist die Folge. Dieser kann nur durch eine sehr große Kapazitätsflexibilität begegnet werden.

Bei einer terminorientierten Auftragsfreigabe werden die Produktionsaufträge in Abhängigkeit vom Plan-Starttermin freigegeben. Die Produktionsaufträge können somit zunächst termingerecht gestartet werden. Hierbei besteht die Gefahr, dass absatzmarktbedingte Belastungsschwankungen direkt an die Produktion weitergegeben werden, sofern vorher keine hinreichende Kapazitätsabstimmung stattgefunden hat. Daraus resultieren wiederum Bestands- und Durchlaufzeitschwankungen, welche eine unzureichende Terminsituation nach sich ziehen. Auch hierbei kann eine entsprechend hohe Kapazitätsflexibilität den Konflikt zwischen den logistischen Zielgrößen Bestand, Durchlaufzeit und Termintreue sowie Auslastung entspannen.

Werden die Produktionsaufträge unter Berücksichtigung des aktuellen Bestands in der Produktion freigegeben, so hat dies zur Folge, dass das Bestandsniveau und damit die Durchlaufzeiten relativ konstant sind und nur gering streuen. Aufträge werden in diesem Fall nur dann freigegeben, wenn ein bestimmtes Bestandsniveau in der Produktion nicht überschritten wird. Bei Belastungsspitzen müssen dementsprechend Aufträge hinsichtlich ihres Auftrags-starts verzögert werden, was sich negativ auf deren Termintreue auswirken kann. Dieser Effekt wirkt auch als Dilemma der Ablaufplanung bezeichnet (vgl. [35]). Ihm kann nur durch eine hinreichende Flexibilität der Kapazitäten ausgeglichen werden.

Zielkonflikt 17

Durch die Freigabe der Produktionsaufträge werden logistische Zielgrößen, die teilweise konfliktionär ausgerichtet sind, signifikant beeinflusst. Der vorliegende Zielkonflikt zwischen niedrigem WIP, kurzen Durchlaufzeiten und einer hohen Termintreue auf der einen Seite sowie einer hohen Auslastung auf der anderen Seite entspricht dem klassischen Dilemma der Ablaufplanung nach Gutenberg.

5.8.3 Reihenfolgebildung

Die Reihenfolgebildung ist nicht mit der Reihenfolgeplanung zu verwechseln. Bei der Reihenfolgeplanung wird im Rahmen der Eigenfertigungsplanung eine Plan-Reihenfolge der Aufträge erzeugt. Dies kann explizit durch die Formulierung einer Auftragsreihenfolge erfolgen oder wird implizit durch die Vergabe von Plan-Start- und -Endterminen der Aufträge und der einzelnen Arbeitsvorgänge der Produktionsaufträge vorgegeben (vgl. Abschn. 5.7).

Bei der Reihenfolgebildung werden freigegebene, sich bereits in der Produktion befindliche Aufträge, die vor einem Arbeitssystem eine Warteschlange bilden, priorisiert und somit in eine Reihenfolge gebracht. Durch die Priorisierung von Aufträgen in den Puffern vor Arbeitssystemen werden verschiedene logistische Zielgrößen beeinflusst. Es existiert eine Reihe von Verfahren zur Reihenfolgebildung an den Arbeitssystemen. Diese Verfahren lassen sich nach ihrer generellen Ausrichtung bzw. Funktionslogik in verschiedene Klassen unterteilen:

- nach der Reihenfolge der Ankunft (natürliche Reihenfolge),
- rüstaufwandsorientiert,
- terminorientiert und
- zur Steuerung von Beständen in nachfolgenden Lagerstufen.

Werden Aufträge in der natürlichen Reihenfolge bearbeitet, sind keine Reihenfolgevertauschungen vorzunehmen. Es gilt das Prinzip „first come – first serve". Termine und Rüstaufwände werden hierbei nicht berücksichtigt. Durch die ausbleibenden Reihenfolgevertauschungen werden Streuungen der Durchlaufzeiten auf ein Minimum reduziert.

Die rüstaufwandsorientierte Reihenfolgebildung bringt die Produktionsaufträge nach jedem Neuzugang in eine Reihenfolge, die möglichst wenig Rüstaufwand an den Arbeitssystemen verursacht. Hierdurch soll die effektive Leistung der Arbeitssysteme gesteigert werden. Plan-Endtermine der Produktionsaufträge spielen eine untergeordnete Rolle.

Terminorientierte Verfahren berücksichtigen den Plan-Start-, den Plan-Endtermin oder verbleibende Pufferzeiten und Arbeitsinhalte der einzelnen Produktionsaufträge. Primäres Ziel ist es, die Produktionsaufträge termingerecht fertigzustellen. Anfallende Aufwände, die durch das Rüsten der Arbeitssysteme entstehen, werden hierbei nicht berücksichtigt.

Reihenfolgeregeln zur Steuerung von Beständen in nachfolgenden Lagerstufen sind in der Praxis von untergeordneter Bedeutung. Hierbei werden Produktionsaufträge bevorzugt, die der Auffüllung von Lagerartikeln dienen, deren Bestand zeitnah aufgebraucht ist. Die Wirkung dieses Prinzips der Reihenfolgebildung ist der einer terminorientierten Reihenfolgebildung sehr ähnlich. Auch hier werden Produktivitätsaspekte vernachlässigt.

Im Kern zeichnet sich bei der Reihenfolgebildung ein Zielkonflikt zwischen einer hohen Leistung an den Arbeitssystemen und einer hohen Termintreue ab. Abb. 5.33 verdeutlicht diesen Zielkonflikt.

Eine natürliche Reihenfolgeregel (bspw. die First-in-First-out-Regel) beeinflusst die logistischen Zielgrößen nicht signifikant. Da keine Reihenfolgevertauschungen vorgenommen werden, reduzieren sich die Schwankungen der Durchlaufzeiten. Dadurch ergibt sich eine tendenziell hohe Übereinstimmung der Plan-Durchlaufzeiten mit den Ist-Durchlaufzeiten, was wiederum eine hohe Termintreue unterstützt.

Wird eine eher rüstaufwandsorientierte Reihenfolgeregel in Produktionsbereichen umgesetzt, so steigert dies unmittelbar die effektive Leistung der einzelnen Arbeitssysteme,

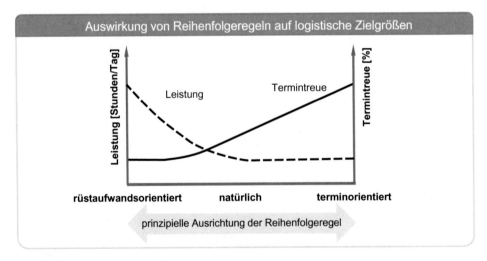

Abb. 5.33 Wirkung der Reihenfolgebildung auf logistische Zielgrößen (in Anlehnung an Mayer und Nyhuis [36])

da weniger Verschwendungen durch Rüsttätigkeiten oder Handhaben von Material anfallen. Durch das Verändern der Abarbeitungsreihenfolge der Produktionsaufträge ohne Berücksichtigung der Terminsituation wird die Zielgröße Termintreue jedoch negativ beeinflusst.

Werden die Produktionsaufträge eher terminorientiert priorisiert, so verbessert dies die Terminsituation. Hinsichtlich der effektiven Leistung der Arbeitssysteme ist im Vergleich zur natürlichen Abarbeitungsreihenfolge keine reihenfolgebedingte Veränderung der effektiven Leistung zu erwarten.

Zielkonflikt 18

Durch die Reihenfolgebildung werden im Kern die logistischen Zielgrößen Leistung und Termintreue beeinflusst. Leistungsorientierte Reihenfolgeregeln tragen zur Steigerung der effektiven Leistung an den Arbeitssystemen bei, wirken sich jedoch negativ auf die Termintreue aus. Eine terminorientierte Reihenfolgebildung verbessert die Terminsituation in Produktionsbereichen.

5.8.4 Kapazitätssteuerung

Im Rahmen der PPS-Hauptaufgaben Produktionsprogrammplanung, Auftragsmanagement, Produktionsbedarfsplanung und Eigenfertigungsplanung wurde ein Kapazitätsangebot mit der Kapazitätsnachfrage auf Basis von Plan-Bedarfen oder Plan-Aufträgen mit mittel- bis langfristigem Planungshorizont abgestimmt. Bei der PPS-Aufgabe Kapazitätssteuerung werden kurzfristig und in der Regel für freigegebene, sich in der Produktion befindliche Produktionsaufträge die tatsächlich eingesetzten Kapazitäten gesteuert. Der Entscheidungsspielraum ist generell deutlich kleiner als bei den Planungsschritten zur Abstimmung von Kapazitätsangebot und -nachfrage. Im Rahmen der Kapazitätssteuerung wird allgemein entschieden über (vgl. [4]):

* Arbeitszeiten,
* die Zuordnung von mehrfach qualifizierten Mitarbeitern zu Arbeitssystemen,
* den Einsatz von Überstunden sowie
* sonstigen Maßnahmen der Kapazitätsflexibilität.

Die Kapazität in Produktionsbereichen können im Allgemeinen

* starr,
* planorientiert,
* rückstandsorientiert,
* bestandsregelnd oder
* leistungsmaximierend

gesteuert werden. Abb. 5.34 veranschaulicht die Auswirkungen unterschiedlicher Ansätze zur Kapazitätssteuerung.

Im Fall starrer Kapazitäten (Abb. 5.34, Teil a) werden diese nicht an aktuelle Ist-Bedarfe und ggf. einen aktualisierten Plan-Abgang angepasst. Im Produktionsbereich stehen gleichbleibende Kapazitäten zur Bearbeitung der Produktionsaufträge zur Verfügung. Liegt im betrachteten Produktionsbereich temporär eine hohe Belastung vor, kann im Rahmen der Kapazitätssteuerung nicht darauf reagiert werden. Wenn die Belastung größer ist als die ursprüngliche Plan- und Ist-Kapazität und damit als der Ist-Abgang, wird der Produktionsbereich in Rückstand geraten. Dies wirkt sich unmittelbar negativ auf die Durchlaufzeiten (Länge und Streuung der Durchlaufzeiten) sowie auf die Termintreue aus. Liegt hingegen eine Belastungssituation unter dem vorgesehenen Kapazitätsniveau vor, sind Auslastungsverluste in Kauf zu nehmen oder Produkte müssen auf Lager vorproduziert werden mit dem Risiko, dass diese später nicht am Markt abgesetzt werden können. Beispiele für starre Kapazitäten finden sich in der Metallerzeugung, in denen das Hoch- und Herunterfahren von Produktionsanlagen sehr kostenintensiv ist.

Für das Steuern der Kapazität nach dem Produktionsplan (planorientiert) gilt ähnliches, jedoch in abgeschwächter Form. Auch hier findet eine kurzfristige Anpassung der Kapazitäten hinsichtlich aktueller Ereignisse, wie Bedarfsänderungen nicht statt. Jedoch können die Plan-Kapazitäten grobmaschig bspw. in jeder Plan-Periode angepasst werden.

Im Fall einer rückstandorientierten Kapazitätssteuerung wird an den Arbeitssystemen der aktuelle Produktionsfortschritt gemessen. Arbeitet das Arbeitssystem im Rückstand bspw. aufgrund von Belastungsschwankungen oder Störungen am Arbeitssystem oder in

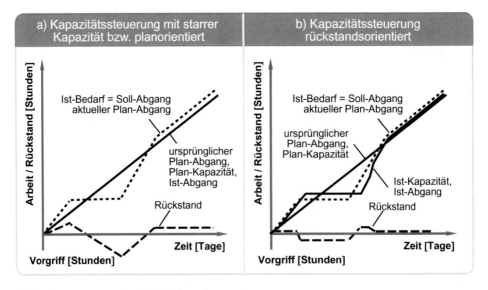

Abb. 5.34 Wirkung prinzipieller Kapazitätssteuerungsansätze

vorgelagerten Prozessen, werden kapazitätserhöhende Maßnahmen wie Überstunden oder Wochenendarbeit eingeleitet. Ist die tatsächliche Belastung geringer als geplant, werden die eingeplanten Kapazitäten bspw. durch die Verkürzung der Tagesarbeitszeit reduziert. Teil b von Abb. 5.34 verdeutlicht die Wirkungsweise. Bei einer hinreichend großen Kapazitätsflexibilität können Rückstandsschwankungen, abgesehen von kurzen Reaktionszeiten zur Anpassung der Kapazität, auf ein Minimum reduziert werden. Dadurch werden rückstandsinduzierte Terminverzögerungen von Produktionsaufträgen drastisch gemindert. Auf der anderen Seite sind Maßnahmen zur Steuerung von Kapazitäten sowie das generelle Vorhalten einer Kapazitätsflexibilität in der Regel mit einem monetären Aufwand verbunden. Kosten für eine Kapazitätsanpassungsmaßnahme können bspw. Überstundenzuschläge sein. Kosten für eine installierte Kapazitätsflexibilität ergeben sich bspw. aus der Überkapazität, die anlagenseitig vorgehalten wird. Hier baut sich ein Spannungsfeld zwischen Zielgrößen auf. Dieser Zielkonflikt lässt sich nur teilweise durch gestalterische Maßnahmen entlang der unternehmensinternen Lieferkette entschärfen. In erster Linie sind Abstimmungen mit den Arbeitnehmervertretern (Gewerkschaften, Betriebsräte etc.) notwendig, um hier bspw. zu Einigungen bzgl. flexibler Arbeitszeitmodelle zu kommen.

Die Wirkungsweise einer bestandsregelnden Kapazitätssteuerung ist der einer rückstandsorientierten sehr ähnlich. Der Unterschied liegt darin, dass nicht der Rückstand, sondern der aktuell am Arbeitssystem vorliegende Bestand als Regelgröße verwendet wird.

Die leistungsmaximierende Kapazitätssteuerung ist eine Sonderform der rückstandsorientierten Kapazitätssteuerung. Ziel ist es, den Output aus einem Produktionsbereich zu maximieren. Hierbei werden die Arbeitssysteme vor einem Engpasssystem so gesteuert, dass der Kapazitätsengpass immer mit Material versorgt ist und am Kapazitätsmaximum operieren kann. Das Engpasssystem soll somit gegenüber einem Plan, der die volle Ausnutzung der Engpasskapazität vorsieht, nicht in Rückstand geraten. Ungenutzte Kapazitäten sind hierbei auf ein Minimum zu reduzieren.

Zielkonflikt 19

Der in der Kapazitätssteuerung vorliegende Zielkonflikt zwischen Zielgrößen wird durch das Maß an installierter und genutzter Kapazitätsflexibilität bestimmt. Je größer die Kapazitätsflexibilität, desto mehr Kosten müssen dafür in Kauf genommen werden. Auf der anderen Seite werden die logistischen Zielgrößen Auslastung, Durchlaufzeit, WIP und Termintreue positiv durch eine große Kapazitätsflexibilität beeinflusst.

Die Eigenfertigungssteuerung ist eine permanent zu erfüllende PPS-Hauptaufgabe. Im Kern werden die physisch in der Produktion befindlichen Aufträge durch die unternehmensinterne Lieferkette gesteuert. Das Ergebnis sind die fertiggestellten Produktionsaufträge – also die Halbfabrikate und die Fertigerzeugnisse.

5.9   Auftragsversand

Die fertiggestellten Produktionsaufträge müssen über den Auftragsversand den Kunden zugeführt werden. Die einzelnen PPS-Aufgaben sind in Abb. 5.35 dargestellt. Im Auftragsversand werden zwei verschiedene Auftragsarten bearbeitet. Zum einen handelt es sich um kundenspezifisch gefertigte Aufträge, mit denen ein vereinbarter Liefertermin verbunden ist. Dieser wird aus dem Auftragsmanagement an den Auftragsversand übermittelt. Zum anderen werden Kunden mit lagerhaltigen Artikeln beliefert. Die Kundenaufträge, die aus einem Lager zu bedienen sind, werden zunächst erfasst. Sie definieren den Soll-Abgang für kundenauftragsneutral hergestellte, lagerhaltige Produkte. Für die auszuliefernden Aufträge wird nun anhand von Informationen aus dem Bestandsmanagement die Verfügbarkeit der Fertigerzeugnisse überprüft. Sind diese nicht oder im Fall geforderter Komplettlieferungen nur teilweise verfügbar, muss ermittelt werden, wann das Fertigwarenlager wieder mit den nachgefragten Produkten befüllt werden kann. Auf Basis dieser Information wird mit dem Kunden über die PPS-Aufgabe Auftragskoordination ein alternativer Liefertermin abgestimmt. Sind die nachgefragten Produkte verfügbar, wird der Auftrag der Versandabwicklung übergeben. Der Versandauftrag und die Versandpapiere werden erstellt und der Transport wird angestoßen. Das Kernergebnis des Auftragsversands ist der Versandauftrag, der letztlich den Plan-Abgang im Versand bestimmt und den Ist-Abgang anstößt.

In der PPS-Hauptaufgabe Auftragsversand sind keine wesentlichen Entscheidungen zu treffen, denen Zielkonflikte zwischen logistischen Zielgrößen zugrunde liegen. Vielmehr steht eine schnelle Abwicklung der Versandprozesse im Vordergrund dieser PPS-Hauptaufgabe. Die mit der PPS-Hauptaufgabe Auftragsversand in Zusammenhang stehenden Zielkonflikte, die bspw. durch die Festlegung eines Plan-Bestands für lagerhaltige Fertigwaren oder durch die Festlegung einer Sicherheitszeit für kundenauftragsspezifisch hergestellte Produkte entstehen, werden in anderen PPS-Hauptaufgaben adressiert.

Entscheidungsrelevante Aufgaben des Auftragsversands
Im Rahmen der PPS-Hauptaufgabe Auftragsversand sind keine wesentlichen Entscheidungen zu treffen. Der Versand der Waren ist zu veranlassen, sofern die entsprechenden Produkte verfügbar sind.

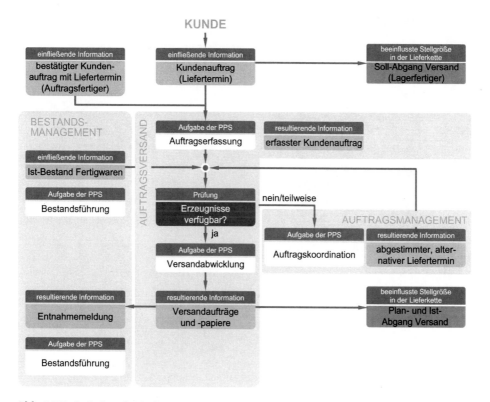

Abb. 5.35 Aufgaben des Auftragsversands

5.10   Bestandsmanagement und Produktionscontrolling

In den Kernprozessen entlang der unternehmensinternen Lieferkette werden regelmäßig
Ist-Zu- und Ist-Abgangsereignisse über eine Betriebsdatenerfassung aufgenommen und
aufbereitet und in den PPS-Hauptaufgaben Bestandsmanagement und Produktionscontrolling verarbeitet (Abb. 5.36). Bei diesen Betriebsrückmeldedaten handelt es sich
u. a. um Buchungen von Bestandsbewegungen in Lagerstufen, Rückmeldungen von
Arbeitssystemen zu geleisteten Arbeiten oder Buchungen von Produktionsaufträgen
(z. B. zur Fertigmeldung von Produktionsaufträgen).

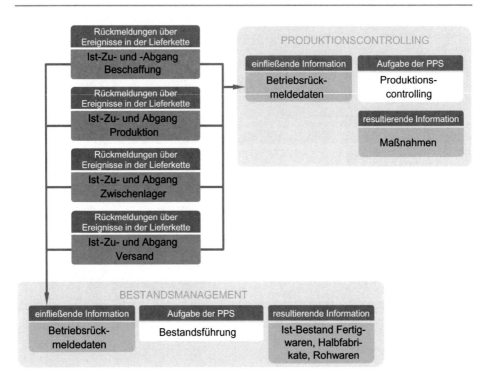

Abb. 5.36 Verarbeitung von Rückmeldungen aus der unternehmensinternen Lieferkette

5.10.1 Bestandsmanagement

Im Rahmen des Bestandsmanagements werden die rückgemeldeten Ist-Daten aus den Kernprozessen Beschaffung, Zwischenlager und Versand verarbeitet und dienen in erster Linie der Bestandsführung, um über möglichst echtzeitnahe Informationen über Warenbestände zu verfügen.

Zudem ist das Bestandsmanagement für die Bestandsplanung der Fertigerzeugnisse, Halbfabrikate und Rohwaren zuständig. Diese PPS-Aufgabe, bei denen zielgrößenrelevante Entscheidungen zu treffen sind, wurde bereits in Abschnitten Abschn. 5.1 und 5.3 diskutiert.

5.10.2 Produktionscontrolling

Des Weiteren dienen die entlang der unternehmensinternen Lieferkette erfassten Betriebsrückmeldedaten im Rahmen des Produktionscontrollings der Überwachung des Auftragsfortschritts. Die Daten werden genutzt, um zeitnah auf etwaige Störungen im Auftragsabwicklungs- und Auftragsbearbeitungsprozess bspw. durch Maßnahmen der Kapazitätssteuerung in der PPS-Hauptaufgabe Eigenfertigungssteuerung reagieren zu können.

Die rückgemeldeten Daten werden hinsichtlich Abweichungen zwischen den Ist-, den Plan- und den Soll-Werten analysiert. Auf Basis dieser Analysen lassen sich im Rahmen des Produktionscontrollings Maßnahmen zur Verbesserung der logistischen Leistungsfähigkeit und zur Reduzierung der Logistikkosten in den Kernprozessen der unternehmensinternen Lieferkette ableiten.

Literatur

1. Nyhuis P (1996) Lagerkennlinien – ein Modellansatz zur Unterstützung des Beschaffungs- und Bestandscontrollings. In: Baumgarten H, Holzinger D, Rühle H v, Schäfer H, Stabenau H, Witten P (Hrsg) RKW-Handbuch Logistik. Erich Schmidt, Berlin, S 5066/1
2. Lutz S (2002) Kennliniengestütztes Lagermanagement. VDI, Düsseldorf
3. Schuh G, Stich V (2012) Produktionsplanung und -steuerung 1. 4., überarb. Aufl. Springer, Berlin
4. Lödding H (2008) Verfahren der Fertigungssteuerung. Grundlagen, Beschreibung, Konfiguration, 2. erw. Aufl. Springer, Berlin/Heidelberg
5. Lödding H, Nyhuis P, Schmidt M, Kuyumcu AK (2012) Modelling lateness and schedule reliability: how companies can produce on time. Prod Plan Control 25(1):1–14
6. Wiendahl H-P (2014) Betriebsorganisation für Ingenieure, 8., überarb. Aufl. Hanser, München
7. Wiendahl H-P (2010) Betriebsorganisation für Ingenieure, 7., akt. Aufl. Hanser, München
8. Schmidt M, Bertsch S, Nyhuis P (2014) Schedule compliance operating curves and their application in designing the supply chain of a metal producer. Prod Plan Control 25(2):123–133
9. Plossl GW (1991) Managing in the new world of manufacturing. How companies can improve operations to compete globally. Prentice Hall, Englewood Cliffs
10. Schönsleben P (2007) Integrales Logistikmanagement – Operations und Supply Chain Management in umfassenden Wertschöpfungsnetzwerken, 5., bearb. u. erw. Aufl. Springer, Berlin/Heidelberg
11. Beckmann H, Schmitz M (2008) Auswahl der Fertigungsart. In: Arnold D, Isermann H, Kuhn A, Tempelmeier H, Furmans K (Hrsg) Handbuch Logistik. 3., neu bearb. Aufl. Springer (VDI-Buch), Berlin, S 278–280
12. Nyhuis P, Rottbauer H (2003) Erfolgsfaktoren und Hebel der Beschaffung im Rahmen eines Integrated Supply Managements. In: Bogaschewsky R (Hrsg) Integrated Supply Management. Einkauf und Beschaffung: Effizienz steigern, Kosten senken. Deutscher Wirtschaftsdienst, Köln, S 117–137
13. Klaus P, Krieger W, Krupp M (Hrsg) (2012) Gabler Lexikon Logistik. Management logistischer Netzwerke und Flüsse, 5. Aufl. Gabler Verlag, Wiesbaden
14. Supply Chain Council (2010) SCOR Supply Chain Operations Reference model. Rev. 10.0. Supply Chain Council Inc., Cypress
15. Harris FW (1913) How many parts to make at once. Factory, the magazine of management 10(2):135–136
16. Andler K (1929) Rationalisierung der Fabrikation und optimale Losgröße. Oldenbourg, München
17. Silver EA, Pyke DF, Peterson R (1998) Inventory management and production planning and scheduling, 3. Aufl. Wiley, New York
18. Verband für Arbeitsstudien und Betriebsorganisation (1991) Planung und Steuerung, Teil 2, 1. Aufl. Hanser, München
19. Kluck D (1998) Materialwirtschaft und Logistik. Lehrbuch mit Beispielen und Kontrollfragen. Schäffer-Poeschel, Stuttgart
20. Wittenstein M (2006) Forschung und regionale Produktionsnetzwerke – eine lebenswichtige Symbiose? Wissenschaftliches Festkolloquium. Universität Stuttgart, Stuttgart, 09.06.2006

21. Schneider HM, Buzacott JA, Rücker T (2005) Operative Produktionsplanung und -steuerung. Konzepte und Modelle des Informations- und Materialflusses in komplexen Fertigungssystemen. Oldenbourg, München

22. Nyhuis P, Münzberg B, Schmidt M (2011) Discussion of lot sizing approaches and their influence on economic production. In: Proceedings of the 21st international conference on production research, 31. Juli – 4. August 2011, Stuttgart, Germany

23. Nyhuis P (1991) Durchlauforientierte Losgrößenbestimmung. VDI, Düsseldorf

24. Wagner HM, Whitin TM (1958) Dynamic version of the economic lot size model. Manage Sci 5(1):89

25. Silver EA, Meal HC (1973) A heuristic for selecting lot size quantities for the case of a deterministic time-varying demand rate and discrete opportunities for replenishment. Prod Inventory Manag 14:64–74

26. Helber S (1995) Lot sizing in capacitated production planning and control systems. OR Spektrum 17:5–18

27. Münzberg B (2013) Multikriterielle Losgrößenbildung. PZH, Garbsen

28. Petry K (2004) Entwicklung eines Losplanungsverfahrens zur Harmonisierung des Auftragsdurchlaufs. Shaker, Aachen

29. Nyhuis P, Münzberg B, Schmidt M (2013) Oft rüsten hilft viel – Losgrößenbildung in der Produktion. Controlling 25(8/9):479–486

30. Nyhuis P, Wiendahl H-P (2012) Logistische Kennlinien. Grundlagen, Werkzeuge und Anwendungen, 3. Aufl. Springer, Berlin/Heidelberg

31. Burggräf P, Wagner J, Koke B, Steinberg F (2020) Approaches for the prediction of lead times in an engineer to order environment – a systematic review. IEEE Access 8:142434–142445

32. Kramer K, Wagner C, Schmidt M (2020) Machine learning-supported planning of lead times in job shop manufacturing. In: Lalic B, Majstorovic V, Marjanovic U, von Cieminski G, Romero D (Hrsg) APMS: IFIP international conference on advances in production management systems, advances in production management systems. The path to digital transformation and innovation of production management systems, IFIP WG 5.7 international conference, APMS 2020, Novi Sad, Serbia, 30 Aug – 3 Sept 2020, Proceedings, Part I, S 363–370

33. Brankamp K (1973) Ein Terminplanungssystem für Unternehmen der Einzel- und Serienfertigung. Voraussetzungen, Gesamtkonzeption und Durchführung mit EDV, 2., überarb. u. erw. Aufl. Physica, Würzburg/Wien

34. Trzyna D, Kuyumcu A, Lödding H (2012) Throughput time characteristics of rush orders and their impact on standard orders. Proc CIRP 3:311–316

35. Gutenberg E (1966) Grundlagen der Betriebswirtschaftslehre. erster Band – die Produktion, 12. Aufl. Springer, Berlin/Heidelberg

36. Mayer J, Nyhuis P (2015) Cybernetic approach for interdepartmental cause-effect relationship modelling. In: Laptaned U, Nartea G (Hrsg) Proceedings of the 4th international conference on production and supply chain management. Thailand Management Association, Bangkok, S 363–376

Standardisierte Beschreibung der PPS-Aufgaben

6

Inhaltsverzeichnis

Zusammenfassung

Das Kap. 6 „Standardisierte Beschreibung der PPS-Aufgaben" liefert eine steckbriefartige Darstellung aller Aufgaben der Produktionsplanung und -steuerung (PPS). Dabei werden neben der Aufgabenbeschreibung die für die Aufgabe relevanten Informationen, gängige Verfahren und auftretende Zielkonflikte adressiert. Gegliedert werden die PPS-Aufgaben nach den übergeordneten PPS-Hauptaufgaben.

Auf den folgenden Seiten sind die Aufgaben der Produktionsplanung und -steuerung (PPS) zusammenfassend zum Nachschlagen beschrieben.

© Springer-Verlag GmbH Deutschland, ein Teil von Springer Nature 2021
M. Schmidt, P. Nyhuis, *Produktionsplanung und -steuerung im Hannoveraner Lieferkettenmodell*, https://doi.org/10.1007/978-3-662-63897-2_6

6.1   Steckbriefe der Aufgaben der Produktionsprogrammplanung

Die Aufgaben der PPS-Hauptaufgabe Produktionsprogrammplanung sind:

- die Absatzplanung,
- die Netto-Primärbedarfsplanung,
- die Brutto-Primärbedarfsplanung,
- die langfristige, auftragsanonyme Ressourcengrobplanung und
- die Produktionsprogrammfreigabe

Der folgende Container beschreibt die PPS-Aufgabe Absatzplanung.

Absatzplanung

Beschreibung

Die Absatzplanung ist der erste Schritt der Produktionsprogrammplanung. Hierbei wird der zukünftige Absatz an Fertigerzeugnissen abgeschätzt; periodenbezogen werden die lieferbaren Mengen festgelegt. Die Absatzplanung wird marktseitig auf zwei Wegen initialisiert: vom Absatzmarkt mit Informationen zur Nachfrageentwicklung und von Kunden mit Informationen zu Rahmenverträgen. Diese Informationen werden durch die Absatzplanung zu einem Absatzprogramm verdichtet. Das Absatzprogramm beschreibt den Soll-Abgang des Unternehmens im Kernprozess Versand. Auf Basis von Absatzstatistiken, Absatzprognosen und aus den Vorgaben der Gewinn- und Umsatzplanung wird ein Absatzprogramm mit einem langfristigen Betrachtungshorizont (1 bis 5 Jahre) aufgestellt (vgl. [1] oder [2]). Das Absatzprogramm gibt eine erste Vorstellung über die zu fertigenden Endprodukte, ohne dass eine detaillierte Überprüfung der Realisierbarkeit stattfand.

Relevante Informationen

einfließende Informationen:

- Absatzprognosen
- Marktentwicklungsinformationen
- eingegangene Kundenaufträge
- Vorgaben aus der unternehmensseitigen Gewinn- und Umsatzplanung

weitere relevante Aspekte:

- Anlauf bzw. Auslauf von Produkten
- veränderte Marketingstrategien, Werbekampagnen
- saisonale Einflüsse, regionale Einflüsse
- Strategien und Zielsetzungen des Unternehmens

Ergebnis der Absatzplanung:

- Absatzprogramm mit periodenbezogenen Absatzmengen

Verfahren zur Erfüllung der PPS-Aufgabe
Die Absatzplanung wird in Unternehmen häufig als abteilungs- bzw. funktionsüber-greifende Aufgabe wahrgenommen. Zur Erfüllung dieser Aufgabe sind Vertreter aus den Bereichen Marketing, Vertrieb, Produktion, Logistik und Supply Chain Manage-ment erforderlich. Die fallspezifische Zusammenstellung der Arbeitsgruppe ist von der unternehmenseigenen Struktur der Bereiche abhängig. Zur Erfüllung der Planungsauf-gabe werden Prognoseverfahren unterstützend eingesetzt. Schuh und Stich geben eine gute Übersicht über häufig verwendete Verfahren (vgl. [3]). Exemplarisch seien hier die exponentielle Glättung (vgl. [4], die Extrapolation (vgl. [5])) oder die lineare Regressionsrechnung (vgl. [6]) zu nennen. Die Auswahl eines Verfahrens erfolgt in der Regel basierend auf dem Absatzverlauf oder dem zugrunde liegenden Trend.
Zielkonflikt
In der Absatzplanung liegt kein Zielkonflikt vor. Ein Zielkonflikt, der die Absatz-planung betrifft, zeigt sich erst in der folgenden langfristigen, auftragsanonymen Ressourcengrobplanung der PPS-Hauptaufgabe Produktionsprogrammplanung.

Der folgende Container beschreibt die PPS-Aufgabe Brutto-Primärbedarfsplanung.

Brutto-Primärbedarfsplanung

Beschreibung
Im Rahmen der Brutto-Primärbedarfsplanung werden die herzustellenden verkaufs-fähigen Fertigerzeugnisse zur Deckung der Primärbedarfe nach Art, Mengen und Zeit-horizont ohne Berücksichtigung von Bestandsinformationen festgelegt. Grundlage der Brutto-Primärbedarfsplanung sind neben dem Absatzprogramm weitere Faktoren, wie der Lieferrückstand oder der Plan-Lagerbestand an Fertigerzeugnissen (vgl. auch [7] oder [8]). Wurde das Absatzprogramm auf Basis aggregierter Information (bspw. auf Produktgruppenebene) erstellt, so sind bei der Brutto-Primärbedarfsplanung diese In-formationen mit Hilfe von Anteilsfaktoren zu disaggregieren.
Relevante Informationen
einfließende Informationen:

- Absatzprogramm mit periodenbezogenen Absatzmengen
- Plan-Lagerbestände an Fertigerzeugnissen

weitere relevante Aspekte:

- Unternehmenstyp (Lagerfertiger/Auftragsfertiger)

- Lieferrückstand

Ergebnis der Brutto-Primärbedarfsplanung:

- Brutto-Primärbedarf

Verfahren zur Erfüllung der PPS-Aufgabe
Die Brutto-Primärbedarfsplanung fasst Informationen aus den PPS-Aufgaben Absatzplanung und Bestandsplanung (Fertigwaren) sowie weitere Informationen wie den aktuellen Lieferrückstand zusammen. Anspruchsvolle Rechenoperationen oder weitreichende Entscheidungen sind hier nicht vorzunehmen.
Zielkonflikt
In der Brutto-Primärbedarfsplanung liegt kein Zielkonflikt vor.

Der folgende Container beschreibt die PPS-Aufgabe Netto-Primärbedarfsplanung.

Netto-Primärbedarfsplanung

Beschreibung
Im Kern wird der Netto-Primärbedarf durch einen Abgleich des Brutto-Primärbedarfs mit den frei verfügbaren Beständen ermittelt (vgl. [7]). Das Vorgehen zur Ermittlung des Netto-Primärbedarfs umfasst mehrere Schritte. Zum Brutto-Primärbedarf aus der Absatzplanung sind bereits vorgenommene Reservierungen von Material sowie der Plan-Lagerbestand im Fertigwarenlager zu addieren. Die Ist-Lagerbestände, der bereits in der Produktion befindliche Auftragsbestand und die bereits vorgenommenen Bestellungen – bspw. für Handelsware – sind vom Brutto-Primärbedarf abzuziehen. Das Ergebnis der Netto-Primärbedarfsplanung ist der Netto-Primärbedarf, der einem Produktionsprogrammvorschlag entspricht. In der Regel hat dieser einen Zeithorizont von ein bis zwei Jahren (vgl. [3]).
Relevante Informationen
einfließende Informationen:

- Brutto-Primärbedarf
- Ist-Lagerbestand
- Vormerkbestand (reservierte Bestände)
- Auftragsbestand
- Bestellbestand

weitere relevante Aspekte:

- erwarteter Ausschuss

Ergebnis der Netto-Primärbedarfsplanung:

- Netto-Primärbedarf als Produktionsprogrammvorschlag

Verfahren zur Erfüllung der PPS-Aufgabe
In der Netto-Primärbedarfsplanung werden keine spezifischen Verfahren eingesetzt. Einfache mathematische Operationen sind ausreichend.
Zielkonflikt
Der Netto-Primärbedarfsplanung liegt kein Zielkonflikt zugrunde.

Der folgende Container beschreibt die PPS-Aufgabe langfristige, auftragsanonyme Ressourcengrobplanung.

langfristige, auftragsanonyme Ressourcengrobplanung

Beschreibung
Die langfristige, auftragsanonyme Ressourcengrobplanung im Rahmen der Produktionsprogrammplanung überprüft die Realisierbarkeit des Produktionsprogrammvorschlags. Die bezüglich Art, Menge und Termin bereits festgelegten Netto-Primärbedarfe werden grob mit den vorfügbaren Ressourcen abgeglichen. Zu diesen Ressourcen zählen Material, Personal, Betriebsmittel und Hilfsmittel (vgl. [3]). Bei der langfristigen, auftragsanonymen Ressourcengrobplanung werden die aus dem Produktionsprogrammvorschlag hervorgehenden Fertigwarenbedarfe in der Regel auf Produktgruppenebene betrachtet und den Produktionsbereichen entsprechend des jeweiligen Bedarfs in den Planperioden (z. B. Monat) zugeordnet. Der Ressourcenbedarf lässt sich beim Lagerfertiger oftmals genauer abschätzen als beim Auftragsfertiger. Der Planungszeitpunkt und der Planungshorizont werden in den Unternehmen individuell festgelegt. Der Planungshorizont beträgt in der Regel ein bis zwei Jahre, geplant wird in regelmäßigen Abständen – bspw. einmal pro Quartal. Die langfristige, auftragsanonyme Ressourcengrobplanung ist ein iterativer Prozess, der durch die Überprüfung der Realisierbarkeit des Produktionsprogrammvorschlags auf die Absatzplanung und auf die Brutto- und Netto-Primärbedarfsermittlung zurückspielt. Das Ergebnis der langfristigen, auftragsanonymen Ressourcengrobplanung als wesentliche Aufgabe der Produktionsprogrammplanung ist ein realisierbares Produktionsprogramm und damit ein realisierbares Absatzprogramm. Hierdurch sind mit langfristigem Planungshorizont die einzusetzenden Personal- und Anlagenkapazitäten und deren Belastung im Groben festgelegt.
Relevante Informationen
einfließende Informationen:

- Produktionsprogrammvorschlag (Netto-Primärbedarfe)
- verfügbare Ressourcen

weitere relevante Aspekte:

- Rahmenverträge
- statistische Daten zu Produktionsmengen

Ergebnis der langfristigen, auftragsanonymen Ressourcengrobplanung:

- abgestimmte Grobbelastung der Ressourcen

Verfahren zur Erfüllung der PPS-Aufgabe

Spezifische Methoden zur langfristigen, auftragsanonymen Ressourcengrobplanung existieren nicht. Im Kern ist ein langfristiger Kapazitäts- und Belastungsabgleich auf einer groben Ebene durchzuführen. Prinzipiell müssen entweder die Bedarfe an die zur Verfügung stehenden Kapazitäten angepasst werden oder umgekehrt. Beide Varianten haben Vor- und Nachteile, die unternehmensspezifisch abgewogen werden müssen. Grundsätzlich existieren vier Handlungsmöglichkeiten:

- Erhöhung der Absatzmengen bei vorhandenen Überkapazitäten,
- Absenkung der Kapazitäten auf die geplanten Bedarfe bei vorhandenen Über-kapazitäten,
- Reduzierung der Absatzmengen auf das zur Verfügung stehende Kapazitätsniveau bei Unterkapazitäten,
- Erhöhung der Kapazitäten zur Realisierung der geplanten Bedarfe bei Unter-kapazitäten.

Zielkonflikt

In der Absatzplanung und der langfristigen, auftragsanonymen Ressourcengrob-planung zeigt sich ein Zielkonflikt zwischen potenziellem Absatz der Fertigerzeugnisse (Primärbedarfe), der für das Unternehmen unmittelbar umsatzwirksam ist, und einer potenziellen Unterauslastung von Kapazitäten, die sich negativ auf die Kostensituation des Unternehmens auswirkt.

In der langfristigen, auftragsanonymen Ressourcengrobplanung existiert zusätzlich ein Zielkonflikt zwischen einer zu implementierenden, kostenverursachenden Kapazi-tätsflexibilität auf der einen Seite und dem durch eine hinreichende Kapazitätsflexibili-tät beeinflussbaren zeitlichen Verlauf des Rückstands und des Bestandsniveaus im Fertigwarenlager und der damit verbesserten Liefertermineinhaltung auf der ande-ren Seite.

Der folgende Container beschreibt die PPS-Aufgabe Produktionsprogrammfreigabe.

Produktionsprogrammfreigabe

Beschreibung

Nach der Aufstellung eines realisierbaren Produktionsprogrammvorschlags ist die-ser freizugeben. Die wesentlichen in vorangehenden Aufgaben der Produktionsprogrammplanung eingehend geprüften Kriterien für die Freigabe sind die technische und logistische Realisierbarkeit, die Wirtschaftlichkeit sowie die Verfügbarkeit von Materialien, Halbfabriken und Kapazitäten (vgl. [3]). Erweist sich der Produktionsprogrammvorschlag als grundsätzlich machbar, wird er freigegeben und an die weiteren Planungsaufgaben im Rahmen der PPS übergeben. Durch das Produktionsprogramm, in welches im kurzfristigen Betrachtungshorizont zusätzlich Produktionsaufträge für bereits eingegangene und angenommene Kundenaufträge aus der PPS-Hauptaufgabe Auftragsmanagement einfließen, sind auf Ebene der Bereiche und Segmente die Belastungen festgelegt. Das Ergebnis der Hauptaufgabe Produktionsprogrammplanung ist ein freigegebenes Produktionsprogramm, das einem realisierbaren Absatzprogramm entspricht. Damit sind der Plan-Abgang der Produktion und des Versands bestimmt.

Relevante Informationen
einfließende Informationen:

• Produktionsprogrammvorschlag

Ergebnis der Produktionsprogrammfreigabe:

• Produktionsprogramm, realisierbares Absatzprogramm

Verfahren zur Erfüllung der PPS-Aufgabe
Spezifische Methoden zur Produktionsprogrammfreigabe existieren nicht.
Zielkonflikt
Der Produktionsprogrammfreigabe liegen keine Zielkonflikte zugrunde.

6.2   Steckbriefe der Aufgaben des Auftragsmanagements

Die Aufgaben der PPS-Hauptaufgabe Auftragsmanagement sind:

• die Auftragsklärung,
• die Grobterminierung der Produktionsaufträge und Sicherheitszeitplanung,
• die kundenauftragsbezogene Ressourcengrobplanung,
• die Auftragsannahme,
• die finale Wandlung der Kunden- in Produktionsaufträge und
• die Auftragskoordination.

Der folgende Container beschreibt die PPS-Aufgabe Auftragsklärung.

Auftragsklärung

Beschreibung

Die PPS-Hauptaufgabe Auftragsmanagement wird durch eine Kundenanfrage bzw. einen eingehenden Kundenauftrag initiiert. Diese Information bestimmt den marktgetriebenen Soll-Abgang aus dem Kernprozess Versand. Ob diesem entsprochen werden kann, ist in den weiteren Schritten zu prüfen. Im Rahmen der Auftragsklärung erfolgt nach Eingang des Kundenauftrages eine Spezifizierung der Kundenanforderungen. Das Ziel ist, etwaige Missverständnisse möglichst frühzeitig auszuräumen und die technische Machbarkeit prüfen zu können. Die Bestelldaten werden mit den Angebotsdaten verglichen und der Kundenauftrag wird auf seine technische und ablauforganisatorische Realisierbarkeit hin überprüft. Anschließend werden bei der Auftragsklärung Teilprojekte definiert und die Einzelaufgaben den Fachabteilungen zugeordnet. Die auftragsspezifischen Daten werden aufbereitet und die benötigten Informationen allen an der Auftragsabwicklung beteiligten Bereichen zur Verfügung gestellt (vgl. [9]). Somit liegt eine für alle Bereiche verbindliche Auslegung des Auftrags mit genauer Festlegung des Auftragsumfangs vor.

Relevante Informationen

einfließende Informationen:

- eingegangene Kundenanfrage
- eingegangener Kundenauftrag

weitere relevante Aspekte:

- technische Möglichkeiten des Unternehmens
- zusätzliche Auftragsinformationen (Wiederholauftrag, Innovationen, Portfolioerweiterung oder ähnliches)

Ergebnis der Auftragsklärung:

- spezifizierter Kundenauftrag

Verfahren zur Erfüllung der PPS-Aufgabe

Spezifische Methoden zur Auftragsklärung existieren nicht.

Zielkonflikt

Der Auftragsklärung liegen keine Zielkonflikte zugrunde.

Der folgende Container beschreibt die PPS-Aufgabe Grobterminierung der Produktionsaufträge und Sicherheitszeitplanung.

Grobterminierung der Produktionsaufträge und Sicherheitszeitplanung

Beschreibung

Bei der Grobterminierung der kundenauftragsbezogenen Produktionsaufträge und der Sicherheitszeitplanung werden zunächst die groben Ecktermine zur Auftragsbearbeitung ermittelt. Die Terminierung beinhaltet dabei den gesamten Auftragsdurchlauf von vorgelagerten Bereichen wie der Konstruktion oder der Arbeitsplanung bis hin zur Teilefertigung bzw. Montage (vgl. [9]). In vielen Fällen liegen noch keine genauen Angaben über den Produktionsablauf vor und die Mengen- und Terminvorgaben sind noch unsicher und müssen mit zunehmender Klärung in späteren Planungsaufgaben weiter konkretisiert werden (vgl. [10]). Der Plan-Endtermin der Produktion muss nicht dem Plan-Liefertermin zum Kunden entsprechen. Eine positive Differenz dieser beiden Termine lässt darauf schließen, dass der Auftrag nicht termingerecht fertig gestellt und an den Kunden ausgeliefert wird. Eine termingerechte Auslieferung ist in diesem Fall nur durch massive Reihenfolgevertauschungen in der Produktion zu gewährleisten. Eine negative Differenz zwischen diesen beiden Terminen entspricht einem Lieferzeitpuffer oder einer Sicherheitszeit. Diese Sicherheitszeit soll Störungen im Produktionsprozess ausgleichen, die sich in Streuungen der Durch-laufzeiten und damit in Abweichungen im Abgangsterminverhalten der Produktion widerspiegeln. Sie ist abhängig von der geforderten Liefertermineinhaltung bzw. Liefertermintreue des jeweiligen Unternehmens.

Relevante Informationen

einfließende Informationen:

- spezifizierte Kundenauftragsinformationen

weitere relevante Aspekte:

- Informationen zu ähnlichen vergangenen Aufträgen
- Standartablaufpläne
- kritische Ressourcen
- Langläufer-Material
- Meilensteine

Ergebnis der Grobterminierung der Produktionsaufträge und Sicherheitszeitplanung:

- Plan-Ecktermine (Plan-Start- und Plan-Endtermine) zum Durchlauf der Produktionsaufträge durch die betroffenen Unternehmensbereiche

Verfahren zur Erfüllung der PPS-Aufgabe

Prinzipiell kann bei der Terminierung der Aufträge nach drei Prinzipien vorgegangen werden:

- Vorwärtsterminierung ausgehend von Plan-Startterminen (vgl. [9]),
- Rückwärtsterminierung ausgehend von Plan-Endterminen (vgl. [11]) oder
- Mittelpunktterminierung ausgehend bspw. von einem Engpasssystem (vgl. [9]).

Unterstützend können zur Grobterminierung der Produktionsaufträge Methoden wie Gantt-Charts oder Netzpläne eingesetzt werden (vgl. [12]). Die Sicherheitszeit ist stark abhängig vom Terminverhalten der Produktion. Für die Bestimmung der Sicherheitszeit können die Termineinhaltungskennlinien eingesetzt werden (vgl. [13]).

Zielkonflikt

Je größer die eingeplante Sicherheitszeit, desto mehr Aufträge können termingerecht an den Kunden geliefert werden. Auf der anderen Seite verlängern sich Lieferzeiten und durch verfrüht fertiggestellte Aufträge erhöht sich der Fertigwarenbestand. Bei der Einplanung von Sicherheitszeiten für Kundenaufträge liegt somit ein Zielkonflikt zwischen einer hohen Termineinhaltung gegenüber den Kunden auf der einen Seite und einem hohen Fertigwarenbestand durch zu früh fertiggestellte Kundenaufträge und langen Lieferzeiten auf der anderen Seite vor.

Der folgende Container beschreibt die PPS-Aufgabe kundenauftragsbezogene Ressourcengrobplanung.

Kundenauftragsbezogene Ressourcengrobplanung

Beschreibung

Nach der Grobterminierung der Produktionsaufträge und Sicherheitszeitplanung erfolgt im Rahmen des Auftragsmanagements die kundenauftragsbezogene Ressourcengrobplanung. Hierbei wird überprüft, ob die aus einem Kundenauftrag resultierenden Produktionsaufträge hinsichtlich der erforderlichen Ressourcen (Personal, Betriebsmittel, Hilfsmittel und Material) generell realisierbar sind. Der Ressourcenbedarf wird mit Hilfe von Vergangenheitsdaten oder mit Schätzwerten grob geplant. Die Ressourcen können dabei entweder für mehrere Aufträge oder mit direktem Bezug zu einem konkreten Auftrag geplant werden. Das verfügbare Angebot an Ressourcen wird den für die Produktionsaufträge benötigten Ressourcen gegenübergestellt und es erfolgt eine Abstimmung. Ist der Auftrag realisierbar, so kann die Auftragsannahme angestoßen werden (vgl. [10]).

Relevante Informationen

einfließende Informationen:

- Kundenaufträge
- Plan-Eckstart- und -Eckendtermine der Produktionsaufträge
- Ressourcenangebot (Material, Personal, Betriebsmittel, Hilfsmittel)

weitere relevante Aspekte:

* Prioritäten (bspw. wichtige Kunden)

Ergebnis der kundenauftragsbezogenen Ressourcengrobplanung:

* kundenauftragsbezogene Grobbelastung der Ressourcen

Verfahren zur Erfüllung der PPS-Aufgabe
Der Abgleich der erforderlichen und der zur Verfügung stehenden Kapazitäten kann bspw. durch die Nutzung sogenannter Kapazitätskonten unterstützt werden (vgl. [1]). Hinsichtlich der Kapazitäten, bei welchen die kundenauftragsbezogene Ressourcengrobplanung in der Regel am anspruchsvollsten ist, kann generell entweder eine Anpassung der Kapazitäten oder eine Anpassung der Belastung erfolgen (vgl. [1]).
Zielkonflikt
Zielkonflikte in der kundenauftragsbezogenen Ressourcengrobplanung fallen im Kontext der Auftragsannahme an.

Der folgende Container beschreibt die PPS-Aufgabe Auftragsannahme.

Auftragsannahme

Beschreibung
Wird ein Kundenauftrag als realisierbar eingestuft, so kann nach einer Prüfung der Wirtschaftlichkeit die Annahme des Kundenauftrags erfolgen. Das erste wesentliche Ergebnis des Auftragsmanagements sind die bestätigten Kundenaufträge, welche nach und nach die Plan-Primärbedarfe im Produktionsprogramm ersetzen. Diese bestimmen den Plan-Abgang des Versands. Der Abgleich von Soll-Abgang (eingehende Kundenaufträge) mit dem Plan-Abgang (bestätigte Kundenaufträge) bestimmt die logistische Zielgröße Lieferfähigkeit im Kernprozess Versand.
Relevante Informationen
einfließende Informationen:

* Plan-Eckstart- und Eckendtermine der Produktionsaufträge
* Ressourcengrobbelastung

weitere relevante Aspekte:

* Risikoeinschätzung (Liquidität des Kunden etc.)

Ergebnis der Auftragsannahme:

* bestätigter Kundenauftrag mit Liefertermin

Verfahren zur Erfüllung der PPS-Aufgabe

Im Rahmen der Auftragsannahme erfolgt die Wirtschaftlichkeitsprüfung eines Auftrages mithilfe einer Kostenkalkulation. Hier können mathematische Verfahren aus der Kostenrechnung unterstützend eingesetzt werden (vgl. exemplarisch [14]).

Zielkonflikt

Im Rahmen der Auftragsannahme und im Kontext der Grobterminierung der Produktionsaufträge und der kundenauftragsbezogenen Ressourcengrobplanung existiert ein Zielkonflikt zwischen Logistikkosten und Logistikleistung. Je mehr Kundenaufträge für eine Planungsperiode eingehen und angenommen werden, desto größer ist der potenzielle Umsatz des Unternehmens. Werden jedoch zu viele Aufträge angenommen, gerät das Unternehmen oder zunächst der beplante Produktionsbereich in Rückstand. Am Auslastungsmaximum operierende Unternehmen können den Rückstand kurzfristig nicht ohne weiteres aufholen. Terminverzüge sind die Folge. Werden zu wenige Aufträge eingeplant, können die zugesagten Termine zumindest aus Kapazitätssicht gehalten werden. Es entstehen jedoch Kosten durch nicht ausgelastete Kapazitäten.

Der folgende Container beschreibt die PPS-Aufgabe finale Wandlung der Kunden- in Produktionsaufträge.

Finale Wandlung der Kunden- in Produktionsaufträge

Beschreibung

Bei der Wandlung der Kunden- in Produktionsaufträge werden die bestätigten Kundenaufträge in Produktionsaufträge umgewandelt. Bei einem größeren Projekt können mehrere Teilfreigaben erfolgen. Die Teilprojekte können terminlich geplant und miteinander verknüpft sein (vgl. dazu auch [3]). Die Produktionsaufträge werden anschließend in das Produktionsprogramm integriert. Dieses setzt sich somit aus Produktionsaufträgen (Hauptaufgabe Auftragsmanagement) sowie Plan-Primärbedarfen aus Rahmenverträgen und aus Prognosen ermittelten Plan-Primärbedarfen (Hauptaufgabe Produktionsprogrammplanung) zusammen. Die kundenspezifischen Produktionsaufträge wirken sich auf die Plan-Zugänge und Plan-Abgänge der Produktion und haben somit unmittelbar Wirkung auf die logistischen Zielgrößen im Kernprozessen Produktion. Zudem sind in kundenspezifischen Produktionsaufträgen bereits Sicherheitszeiten eingeplant. Hierdurch werden die logistischen Zielgrößen Liefertermineinhaltung, Lieferzeit und Fertigwarenbestand im Kernprozess Versand unmittelbar beeinflusst.

Relevante Informationen

einfließende Informationen:

- Kundenaufträge mit Lieferterminen

weitere relevante Aspekte:

- kurzfristig geänderte Kundenwünsche
- Phasenplan, Netzplan etc.

Ergebnis der finalen Wandlung der Kunden- in Produktionsaufträge:

- Produktionsaufträge

Verfahren zur Erfüllung der PPS-Aufgabe
Spezifische Methoden zur Wandlung der Kunden- in Produktionsaufträge existieren nicht.
Zielkonflikt
Der Wandlung der Kunden- in Produktionsaufträge an sich liegen keine Zielkonflikte zugrunde.

Der folgende Container beschreibt die PPS-Aufgabe Auftragskoordination.

Auftragskoordination

Beschreibung
Die Auftragskoordination dient der Abstimmung zwischen Produzenten und Kunden während des Herstellungsprozesses von kundenauftragsspezifischen Fertigerzeugnissen. Dazu wird im Rahmen der Auftragskoordination der Auftragsfortschritt im Plan und im Ist verfolgt. Etwaige Terminverzüge werden zeitnah an den Kunden kommuniziert, um, sofern es erforderlich ist, alternative Liefertermine mit den Kunden abzustimmen (vgl. [3]).
Relevante Informationen
einfließende Informationen:

- Auftragsfortschritt im Plan und im Ist

weitere relevante Aspekte:

- Störungen im Herstellungsprozess

Ergebnis der Auftragskoordination:

- abgestimmter, alternativer Liefertermin

Verfahren zur Erfüllung der PPS-Aufgabe
Spezifische Methoden zur Auftragskoordination existieren nicht.

Zielkonflikt

Der Auftragskoordination liegen keine Zielkonflikte zugrunde.

6.3   Steckbriefe der Aufgaben der Sekundärbedarfsplanung

Die Aufgaben der PPS-Hauptaufgabe Sekundärbedarfsplanung sind:

- die Sekundärbedarfsermittlung und Vorlaufverschiebung,
- die Brutto-Sekundärbedarfsermittlung,
- die Netto-Sekundärbedarfsermittlung und
- die Beschaffungsartzuordnung.

Der folgende Container beschreibt die PPS-Aufgabe Sekundärbedarfsermittlung und Vorlaufverschiebung.

Sekundärbedarfsermittlung und Vorlaufverschiebung

Beschreibung

   Nach der Produktionsprogrammplanung und dem Auftragsmanagement erfolgt die PPS-Hauptaufgabe Sekundärbedarfsplanung. Zunächst werden aus dem Produktionsprogramm die Sekundärbedarfe für die Fertigwarenerzeugung abgeleitet. Im Rahmen der Sekundärbedarfsermittlung werden die für die Herstellung der Fertigerzeugnisse benötigten Einsatzgütermengen hinsichtlich Art, Menge und Termin bestimmt (vgl. [7]). Es ist zwischen eigengefertigten Zwischenprodukten und fremdbezogenen Halbfabrikaten bzw. Rohstoffen zu unterscheiden.

   Relevante Informationen

   einfließende Informationen:

- Produktionsprogramm

   weitere relevante Aspekte:

- Stücklisten
- Verbrauchsstatistiken
- Verbrauchsprogosen

   Ergebnis der Sekundärbedarfsermittlung und Vorlaufverschiebung:

- aus dem Produktionsprogramm resultierender Sekundärbedarf

Verfahren zur Erfüllung der PPS-Aufgabe

Um den Sekundärbedarf für die Erzeugnisse aus dem Produktionsprogramm ableiten zu können, stehen prinzipiell drei Ansätze zur Verfügung: deterministische Bedarfs-ermittlung, stochastische Verfahren und heuristische Verfahren (vgl. [1]). Zur Festlegung eines geeigneten Bedarfsermittlungsverfahrens bietet sich eine logistische Segmentierung des Artikelspektrums an. Beispielsweise werden ABC- oder XYZ-Analysen eingesetzt (vgl. [3]).

Der Bedarf für die Rohwaren, Einzelteile und Baugruppen (Sekundärbedarf) entsteht zeitlich vor dem Bedarf eines zugehörigen Fertigerzeugnisses (Primärbedarf). Der Grund hierfür ist die Durchlaufzeit, die zur Herstellung des Fertigerzeugnisses aus den Baugruppen und Einzelteilen erforderlich ist. Dieser zeitliche Versatz kann entweder über eine sog. Vorlaufverschiebung (vgl. [7]). oder eine Umlaufverschiebung (vgl. [15]) berücksichtigt werden.

Zielkonflikt

Je größer der eingeplante Vor- oder Umlauf, desto höher ist die Wahrscheinlichkeit, dass die benötigten Sekundärbedarfe zum Bedarfszeitpunkt verfügbar sind. Jedoch verursachen lange Vorlaufzeiten bzw. hohe Umlaufbestände hohe Halbfabrikatebestände und ggf. lange Durchlaufzeiten der Artikel durch die unternehmensinterne Lieferkette. Bei der Einplanung von Vorlaufzeiten liegt ein Zielkonflikt zwischen einer tendenziell hohen Termineinhaltung und Flexibilität der Produktion gegenüber den Kunden durch lange Vorlaufzeiten auf der einen Seite und einem hohen Halbfabrikatebestand durch sehr früh bereitgestellte Artikel zur Deckung der Sekundärbedarfe auf der anderen Seite vor. Bei der Einplanung einer Umlaufverschiebung liegt ein Zielkonflikt zwischen einem hohen Servicegrad und einem niedrigen Halbfabrikatebestand vor.

Der folgende Container beschreibt die PPS-Aufgabe Brutto-Sekundärbedarfsermittlung.

Brutto-Sekundärbedarfsermittlung

Beschreibung

Der Brutto-Sekundärbedarf ergibt sich aus den aus der Sekundärbedarfsermittlung resultierenden, für die Herstellung der Fertigerzeugnisse erforderlichen Bedarfen an Halbfabrikaten und Rohstoffen und den aus der Bestandsplanung resultierenden Plan-Beständen an Halbfabrikaten und Rohwaren.

Relevante Informationen

einfließende Informationen:

- hinsichtlich Art, Menge und Termin bestimmter Sekundärbedarf
- Plan-Bestände an Halbfabrikaten und Rohwaren

Ergebnis der Brutto-Sekundärbedarfsermittlung:

- Brutto-Sekundärbedarf

Verfahren zur Erfüllung der PPS-Aufgabe

Spezifische Methoden zur Brutto-Sekundärbedarfsermittlung existieren nicht.

Zielkonflikt

Der Brutto-Sekundärbedarfsermittlung liegen keine Zielkonflikte zugrunde.

Der folgende Container beschreibt die PPS-Aufgabe Netto-Sekundärbedarfsermittlung.

Netto-Sekundärbedarfsermittlung

Beschreibung

Der Netto-Sekundärbedarf eines Artikels ergibt sich durch einen Abgleich des Brutto-Primärbedarfs mit den frei verfügbaren Beständen an Halbfabrikaten und Rohwaren (vgl. [16]). Das Vorgehen zur Ermittlung des Netto-Sekundärbedarfs umfasst mehrere Schritte. Zum Brutto-Sekundärbedarf sind bereits vorgenommene Reservierungen von Material zu addieren. Die Ist-Lagerbestände, der bereits in der Produktion befindliche Auftragsbestand und die bereits vorgenommenen Bestellungen sind vom Brutto-Sekundärbedarf abzuziehen (vgl. [7]). Das Ergebnis der Netto-Sekundärermittlung ist ein nach Art, Menge und Termin bestimmter Netto-Sekundärbedarf (vgl. [3]). Der Bedarf kann entweder auf einen Termin genau geführt werden (Terminbedarf) oder innerhalb einer Periode zusammengefasst sein (Periodenbedarf) (vgl. [9]).

Relevante Informationen

einfließende Informationen:

- Brutto-Sekundärbedarf
- Lagerbestand
- Vormerkbestand
- Sicherheitsbestand
- frei verfügbarer Bestand
- Auftragsbestand
- Bestellbestand

weitere relevante Aspekte:

- Lieferengpässe
- Ausfallrisiko
- Wiederbeschaffungszeit

Ergebnis der Netto-Sekundärbedarfsermittlung:

- Netto-Sekundärbedarf

Verfahren zur Erfüllung der PPS-Aufgabe

Bei der Netto-Sekundärbedarfsermittlung werden keine spezifischen Verfahren eingesetzt. Einfache mathematische Operationen sind hierbei ausreichend.

Zielkonflikt

In der Netto-Sekundärbedarfsermittlung liegt kein Zielkonflikt vor.

Der folgende Container beschreibt die PPS-Aufgabe Beschaffungsartzuordnung.

Beschaffungsartzuordnung

Beschreibung

In der Beschaffungsartzuordnung wird die Entscheidung getroffen, ob ein ermittelter
Bedarf durch Eigenfertigung und/oder Fremdbezug gedeckt werden soll. Im Ablauf in
der PPS ist diese wichtige Aufgabe in der Hauptaufgabe Sekundärbedarfsplanung verortet. Häufig wird diese Entscheidung jedoch grundsätzlich für einen Artikel getroffen
und die Beschaffungsart wird in den Artikelstammdaten hinterlegt. Die Entscheidung
kann jedoch auch fallweise erfolgen. Lagerfertiger legen meist grundsätzlich, aufgrund
ihrer Kompetenzen und Einrichtungen, eine Beschaffungsart fest. Auftragsfertiger entscheiden tendenziell eher fallweise (vgl. [3]).

Die Beschaffungsartzuordnung ist im PPS-Ablauf die letzte Aufgabe der Sekundär-
bedarfsplanung. Neben der Zuordnung von Artikeln zu einer Beschaffungsart sind ein
Fremdbezugs- und ein Eigenfertigungsprogrammvorschlag wesentliche Ergebnisse der
Sekundärbedarfsplanung. Der Fremdbezugsprogrammvorschlag legt nun den Plan-
Abgang der Beschaffung fest. Er umfasst fremd zu beziehende Fertigerzeugnisse,
Halbfabrikate und Rohwaren. Der Eigenfertigungsprogrammvorschlag ist nun neben
den Primärbedarfen aus dem Produktionsprogramm um die Sekundärbedarfe erweitert.
Er legt somit die Plan-Abgänge der Produktion fest.

Relevante Informationen

einfließende Informationen:

- Netto-Primärbedarfe (Enderzeugnisse)
- Netto-Sekundärbedarfe (Rohstoffe, Einzelteile, Baugruppen)
- Produktionsfaktoren (Ressourcen, Know-how etc.)

weitere relevante Aspekte:

- technologische Differenzierung am Markt
- Flexibilität der Lieferanten
- Fehlerfolgekosten für den Fall existierender Unterschiede in der Qualifikation des
  eigenen Unternehmens und des Lieferanten
- Kapitalbindung (z. B. für den Fall der Investition in eine neue Anlage)

Ergebnis der Beschaffungsartzuordnung:

- Zuordnung des Teilebedarfs zu einer Beschaffungsart
- Fremdbezugsprogrammvorschlag, Eigenfertigungsprogrammvorschlag

Verfahren zur Erfüllung der PPS-Aufgabe
Für die Entscheidung, ob ein ermittelter Bedarf in Eigenfertigung hergestellt oder durch Fremdbezug beschafft werden soll, gibt es eine Reihe von Verfahren. Exemplarisch zu nennen sind der Make-or-Buy Decision Process (vgl. [17]) oder der Ansatz Competitive Advantage vs. Strategy Vulnerability (vgl. [18]).

Zielkonflikt
Die Schwierigkeit der Aufgabe besteht in der sogenannten Make-or-buy-Problematik. Die Beschaffungsartzuordnung hat einen unmittelbaren Einfluss auf die Wertschöpfungstiefe eines Unternehmens. Bei der Beschaffungsartzuordnung überlagern sich diverse Zielkonflikte. Eine reine Kostenvergleichsrechnung reicht aufgrund der zahlreichen durch diese Entscheidung beeinflussten Faktoren nicht aus. Wichtige, teils gegenläufige Zielgrößen sind neben den Herstellkosten, die Auslastung eigener Ressourcen, die Durchlaufzeiten zur Herstellung der Artikel oder die Sicherung von Knowhow. Hier liegt ein Zielkonflikt zwischen diversen Zielgrößen vor.

6.4   Steckbriefe der Aufgaben der Fremdbezugsgrobplanung

Die Aufgaben der PPS-Hauptaufgabe Fremdbezugsgrobplanung sind:

- die Abstimmung Lieferpläne mit langfristigen Lieferanten und
- die Fremdbezugsprogrammfreigabe.

Der folgende Container beschreibt die PPS-Aufgabe Abstimmung Lieferpläne mit langfristigen Lieferanten.

Abstimmung Lieferpläne mit langfristigen Lieferanten

Beschreibung
Bei der Abstimmung der Lieferpläne mit den langfristigen Lieferanten werden Rahmenvereinbarungen zwischen dem Unternehmen und seinen langfristig angebundenen Lieferanten getroffen bzw. konkretisiert. Die erstellten Lieferpläne beinhalten über einen längeren Zeitraum vereinbarte Abnahmemengen, Lieferkonditionen und Terminschranken für Abrufbestellungen (vgl. [9]). Bei der späteren Abstimmung des Bedarfs zwischen Lieferant und Abnehmer können die Bestellanforderungen sowie die Lieferpläne herangezogen werden (vgl. [19]).

Relevante Informationen
einfließende Informationen:

- Fremdbezugsprogrammvorschlag
- Abnahmemengen
- Lieferkonditionen
- Terminschranken

Ergebnis der Abstimmung Lieferpläne mit langfristigen Lieferanten:

- abgestimmte Lieferpläne

Verfahren zur Erfüllung der PPS-Aufgabe
Zur Abstimmung der Lieferpläne mit Lieferanten existieren keine spezifischen Verfahren

Zielkonflikt
Bei der Abstimmung Lieferpläne mit Lieferanten liegen keine Zielkonflikte vor.

Der folgende Container beschreibt die PPS-Aufgabe Fremdbezugsprogrammfreigabe.

Fremdbezugsprogrammfreigabe

Beschreibung
Im Rahmen der Fremdbezugsprogrammfreigabe wird die grundsätzliche Realisierbarkeit des Fremdbezugsprogrammvorschlags überprüft. Die Freigabe kann nach verschiedenen Kriterien erfolgen. Das wesentliche Freigabekriterium ist, ob die zu beschaffenden Materialien voraussichtlich in der gewünschten Menge und vereinbarten Wiederbeschaffungszeit geliefert werden können. Ist der Fremdbezugsprogrammvorschlag nicht realisierbar, erfolgt anschließend eine Prüfung der Realisierbarkeit des Eigenfertigungsprogramms. Wird der Fremdbezugsprogrammvorschlag als realisierbar bewertet, erfolgt die Freigabe und das Fremdbezugsprogramm wird an die Fremdbezugsplanung übergeben.

Relevante Informationen
einfließende Informationen:

- Fremdbezugsprogrammvorschlag
- mit Lieferanten abgestimmte Lieferpläne

Ergebnis der Fremdbezugsprogrammfreigabe:

- Fremdbezugsprogramm

Verfahren zur Erfüllung der PPS-Aufgabe

Bei der Fremdbezugsprogrammfreigabe werden keine spezifischen Verfahren eingesetzt.

Zielkonflikt

Der Fremdbezugsprogrammfreigabe liegen keine Zielkonflikte zugrunde.

6.5   Steckbriefe der Aufgaben der Fremdbezugsplanung

Die Aufgaben der PPS-Hauptaufgabe Fremdbezugsplanung sind:

- die Bestellrechnung,
- die Anfrageerstellung,
- die Angebotseinholung und -bewertung,
- die Lieferantenauswahl und
- die Bestellfreigabe.

Der folgende Container beschreibt die PPS-Aufgabe Bestellrechnung.

Bestellrechnung

Beschreibung

Bei der Bestellrechnung werden unter Berücksichtigung der Beschaffungskosten und der Lagerhaltungskosten optimale Bestellmengen und Bestelltermine ermittelt. Dies geschieht auf Basis der ermittelten Netto-Primärbedarfe und Netto-Sekundärbedarfe. Der resultierende Bestellprogrammvorschlag beinhaltet die erforderlichen Bestellaufträge (vgl. [1], oder [3]).

Relevante Informationen

einfließende Informationen:

- Netto-Primärbedarfe (Handelsware)
- Netto-Sekundärbedarfe (Halbfabrikate, Rohwaren)
- Netto-Tertiärbedarfe (Hilfs- und Betriebsstoffe)
- Beschaffungskosten (Bestellkosten, Transportkosten, Versicherungs-kosten, Verpackungskosten etc.)
- Lagerhaltungskosten

weitere relevante Aspekte:

- zukünftige Preisänderung
- mengenabhängige Konditionen (Rabatte, Boni)
- Lagerkapazität
- Umlagerungskosten

- Lagerfähigkeit der Ware
- Lieferfähigkeit der Lieferanten
- Liquidität der Lieferanten
- Zusatzkosten (bei ungünstigen Bestellmengen)

Ergebnis der Bestellrechnung:

- Bestellprogrammvorschlag mit optimalen Bestellmengen und -terminen

Verfahren zur Erfüllung der PPS-Aufgabe

Bei lagerhaltigen Beschaffungsartikeln liegen der Bestellrechnung unterschiedliche Verfahren und Modelle zugrunde. Zur Berechnung der optimalen Bestellmenge werden Verfahren der Losgrößenrechnung eingesetzt (vgl. [20]). Die Bestelltermine werden maßgeblich durch die zugrunde gelegte Bestellpolitik beeinflusst. Die Bestellpolitiken lassen sich in bestandsbezogene Bestellpunktverfahren (s,q–Politik, s,S–Politik) und terminbezogene Bestellrhythmusverfahren (t,S–Politik, t,q–Politik) unterteilen (vgl. [21]).

Bei einer auftragsbezogenen Beschaffung ohne Lagerhaltung ergibt sich der Bestelltermin aus dem entsprechenden Bedarfstermin und einer ggf. einzuplanenden Sicherheitszeit. Diese kann mit den Termineinhaltungskennlinien ermittelt werden. Schmidt et al. zeigen die Anwendung der Termineinhaltungskennlinien für einen Versandprozess (vgl. [22]). Dieses Modell lässt sich jedoch analog in der Beschaffung einsetzten.

Zielkonflikt

Große Bestellmengen bei lagerhaltigen Artikeln und damit lange Bestellabstände beeinflussen die Beschaffungskosten positiv. Die fixen Bestellkosten verringern sich und es kommt möglicherweise zu mengenmäßigen Vergünstigungen, z. B. in Form von Rabatten. Nachteilig wirkt sich dies jedoch hinsichtlich der resultierenden Bestandskosten aus. Hier liegt ein Zielkonflikt vor.

Bei auftragsbezogen beschafften Artikeln unterstützen große Sicherheitszeiten die Termineinhaltung hinsichtlich der Versorgung nachgelagerter Prozesse. Auf der anderen Seite wirken sich lange Sicherheitszeiten nachteilig auf die Bestandskosten aus.

Der folgende Container beschreibt die PPS-Aufgabe Anfrageerstellung.

Anfrageerstellung

Beschreibung

Die Anfrageerstellung erfolgt, wenn zu deckende Bedarfe zum ersten Mal durch Fremdbezug gedeckt werden, noch keine Lieferanten zugeordnet sind oder keine aktuellen Preise vorliegen oder wenn ein Lieferantenwechsel vorgenommen werden soll. Auf Basis des vorliegenden Bestellprogrammvorschlags wird eine Anfrage bezüglich Artikel, Menge und Liefertermin definiert. Die Anfrage wird einmal erstellt und kann ohne zusätzlichen Erfassungsaufwand an einen oder mehrere Lieferanten übermittelt werden. Die Auswahl der Lieferanten, welche die Anfrage erhalten, orientiert sich an früheren Lieferbeziehungen und an Kataloginformationen über das jeweilige Liefersortiment. Z. B. durch die Eingabe eines Wiedervorlagedatums können offene Anfragen terminlich weiter verfolgt werden (vgl. [3]).

Relevante Informationen
einfließende Informationen:

- Bestellprogrammvorschlag
- frühere Lieferbeziehungen
- Kataloginformationen

weitere relevante Aspekte:

- terminliche Weiterverfolgung

Ergebnis der Anfrageerstellung:

- Anfragen an Lieferanten

Verfahren zur Erfüllung der PPS-Aufgabe
Bei der Anfrageerstellung werden keine spezifischen Verfahren eingesetzt.
Zielkonflikt
Bei der Anfrageerstellung liegen keine Zielkonflikte vor.

Der folgende Container beschreibt die PPS-Aufgabe Angebotseinholung und -bewertung.

Angebotseinholung und -bewertung

Beschreibung
   Zu den Funktionen der Angebotseinholung und -bewertung gehören die Definition und Verwaltung eines Anfragevorgangs, die terminliche und/oder artikelbezogene Verfolgung von Anfragen sowie die Aufbereitung und der Vergleich der eingehenden Angebote.
   Für Bedarfe, die das erste Mal auftreten und noch keinem Lieferanten zugeordnet sind, oder für die keine aktuellen Preise vorliegen, erfolgt nach der Anfrageerstellung die Angebotseinholung. Im Rahmen der Angebotseinholung erfolgt zusammen mit dem Lieferanten die Spezifizierung der konstruktiven Details des Zukaufteils. Es muss gewährleistet sein, dass jedes eingehende Angebot eindeutig einer Anfrage zugeordnet werden kann. Hierdurch können die Anfragen terminlich verfolgt und offene Anfragen gemahnt werden.

Mithilfe einer Angebotsvergleichsrechnung kann ein auf dem jeweiligen Preis-Leistungs-Verhältnis basierender Vergleich der Angebote vorgenommen werden. Die Lieferanten werden nach unternehmensspezifischen Kriterien bewertet und auf Basis der Ergebnisse kann im Anschluss die Lieferantenauswahl durchgeführt werden. Nachdem sowohl die Angebotseinholung und -bewertung als auch die anschließende Lieferantenauswahl einmalig stattgefunden hat, werden der Hauptlieferant und eventuell die Nebenlieferanten im Teilestamm hinterlegt (vgl. [9], oder [3]).

Relevante Informationen

einfließende Informationen:

- Preisbestandteile (Listeneinkaufspreis, Transportkosten, Ver-packungskosten etc.)
- Wareneigenschaften (Qualität, beschaffbare Menge etc.)
- Lieferzeiten

weitere relevante Aspekte:

- Kreditgewährungen (Skonti, Zahlungsfristen etc.)
- Preisnachlässe (Rabatte, Boni etc.)

Ergebnis der Angebotseinholung und -bewertung:

- Angebote von Lieferanten

Verfahren zur Erfüllung der PPS-Aufgabe
Spezifische Verfahren zur Angebotseinholung und -bewertung existieren nicht.
Zielkonflikt
Zielkonflikte im Kontext der Angebotseinholung und -bewertung treten erst bei der Lieferantenauswahl auf.

Der folgende Container beschreibt die PPS-Aufgabe Lieferantenauswahl.

Lieferantenauswahl

Beschreibung
Für die Lieferantenauswahl wird auf Basis der Angebotsbewertung eine Liste der potenziellen Zulieferer erstellt. Die Lieferanten werden nach unternehmensspezifisch definierten Kriterien beurteilt. Aufgrund dieser Bewertungen können die Lieferanten in ein Ranking gebracht werden. Die Lieferantenauswahl kann dann manuell nach einer Vorschlagsliste oder automatisch unter Berücksichtigung von Haupt- und Nebenlieferant erfolgen. Bei einem Auftragsfertiger wird für Rohwaren meist nur ein (Haupt-) Lieferant ausgewählt, wohingegen für einzelne Baugruppen oder Teile mehrere Lieferanten zur Verfügung stehen (vgl. [10]).

Relevante Informationen

einfließende Informationen:

- Preis
- Qualität
- Liefertreue (Menge, Termin)
- Servicegüte (Kulanz, Garantieleistungen etc.)
- Flexibilität
- Bonität

weitere relevante Aspekte:

- Reklamationsquote (Bedeutung, Anzahl, Folgen etc.)
- Innovationen
- alternative Fertigungsverfahren
- Erschließung neuer Märkte
- Logistikstrukturen (kurze Transportwege etc.)
- Umweltaspekte (gesetzliche Auflagen etc.)

Ergebnis der Lieferantenauswahl:

- ausgewählte Lieferanten

Verfahren zur Erfüllung der PPS-Aufgabe

Für die Lieferantenauswahl existiert eine ganze Reihe qualitativer und quantitativer Verfahren. Eine gute Übersicht liefert Koppelmann (vgl. [23], vgl. hierzu auch [24]). Exemplarisch zu nennen sind:

- Notensysteme,
- Scoring Modelle,
- Nutzwertanalyse,
- Checklistenverfahren,
- Lieferantentypologien,
- Portofoliomethode
- etc.

Zielkonflikt

Bei der Lieferantenauswahl treten verschiedene Zielkonflikte auf. Ein für die PPS unmittelbar zielgrößenwirksamer Zielkonflikt bei der Lieferantenauswahl liegt vor, wenn sich die Lieferanten hinsichtlich Produktpreis, Produktqualität und Logistikleistung unterscheiden und es keine eindeutige Leistungsrangfolge der Lieferanten bezogen auf diese drei Leistungsgrößen gibt. Weitere wichtige Auswahlkriterien sind

Kommunikation, Service, Flexibilität, Know-how, Umweltschutz, Bonität oder das (technologische) Entwicklungspotenzial.

Bezüglich der Lieferantenauswahl können zudem zwischen den Bereichen Logistik und Einkauf Interessenskonflikte auftreten. Aus Sicht der Logistik sind Local Sourcing, kleine Mindestabnahmemengen, langfristige Lieferantenbeziehungen und Konzentration auf wenige Beschaffungsmärkte von Vorteil. Gegenteilig verhält es sich im Einkauf; hier werden oft Global Sourcing, große Mindestabnahmemengen, Preisreduzierung durch Wettbewerb und eine breite Aufstellung in den Beschaffungsmärkten bevorzugt (vgl. [24]). Außerdem können die aus den unternehmensspezifischen Entscheidungskriterien abgeleiteten Ziele miteinander in Konflikt stehen.

Der folgende Container beschreibt die PPS-Aufgabe Bestellfreigabe.

Bestellfreigabe

Beschreibung

Nach der vorangehenden Prüfung der grundsätzlichen Durchführbarkeit des Bestellprogrammvorschlags erfolgt die Freigabe der Bestellungen (vgl. [3]). Diese werden anschließend an die Lieferanten übermittelt und legen so final den Plan-Zugang zur Beschaffung fest und initialisiert den Ist-Zugang.

Relevante Informationen

einfließende Informationen:

- Angebot des Lieferanten
- Bestellvorgrammvorschlag

weitere relevante Aspekte:

- Lieferfähigkeit des Lieferanten
- Liefer- und Bedarfstermine
- Transportweg

Ergebnis der Bestellfreigabe:

- Bestellungen

Verfahren zur Erfüllung der PPS-Aufgabe

Bei der Bestellfreigabe existieren keine spezifischen Verfahren. Ggf. werden zur Reduzierung von Bestellabwicklungs-, Transport- und Versicherungskosten terminlich zusammenfallende Einzelbestellungen zu einer Sammelbestellung zusammengefasst. Diese können durch verschiedene Verfahren erzeugt werden (vgl. [25], oder [3]):

- manuelle Selektion,
- manuelle Selektion mit kriteriengesteuerter Vorselektion,
- automatische Selektion mittels Kriteriensteuerung,
- teilautomatische Selektion.

Zielkonflikt
Spezifische Zielkonflikte liegen hier nicht vor. Bei der Zusammenfassung von Bestellungen können Zielkonflikte analog zur Bestellrechnung auftreten.

6.6   Steckbriefe der Aufgaben der Produktionsbedarfsplanung

Die Aufgaben der PPS-Hauptaufgabe Produktionsbedarfsplanung sind:

- die mittelfristige Ressourcengrobplanung und
- die Eigenfertigungsprogrammfreigabe.

Der folgende Container beschreibt die PPS-Aufgabe mittelfristige Ressourcengrobplanung.

Mittelfristige Ressourcengrobplanung

Beschreibung
Bei der mittelfristigen Ressourcengrobplanung ist mit mittelfristigem Planungshorizont von Wochen oder wenigen Monaten der Bedarf an Ressourcen (Material sowie Personal- und Anlagenkapazitäten) mit der Verfügbarkeit der Ressourcen abzugleichen. Bezogen auf die benötigten fremd zu beziehenden Rohstoffe und Halbfabrikate resultieren die erforderlichen Informationen aus der Fremdbezugsgrobplanung.

Bezogen auf die Personal- und Anlagenkapazitäten wird zunächst der Kapazitätsbedarf ermittelt, also die Grobbelastung der Ressourcen festgelegt. Der Bedarf kann für eine Einzelkapazität, für eine Kapazitätsgruppe oder für unterschiedliche Kapazitätsarten parallel ermittelt werden (vgl. [3]).

Produktionskapazitäten stehen nicht unbegrenzt zur Verfügung. Da Produktionsaufträge gleichzeitig um inner- und außerbetriebliche Ressourcen konkurrieren, kommt es zu Diskrepanzen zwischen Bedarf und Angebot. Daher muss die tatsächliche Belastung mit den zur Verfügung stehenden Kapazitäten im Rahmen einer Kapazitätsabstimmung angeglichen werden (vgl. [26]).

Relevante Informationen
einfließende Informationen:

- Kapazitätsprofile
- Kapazitätsangebot

- Grobarbeitspläne
- Kapazitätsbedarfe

weitere relevante Aspekte:

- geplante Wartungs- und Instandhaltungsarbeiten
- durchschnittliche Personalfehltage (Urlaubstage, Krankheit etc.)
- Möglichkeiten zum mittelfristigen Kapazitäts- und Belastungsabgleich (Wechsel Schichtmodell, Fremdvergabe von Aufträgen, Freigabe von gesperrten Kapazitäten etc.)

Ergebnis der Mittelfristigen Ressourcengrobplanung:

- abgestimmte Grobbelastung der Ressourcen

Verfahren zur Erfüllung der PPS-Aufgabe

Um die Diskrepanzen zwischen Kapazitätsbedarf und verfügbaren Angebot auszugleichen, wird eine Kapazitätsabstimmung vorgenommen. Dabei kann entweder das Kapazitätsangebot oder die Kapazitätsnachfrage angepasst werden (vgl. [1]). Hierfür sind die folgenden Verfahren exemplarisch zu nennen (vgl. [27, 28, 29] oder [29]):

- zeitliche Kapazitätsanpassung (z. B. Wechsel Schichtmodell),
- intensitätsmäßige Kapazitätsanpassung (z. B. Veränderung der Ausbringungsmenge durch neue Maschinen),
- Kapazitätsabgleich (Verlagerung, Splittung von Produktionsmengen),
- Fremdvergabe.

Logistische Modelle wie das Durchlaufdiagramm oder Kapazitätskonten können zur Veranschaulichung des Problems genutzt werden.

Zielkonflikt

Je größer die eingeplanten Produktionsmengen sind, desto größer ist der potenziell realisierbare Umsatz. Andererseits erhöht sich damit jedoch die Wahrscheinlichkeit, dass zur Verfügung gestellte Kapazitäten nicht ausgelastet werden. Eine hinreichend große, jedoch monetär mitunter aufwändige Kapazitätsflexibilität kann diesen Zielkonflikt aufweichen.

Der folgende Container beschreibt die PPS-Aufgabe Eigenfertigungsprogrammfreigabe.

Eigenfertigungsprogrammfreigabe

Beschreibung

Nach der Überprüfung der grundsätzlichen Realisierbarkeit des Eigenfertigungs-programmvorschlags erfolgt in der Eigenfertigungsprogrammfreigabe die Freigabe des Eigenfertigungsprogramms.
Relevante Informationen
einfließende Informationen:

- Eigenfertigungsprogrammvorschlag
- abgestimmte Grobbelastung der Ressourcen

Ergebnis der Eigenfertigungsprogrammfreigabe:

- Eigenfertigungsprogramm

Verfahren zur Erfüllung der PPS-Aufgabe
Spezifische Verfahren zur Eigenfertigungsprogrammfreigabe existieren nicht.
Zielkonflikt
Bei der Anfrageerstellung liegen keine Zielkonflikte vor.

6.7　　Steckbriefe der Aufgaben der Eigenfertigungsplanung

Die Aufgaben der PPS-Hauptaufgabe Eigenfertigungsplanung sind:

- die Losgrößenrechnung,
- die Durchlaufterminierung,
- die kurzfristige Ressourcenfeinplanung und
- die Produktionsplanfreigabe.

Der folgende Container beschreibt die PPS-Aufgabe Losgrößenrechnung.

Losgrößenrechnung

Beschreibung

Ein Lagerfertiger bestimmt die Produktionslosgrößen, mit denen das Halbfabrikate-lager oder das Fertigwarenlager aufgefüllt wird. Bei einem Auftragsfertiger ergeben sich die Produktionsmengen aus den Kundenaufträgen. Es besteht jedoch die Möglich-keit, Kundenaufträge zu Produktionsaufträgen zusammenzufassen. Optimale Produk-tionslosgrößen unterliegen verschiedenen Einflussgrößen, die teilweise in Richtung größerer Lose und teilweise in Richtung kleinerer Lose wirken (vgl. [30]).
Die Losgrößenbildung kann auf verschiedene Weise erfolgen. Entweder können die Losgrößen intuitiv auf Basis von Mitarbeitererfahrungen festgelegt oder mithilfe von

Losgrößenformeln berechnet werden. Hierbei kann die Berechnung der Losgröße einmalig, immer nach einem festzulegenden Zeitraum oder bei jeder Losbildung erneut erfolgen (vgl. [10]).

Relevante Informationen
einfließende Informationen:

- Auftragswechselkosten (Rüstzeiten, Maschinenstundensätze etc.)
- Lagerhaltungskostensatz (Kosten für Kapitalbindung, Flächen, Materialhandhabung etc.)
- Materialkosten
- zukünftige Absatzmengen
- Logistikkostenfaktor (zur Berücksichtigung logistischer Kriterien wie die Länge der Durchlaufzeiten)

weitere relevante Aspekte:

- Lagerkapazität
- Lagerfähigkeit der Ware
- Liquidität des Unternehmens

Ergebnis der Losgrößenrechnung:

- Produktionsauftragslosgrößen

Verfahren zur Erfüllung der PPS-Aufgabe
Zur Berechnung von Produktionslosgrößen existiert eine ganze Reihe von Verfahren. Diese lassen sich unterteilen in statische, dynamische und stochastische Verfahren (vgl. [31]). Exemplarisch sind zu nennen:

- das Modell nach Harris (vgl. [32]),
- das Modell nach Andler (vgl. [33]),
- der Ansatz nach Wagner und Within (vgl. [34]),
- das Stückperiodenausgleichsverfahren (vgl. [35]),
- die Silver-Meal-Heuristik (vgl. [36]),
- die durchlauforientierte Losgrößenbestimmung (vgl. [37]),
- die multikriterielle Losgrößenbildung (vgl. [38]).

Zielkonflikt
Große Produktionslosgrößen beeinflussen die Auftragsauflagekosten positiv. Sie sind jedoch nachteilig hinsichtlich der resultierenden Lagerhaltungskosten in folgenden Lagerstufen sowie der logistischen Leistungsfähigkeit des Produktionsbereichs, welche sich bspw. in den Durchlaufzeiten oder der Termintreue widerspiegelt. Hier liegt ein Zielkonflikt vor.

Der folgende Container beschreibt die PPS-Aufgabe Durchlaufterminierung.

Durchlaufterminierung

Beschreibung

Bei der Durchlaufterminierung wird der zeitliche Durchlauf der Produktionsaufträge durch die einzelnen Kernprozesse der unternehmensinternen Lieferkette geplant. Dies erfolgt durch die Aneinanderreihung von Arbeitsvorgängen der einzelnen Produktionsaufträge. Die Abhängigkeiten von aufgrund ihrer Ereignisstrukturen miteinander in Beziehung stehenden Produktionsaufträgen werden im Netzplan zum Ausdruck gebracht. Wichtig ist die Festlegung der vorläufigen Plan-Start- und Plan-Endtermine der einzelnen Arbeitsvorgänge. Hierbei geht die Durchlaufterminierung zunächst häufig von unbegrenzten Kapazitäten aus (vgl. [39]).

Relevante Informationen

einfließende Informationen:

- Produktionsaufträge
- Arbeitspläne (Produktionsschritte, Bearbeitungszeiten, Rüstzeiten, Arbeitsgangfolgen, Transportzeiten, technologisch bedingte Liegezeiten)
- technologische Vorgaben

weitere relevante Aspekte:

- Engpassmaschinen
- Plan-Übergangszeiten zwischen Arbeitssystemen

Ergebnis der Durchlaufterminierung:

- Plan-Start- und Plan-Endtermine der Arbeitsvorgänge der Produktionsaufträge

Verfahren zur Erfüllung der PPS-Aufgabe

Die Durchlaufterminierung lässt sich nach drei grundlegenden Ansätzen durchführen (vgl. [39], oder [21]):

- Vorwärtsterminierung (fixer Starttermin),
- Rückwärtsterminierung (fixer Endtermin),
- Mittelpunktterminierung (ausgehend von einem Engpassarbeitssystem)

Der dritte Ansatz stellt eine Kombination der beiden anderen dar. Zur Visualisierung der Planungsergebnisse bietet sich für einfache Produktionsaufträge der Einsatz von Gantt-Charts und für komplizierte Produktionsaufträge von Netzplänen an.

Zielkonflikt

Lange Durchlaufzeiten ziehen einen hohen WIP und damit hohe Kapitalbindungs-kosten nach sich. Zudem mindern sie die logistische Leistungsfähigkeit des Unter-nehmens, da sie lange Ist-Durchlaufzeiten und oft eine schlechte Termintreue zur Folge haben. Eine Verringerung der Durchlaufzeiten führt zu einer Verringerung von Puffer-und Liegezeiten für den einzelnen Auftrag. Zudem wird der WIP in der Produktion re-duziert. Dies führt jedoch ab einem bestimmten Grenzwert zu Auslastungsverlusten aufgrund von Materialflussabrissen. Zudem können zeitliche Störungen im Produktions-durchlauf mitunter nicht mehr ausgeglichen werden.

Der folgende Container beschreibt die PPS-Aufgabe kurzfristige Ressourcen-feinplanung.

Kurzfristige Ressourcenfeinplanung

Beschreibung

Bei der kurzfristigen Ressourcenfeinplanung werden Belastungsspitzen ausge-glichen oder das Kapazitätsangebot angepasst. Ziel ist die Sicherung der Verfügbarkeit der erforderlichen Kapazitäten bei einer gleichzeitigen hohen Auslastung. Bei der Gegenüberstellung von Kapazitätsbedarf und Kapazitätsangebot wird die tatsächliche Ressourcenbelastung berücksichtigt und die bisherige Planung entsprechend korrigiert. Als Ressourcen werden hierbei Material, Personal, Anlagen und Hilfsmittel bezeichnet. Nach der Abstimmung der Kapazitäten werden die einzelnen Arbeitsvorgänge den An-lage und den Mitarbeitern zugeordnet (vgl. [3], oder [9]).

Relevante Informationen

einfließende Informationen:

- Kapazitätsbedarf
- Kapazitätsangebot

weitere relevante Aspekte:

- Möglichkeiten für Überstunden/Sonderschichten
- Möglichkeiten für Kurzarbeit
- Möglichkeiten für Splittung von Aufträgen/Arbeitsgängen/Verteilung auf mehrere Ressourcen
- Kunden-/Auftrags-Prioritäten

Ergebnis der kurzfristigen Ressourcenfeinplanung:

- Ressourcenbelegungsplan (fixierte Arbeitsaufträge, die innerhalb einer Planungs-periode an den jeweiligen Arbeitssystemen gefertigt werden)

Verfahren zur Erfüllung der PPS-Aufgabe

Bei der Gegenüberstellung von Kapazitätsbedarf und Kapazitätsangebot werden Überlastungen und Unterauslastungen sichtbar. Um den Unterschied zwischen Kapazitätsbedarf und verfügbarem Angebot auszugleichen, erfolgt eine Kapazitätsabstimmung. Dabei kann entweder das Kapazitätsangebot oder die Kapazitätsnachfrage angepasst werden. Die generellen Möglichkeiten sind (vgl. [21, 29], oder [27]):

- zeitliche Kapazitätsanpassung (z. B. Überstunden),
- intensitätsmäßige Kapazitätsanpassung (z. B. Veränderung der Ausbringungsmenge durch neue Maschinen),
- Belastungsabgleich (z. B. Splittung von Produktionsmengen),
- Belastungsanpassung (z. B. Fremdvergabe von Produktionsaufträgen).

Zielkonflikt

Im Rahmen der kurzfristigen Ressourcenfeinplanung treten Zielkonflikte auf, die denen der Durchlaufterminierung entsprechen. Letztlich müssen die Durchlaufterminierung und die kurzfristige Ressourcenfeinplanung gemeinsam durchgeführt werden. Die Zielkonflikte sind identisch.

Der folgende Container beschreibt die PPS-Aufgabe Produktionsplanfreigabe.

Produktionsplanfreigabe

Beschreibung

Nach Bearbeitung der vorangegangenen PPS-Aufgaben der Eigenfertigungsplanung wurden die Primär- und Sekundärbedarfe in Produktionsaufträge mit definierten Produktionsmengen sowie Plan-Start- und Plan-Endterminen überführt (ausgenommen die kundenspezifischen Produktionsaufträge, die im Rahmen des Auftragsmanagements eingeplant wurden). Nach Überprüfung der Realisierbarkeit kann der resultierende Produktionsplan freigegeben werden.

Relevante Informationen

einfließende Informationen:

- Produktionsaufträge mit definierten Produktionsmengen (Produktionslosgrößen) sowie Plan-Start und Plan-Endterminen

Ergebnis der Produktionsplanfreigabe:

- Produktionsplan

Verfahren zur Erfüllung der PPS-Aufgabe

Spezifische Verfahren zur Produktionsplanfreigabe existieren nicht.

Zielkonflikt

Bei der Produktionsplanfreigabe liegen keine Zielkonflikte vor.

6.8 Steckbriefe der Aufgaben der Eigenfertigungssteuerung

Die Aufgaben der PPS-Hauptaufgabe Eigenfertigungsplanung sind:

- die Verfügbarkeitsprüfung,
- die Auftragsfreigabe,
- die Reihenfolgebildung und
- die Kapazitätssteuerung.

Der folgende Container beschreibt die PPS-Aufgabe Verfügbarkeitsprüfung.

Verfügbarkeitsprüfung

Beschreibung

Bei der Verfügbarkeitsprüfung wird geklärt, ob die zur Realisierung des Produktionsplans erforderlichen Ressourcen (insbesondere Material sowie Personal- und Anlagenkapazitäten) zum gewünschten Zeitpunkt zur Verfügung stehen. Hierdurch können fehlende Ressourcen oder Doppelbelegungen rechtzeitig erkannt werden. Fehlende Verfügbarkeiten, die z. B. durch die spätere Reihenfolgeplanung nicht mehr ausgeglichen werden können, führen zu einer Rückkopplung zu vorherigen PPS-Aufgaben bzw. zu einer Rücksprache mit dem Kunden. Bei erfolgreicher Verfügbarkeitsprüfung können die benötigten Ressourcen reserviert werden (vgl. [40], oder [3]).

Relevante Informationen

einfließende Informationen:

- Plan-Start- und Plan-Endtermine der Arbeitsvorgänge der Produktionsaufträge
- Ressourcenbelegungsplan

weitere relevante Aspekte:

- Absprachen mit Kunden (alternative Erzeugnisse, späterer Liefertermin etc.)

Ergebnis der Verfügbarkeitsprüfung:

- Meldung bzgl. der Verfügbarkeit der Ressourcen

Verfahren zur Erfüllung der PPS-Aufgabe

Die Verfügbarkeitsprüfung lässt sich in eine statische und eine dynamische Prüfung unterteilen. Bei der statischen Prüfung müssen zum Prüfungszeitpunkt alle für den Auftrag benötigten Ressourcen bereitstehen. Im Gegensatz dazu müssen die Ressourcen bei der dynamischen Prüfung lediglich termingerecht verfügbar sein (vgl. [41], siehe auch [42]). Die Verfügbarkeit kann generell sowohl buchtechnisch als auch physisch z. B. durch eine Sichtprüfung festgestellt werden.

Zielkonflikt
Bei der Verfügbarkeitsprüfung liegen keine Zielkonflikte vor.

Der folgende Container beschreibt die PPS-Aufgabe Auftragsfreigabe.

Auftragsfreigabe

Beschreibung
Die Auftragsfreigabe gibt Produktionsaufträge frei und steuert das Verhältnis von Auftragsbestand und Ausbringungsleistung. Ziel hierbei ist eine ausgewogene und angemessene Belastung der einzelnen Arbeitsplätze und Maschinen (vgl. [43]). Der Zeitpunkt der Freigabe hat entscheidenden Einfluss auf die Materialbestände, Durchlaufzeiten, Kapazitätsauslastung und Lieferterminabweichungen (vgl. [44]).

Relevante Informationen
einfließende Informationen:

- Ergebnisse der Verfügbarkeitsprüfung
- Produktionsplan mit Produktionsaufträgen (Art, Menge, Plan-Start- und Plan-Endtermine)

weitere relevante Aspekte:

- kurzfristige Kundenwünsche
- Priorität von Aufträgen (wichtige Kunden, Konventionalstrafen etc.)
- Eilaufträge aufgrund kurzfristiger Lieferzusagen
- Qualitätsanforderungen für die Vorprodukte
- Rüstzeitersparnisse bei geschickter Reihenfolge der Aufträge
- Instandhaltungsstrategien

Ergebnis der Auftragsfreigabe:

- freigegebene Produktionsaufträge

Verfahren zur Erfüllung der PPS-Aufgabe
Zur Freigabe von Produktionsaufträgen existiert eine ganze Reihe von Verfahren. Diese verfolgen unterschiedliche Zielsetzungen und wirken sich daher unterschied-lich

auf die Zielgrößen eines Unternehmens aus. Lödding gibt hierzu einen guten Überblick. Vgl. [45] Exemplarisch sind folgende Verfahren der Auftragsfreigabe zu nennen:

- Auftragsfreigabe nach Termin (vgl. [15]),
- belastungsorientierte Auftragsfreigabe (vgl. [46]),
- Constant Work in Process (vgl. [47]),
- Dezentrale Bestandsorientierte Fertigungsregelung (vgl. [48]).

Zielkonflikt
Produktionsaufträge können prinzipiell nach verschiedenen Kriterien freigegeben werden. Diese Kriterien können:

- das Bekanntwerden eines Auftrags,
- Plan-Termine oder
- der WIP

sein. Je nachdem, welches Kriterium führend ist bzw. welches Freigabeverfahren eingesetzt wird, werden unterschiedliche Ziele verfolgt, die konfliktionär zueinander ausgerichtet sind.

Generell lässt sich festhalten: Je früher die Produktionsaufträge freigegeben werden, desto größer ist tendenziell die Auslastung der Arbeitssysteme. Auf der anderen Seite steigen dadurch der Ist-WIP und die Ist-Durchlaufzeit. Die Termintreue wird negativ beeinflusst. Eine späte Freigabe zieht einen geringen Ist-WIP und kurze Ist-Durchlaufzeiten nach sich. Sofern die Produktionsaufträge termingerecht freigegeben werden können, wird die Termintreue positiv beeinflusst. Ein geringer WIP erhöht die Wahrscheinlichkeit von Auslastungsverlusten; zudem grenzt er den Freiheitsgrad zur Bildung von produktivitätssteigernden Reihenfolgen ein.

Der folgende Container beschreibt die PPS-Aufgabe Reihenfolgebildung.

Reihenfolgebildung

Beschreibung
Bei tendenziell flexiblen Strukturen, wie einer nach dem Werkstattprinzip organisierten Produktion, bilden die Produktionsaufträge Warteschlangen vor den Arbeitssystemen. Bei der Reihenfolgebildung wird unter Berücksichtigung definierter Kriterien die optimale Abarbeitungsreihenfolge der Produktionsaufträge an den Arbeitssystemen festgelegt (vgl. [45]).

Relevante Informationen
einfließende Informationen:

- freigegebene Produktionsaufträge

- auftragsbezogene Informationen (Reihenfolge der Arbeitsvorgänge, Plan-Fertigstellungstermin etc.)
- Kapazitätsrestriktionen

weitere relevante Aspekte:

- Transportzeiten
- Rüstzeitmatrizen

Ergebnis der Reihenfolgebildung:

- Ist-Reihenfolge der Produktionsaufträge

Verfahren zur Erfüllung der PPS-Aufgabe
Die Reihenfolgebildung folgt bestimmten Kriterien bzw. Zielen. Die Reihenfolgebildung kann generell:

- nach der Reihenfolge der Ankunft (natürliche Reihenfolge),
- rüstaufwandsorientiert,
- terminorientiert oder
- zur Steuerung von Beständen in nachfolgenden Lagerstufen

erfolgen. Zur operativen Reihenfolgebildung existieren verschiedene Verfahren. Diese Verfahren lassen sich in heuristische und analytische Verfahren unterteilen. Eine gute Übersicht liefert Lödding (vgl. [45]). In der Praxis gängige Verfahren zur Reihenfolgebildung sind bspw.:

- First-in-First-out-Regel,
- Priorisierung nach dem frühesten Plan-Starttermin,
- Priorisierung nach dem frühesten Plan-Endtermin,
- rüstzeitoptimierende Reihenfolgebildung.

Zielkonflikt
Durch die Reihenfolgebildung werden im Kern die logistischen Zielgrößen Leistung und Termintreue beeinflusst. Leistungsorientierte Reihenfolgeregeln tragen bspw. durch die Reduzierung des Rüstaufwands zur Steigerung der effektiven Leistung an den Arbeitssystemen bei. Sie wirken sich jedoch negativ auf die Streuung der Durchlaufzeiten der Produktionsaufträge und damit negativ auf die Termintreue aus. Eine terminorientierte Reihenfolgebildung verbessert die Terminsituation in den Produktionsbereichen. Sie hat jedoch keinen positiven Einfluss auf die effektive Leistung der Arbeitssysteme.

Der folgende Container beschreibt die PPS-Aufgabe Kapazitätssteuerung.

Kapazitätssteuerung

Beschreibung

Im Rahmen der Kapazitätssteuerung wird kurzfristig über den tatsächlichen Einsatz der Kapazitäten und über zusätzliche Maßnahmen zur Kapazitätsanpassung entschieden. Es werden Arbeitszeiten festgelegt und mehrfach qualifizierte Mitarbeiter dringlichen Aufgaben zugeordnet (vgl. [45]). Das primäre logistische Ziel der Kapazitätssteuerung ist die Gewährleistung einer hohen Termintreue. Das wirtschaftliche Ziel ist das Erreichen eines effizienten Einsatzes der Kapazitätsflexibilität. Im Fokus steht dabei die Ausrichtung der Kapazität am Kundenbedarf. Daneben sind der Lagerbestand, der Rückstand, Abweichungen von Plan-Kapazitäten sowie Terminabweichungen von großer Bedeutung (vgl. [49]). Die Grundlage der Kapazitätssteuerung bildet die Kapazitätsflexibilität der Produktion, da sie das Ausmaß der möglichen Kapazitätsanpassung beschreibt und die Reaktionszeit bestimmt, bis Kapazitätsänderungen wirksam werden. Ist keine Flexibilität der Anlagen bzw. der Mitarbeiter vorhanden, besteht die wichtigste Aufgabe darin Flexibilität zu schaffen. Der Detaillierungsgrad der Kapazitätssteuerung bestimmt, ob die Kapazität für einen Teil oder für die gesamte Produktion angepasst wird (vgl. [45]).

Relevante Informationen

einfließende Informationen:

* freigegebene Produktionsaufträge
* Verfügbarkeit von Material sowie Personal- und Anlagenkapazitäten

weitere relevante Aspekte:

* Flexibilität der Anlagen (Möglichkeiten zur Veränderung der Betriebsmittelintensität, zum Verschieben von Wartungsarbeiten, zur Verlagerung auf alternative Betriebsmittel etc.)
* Flexibilität der Mitarbeiter (Arbeitszeitflexibilität, Flexibilität der Arbeitsgeschwindigkeit, Mehrfachqualifikation etc.)
* gesperrte oder reservierte Kapazitäten
* Rückstand der Arbeitssysteme

Ergebnis der Kapazitätssteuerung:

* Ist-Kapazitäten

Verfahren zur Erfüllung der PPS-Aufgabe

Zur kurzfristigen Kapazitätsanpassung eignen sich besonders die Instrumente Gleitzeitkonten, zusätzliche Schichten oder Kurzarbeit. Bei der Kapazitätssteuerung können verschiedene Verfahren angewendet werden. Diese unterscheiden sich hinsichtlich der Zielsetzung und des Anwendungsgebietes. Neben der reinen Rückstandsregelung (vgl. [15]) gibt es weitere Verfahren, die alternativ oder ergänzend eingesetzt werden. Zu nennen sind exemplarisch:

- Planorientierte Kapazitätssteuerung (vgl. [15]),
- Terminorientierte Kapazitätssteuerung (vgl. [49]) oder
- Bestandsregelnde Kapazitätssteuerung (vgl. [50]).

Zielkonflikt

Der in der Kapazitätssteuerung vorliegende Zielkonflikt zwischen Zielgrößen wird durch das Maß an installierter und genutzter Kapazitätsflexibilität bestimmt. Je größer die Kapazitätsflexibilität, desto mehr Aufwand muss für dessen Installation (z. B. Maßnahmen zur Mehrfachqualifizierung von Mitarbeitern) und Nutzung (z. B. Zuschläge für Überstunden oder Wochenendarbeit) in Kauf genommen werden. Auf der anderen Seite werden die logistischen Zielgrößen Auslastung, Durchlaufzeit, WIP und Termintreue positiv durch eine hohe Kapazitätsflexibilität beeinflusst.

Ein weiterer Konflikt kann durch Anpassung der Arbeitsgeschwindigkeit auftreten. Durch eine gesteigerte Arbeitsgeschwindigkeit kann einerseits ein Kapazitätsmangel ausgeglichen werden, aber andererseits kann dies bei den Mitarbeitern zu Stress und Erschöpfung und zu Qualitätsmängeln führen.

6.9   Steckbriefe der Aufgaben des Auftragsversands

Die Aufgaben der PPS-Hauptaufgabe Auftragsversand sind:

- die Auftragserfassung und
- die Versandabwicklung.

Der folgende Container beschreibt die PPS-Aufgabe Auftragserfassung.

Auftragserfassung

Beschreibung

Für eine kundenauftragsspezifische Produktion wird nach der Auftragsannahme (PPS-Hauptaufgaben Auftragsmanagement) der Kundenauftrag mit Liefertermin an den Auftragsversand weitergegeben. Für lagerhaltige Produkte erfolgt die Auftragserfassung als erste Aufgabe des Auftragsversands. Im Rahmen der Erfassung wird der eingegangene Auftrag aufgenommen, die Auftragsdaten werden systematisiert und die Informationen werden zur weiteren Bearbeitung aufbereitet. Hierbei werden die auszuliefernden Artikel mit Mengenangaben und Soll-Liefertermin erfasst, die Versandpositionen aufgelistet und die eingehenden Aufträge fortlaufend nummeriert (vgl. [10]).

Im Anschluss an die Auftragserfassung wird unter Berücksichtigung der Fertig-warenbestände die Verfügbarkeit der Erzeugnisse überprüft. Sind die Erzeugnisse zum vereinbarten Liefertermin nicht oder nur teilweise verfügbar, muss eine Abstimmung mit dem Kunden erfolgen. Falls die benötigten Erzeugnisse verfügbar sind, schließt die Versandabwicklung an (vgl. [10]).

Relevante Informationen
einfließende Informationen:

- Kundenauftrag (Artikel mit Mengenangaben, Soll-Liefertermin, Versandart, Ver-packungsvorschriften etc.)

weitere relevante Aspekte:

- Wiederholaufträge
- Möglichkeit der Teillieferung oder nur Komplettlieferung zugelassen

Ergebnis der Auftragserfassung:

- erfasster Kundenauftrag

Verfahren zur Erfüllung der PPS-Aufgabe
Die Erfassung des Auftrags kann manuell durch eine Übertragung in ein Auftrags-formular, mit automatischer Unterstützung oder voll automatisch geschehen. In Ab-hängigkeit von historischen Auftrags- und Kundendaten kann die Auftragserfassung auf die folgenden Arten durchgeführt werden: (vgl. [25]):

- Neuerfassung eines Kundenauftrags,
- Auftragserfassung mittels kundenspezifischem Produktsortiment,
- Auftragsschnellerfassung mit automatischer Wiedervorlage zur Komplettierung oder
- Auftragsschnellerfassung mit Übernahme von Bausteinen aus einer kundenspezi-fischen Auftragshistorie.

Zielkonflikt
Bei der Auftragserfassung liegen keine Zielkonflikte vor.

Der folgende Container beschreibt die PPS-Aufgabe Versandabwicklung.

Versandabwicklung

Beschreibung
Im Rahmen der Versandabwicklung werden die Versandpapiere generiert und zu-sammen mit dem Fertigerzeugnis an einen Spediteur oder die Transportplanung über-

geben. Das Kernergebnis der Versandabwicklung sind der Versandauftrag und die Versandpapiere, die den Plan-Abgang im Versand bestimmen und den Ist-Abgang anstoßen.

Relevante Informationen
einfließende Informationen:

- Kundenauftrag
- Soll- und Plan-Liefertermin
- Fertigwarenbestand

Ergebnis der Versandabwicklung:

- Versandauftrag und -papiere

Verfahren zur Erfüllung der PPS-Aufgabe
Für die Versandabwicklung existieren keine spezifischen Verfahren.

Zielkonflikt
Der reinen Versandabwicklung liegen keine PPS-spezifischen Zielkonflikte zugrunde.

Bei der Planung der Transporte jedoch können verschiedene Zielkonflikte auftreten. Bspw. entsteht ein Zielkonflikt zwischen einer möglichst schnellen Lieferung und der optimalen Ausnutzung der Transportkapazitäten durch eine Zusammenfassung von Transportaufträgen oder zwischen der Realisierung möglichst kurzer Transportzeiten durch die Wahl entsprechender Transportmittel und geringen Transportkosten. Diese werden jedoch nicht durch die PPS adressiert.

6.10   Steckbriefe der Aufgaben des Bestandsmanagements

Die Aufgaben der PPS-Hauptaufgabe Bestandsmanagement sind:

- die Bestandsführung und
- die Bestandsplanung.

Der folgende Container beschreibt die PPS-Aufgabe Bestandsführung.

Bestandsführung

Beschreibung
In den Kernprozessen entlang der unternehmensinternen Lieferkette werden Ist-Zu- und -Abgangsereignisse über eine Betriebsdatenerfassung aufgenommen und auf-

bereitet. Im Rahmen der Bestandsführung werden hierbei sämtliche Lagerbewegungen (Zu- und Abgänge der Artikel zu den Lagerstufen) mengenmäßig und wertmäßig erfasst (vgl. [3]). Die rückgemeldeten Ist-Daten aus den Kernprozessen Beschaffung, Produktion (Zwischenlager) und Versand werden im Rahmen der Bestandsführung verarbeitet, um möglichst echtzeitnah Informationen über Warenbestände an Fertigwaren, Halbfabrikaten und Rohwaren bereitstellen zu können. Durch Fehlbuchungen, Diebstahl, oder Schwund können Abweichungen zwischen dem Buchbestand und dem tatsächlichen Bestand auftreten. Mithilfe einer Inventur muss regelmäßig ein Plan-Ist-Abgleich durchgeführt werden (vgl. [51]).

Relevante Informationen

einfließende Informationen:

- Lagerzugänge
- Lagerabgänge
- Lagerorte

weitere relevante Aspekte:

- Fehlbuchungen
- Diebstahl
- Schwund

Ergebnis der Bestandsführung:

- Ist-Bestand Fertigwaren, Halbfabrikate und Rohwaren

Verfahren zur Erfüllung der PPS-Aufgabe

Bei der Erfassung der Lagerbewegungen werden verschiedene Technologien wie RFID oder Barcode eingesetzt. Um stochastische Faktoren wie Schwund oder Störungen wie Fehlbuchungen auszugleichen, werden verschiedene Verfahren wie die Fortschreibungsmethode, die Befundrechnung oder die Rückrechnung eingesetzt (vgl. [51]). Bei diesen Methoden handelt es sich in der Regel um relativ unkomplizierte Rechenverfahren. Zur Bewertung der Bestände für das Rechnungswesen existieren unterschiedliche Vorgehensweisen, die entweder produktübergreifend oder produktspezifisch angewendet werden. Gängige Ansätze sind (vgl. [3], oder [51]):

- Durchschnittsbewertung,
- Bewertung nach dem FIFO (first in first out) Prinzip,
- Bewertung nach dem LIFO (last in last out) Prinzip,
- Bewertung nach dem HIFO (highest in first out) Prinzip,
- Bewertung nach dem LOFO (lowest in first out) Prinzip.

Zielkonflikt

In der Bestandsführung liegt kein Zielkonflikt vor.

Der folgende Container beschreibt die PPS-Aufgabe Bestandsplanung.

Bestandsplanung

Beschreibung

Die Planung der Bestände an Fertigwaren, Halbfabrikaten und Rohwaren ist eine Kernaufgabe der PPS-Hauptaufgabe Bestandsmanagement. Diese PPS-Aufgabe steht in unmittelbarer Wechselwirkung zur Produktionsprogrammplanung und zur Sekundärbedarfsplanung. Im Rahmen der Bestandsplanung ist die Höhe der Plan-Bestände für Fertigwaren, Halbfabrikaten und Rohwaren festzulegen. Da der Losbestand durch die Aufgaben Losgrößenrechnung bzw. Bestellrechnung festgelegt wird, ist bei der Bestandsplanung im Kern der Sicherheitsbestand zu bestimmen, um einen gewünschten Servicegrad gegenüber den Kunden zu realisieren (vgl. [52]).

Relevante Informationen

einfließende Informationen:

- Absatzprogramm mit periodenbezogenen Absatzmengen
- aus Produktionsprogramm resultierender Sekundärbedarf
- Ziel-Servicegrade der einzelnen Lagerstufen

weitere relevante Aspekte:

- spezifische Merkmale einzelner Produkte oder Erzeugnisse (Preise, Umsatzanteile, saisonales Verhalten, Wiederbeschaffungszeiten etc.)
- Lagerfähigkeit der Produkte

Ergebnis der Bestandsplanung:

- Plan-Bestand Fertigwaren, Halbfabrikate und Rohwaren

Verfahren zur Erfüllung der PPS-Aufgabe

Im Kern werden zur Erfüllung der PPS-Aufgabe Bestandsplanung Verfahren oder Formeln zur Bestimmung von Sicherheitsbeständen eingesetzt. Zu nennen sind hier bspw. Ansätze nach Alicke (vgl. [53]), Axsäter (vgl. [54]), Gudehus (vgl. [55]), Nyhuis ([56]), oder Lutz (vgl. [57]). Die unterschiedlichen Verfahren berücksichtigen unterschiedliche Störungsfaktoren, die einen idealen Bestandsverlauf verhindern. Je nach unternehmensspezifischen Rahmenbedingungen haben die verschiedenen Verfahren ihre Vor- und Nachteile. Einen Vergleich dieser Vor- und Nachteile zeigen Schmidt et al. (vgl. [58]).

Zielkonflikt

Bei der Bestandsplanung tritt ein Zielkonflikt zwischen einem möglichst hohen Servicegrad und einem möglichst niedrigen Lagerbestand auf. Hierbei sollen ein überhöhter Lagerbestand und damit verbundene hohe Kapitalbindungskosten vermieden werden. Jedoch treten in der Praxis regelmäßig Störungen wie Mehrverbrauch, Lieferverzögerung oder Unterlieferung meist unvorhersehbar auf, woraus sich Fehlmengen ergeben würden, sofern diese Störungen nicht durch einen Sicherheitsbestand abgefangen werden (vgl. u. a. [59]). Diese Fehlmengen verursachen Fehlmengenkosten bspw. durch Pönale, stornierte Aufträge oder durch unzufriedene Kunden entgangene zukünftige Umsätze (vgl. [29]).

6.11   Steckbriefe der Aufgaben des Produktionscontrollings

Die Aufgabe der PPS-Hauptaufgabe Produktionscontrolling ist das Produktionscontrolling an sich, welche durch den folgenden Container beschrieben wird.

Produktionscontrolling

Beschreibung

Die Daten der Produktionsplanung und -steuerung werden in Stamm- und Bewegungsdaten unterteilt (vgl. [60]). Die Betriebsdaten umfassen zeitliche, mengenmäßige, kapazitäts- und auftragsbezogene Ist-Werte, die innerhalb des Produktionsprozesses auftreten. Die Betriebsdatenerfassung erfolgt heute oft automatisch.

Im Rahmen der wirtschaftlichen Lenkung zielt das Produktionscontrolling durch eine systemgestützte Informationsbeschaffung und -verarbeitung auf eine Erhöhung der Transparenz innerhalb der unternehmensinternen Lieferkette ab. Im Rahmen des Produktionscontrollings werden die Betriebsdaten ausgewertet und es findet ein Soll-, Plan- und Ist-Vergleich statt. Die Ergebnisse werden in Modellen visualisiert oder mittels Kennzahlen verdichtet. Das Produktionscontrolling dient zum einen der Verfolgung der Produktionsaufträge, um bei etwaigem Verzug entsprechende Maßnahmen, bspw. im Rahmen der Eigenfertigungssteuerung, einleiten zu können. Zum anderen sollen Maßnahmen zur Erhöhung der Effizienz der gesamten (unternehmensinternen) Lieferkette abgeleitet werden (vgl. [3], siehe auch [52]).

Relevante Informationen

einfließende Informationen:

- Betriebsrückmeldedaten aus der unternehmensinternen Lieferkette (Ist-Termine, Störungen, Rückstand, Auftragsstati etc.)

Ergebnis des Produktionscontrolling:

- Maßnahmen

Verfahren zur Erfüllung der PPS-Aufgabe
Beim Produktionscontrolling kommen je nach spezifischer Aufgaben- bzw. Problemstellung viele verschiedene Verfahren, Modelle und Ansätze zum Einsatz. Exemplarisch sind zu nennen:

- Kennzahlen/Key Performance Indicators,
- Soll-Ist- oder Plan-Ist-Vergleiche,
- Diagramme und Grafiken,
- Logistische Modelle,
- Simulation
- etc.

Zielkonflikt
Dem Produktionscontrolling an sich liegen keine PPS-spezifischen Zielkonflikte zugrunde.

Das Produktionscontrolling hat in erster Linie die Aufgabe, durch eine zielgerichtete Analyse von Betriebsrückmeldedaten, Maßnahmen abzuleiten, mit denen Zielkonflikte zwischen logistischen Zielgrößen entspannt werden können.

Literatur

1. Wiendahl H-P (2010) Betriebsorganisation für Ingenieure, 7., akt. Aufl. Hanser, München
2. Kurbel K (2003) Produktionsplanung und -steuerung. Methodische Grundlagen von PPS-Systemen und Erweiterungen, 5., durchges. u. akt. Aufl. Oldenbourg, München/Wien
3. Schuh G, Stich V (2012) Produktionsplanung und -steuerung, 1. 4., überarb. Aufl. Springer, Berlin
4. Scharnbacher K (2004) Statistik im Betrieb. Lehrbuch mit praktischen Beispielen, 14., akt. Gabler, Wiesbaden
5. Brezinski C, Redivo Zaglia M (1991) Extrapolation methods. Theory and practice. Distributors for the U.S. and Canada, Elsevier Science Pub. Co, Amsterdam/New York/North-Holland
6. Fahrmeir L, Kneib T, Lang S (2009) Regression. Modelle, Methoden und Anwendungen, 2. Aufl. Springer, Berlin/Heidelberg
7. Glaser H, Geiger W, Rohde V (1992) PPS Produktionsplanung und -steuerung. Grundlagen – Konzepte – Anwendungen, 2., überarb. Aufl. Gabler, Wiesbaden
8. Dangelmaier W, Warnecke H-J (2013) Fertigungslenkung. Planung und Steuerung des Ablaufs der diskreten Fertigung. Springer, Berlin
9. Nicolai H, Schotten M, Much D (1999) Aufgaben. In: Luczak H, Eversheim W (Hrsg) Produktionsplanung und -steuerung. Grundlagen, Gestaltung und Konzepte, 2., korr. Aufl. Springer (VDI-Buch), Berlin/Heidelberg, S 29–74
10. Eversheim W (2002) Organisation in der Produktionstechnik 3. Arbeitsvorbereitung, 4. Aufl. Springer, Berlin

11. Vahrenkamp R (2008) Produktionsmanagement, 6., überarb. Aufl. Oldenbourg, München
12. Gutenberg E (1966) Grundlagen der Betriebswirtschaftslehre. erster Band – die Produktion, 12. Aufl. Springer, Berlin/Heidelberg
13. Schmidt M, Bertsch S, Nyhuis P (2014) Schedule compliance operating curves and their application in designing the supply chain of a metal producer. Prod Plan & Control: The Manag of Operations 25(2):123–133
14. Rehkopf S (2006) Revenue-Management-Konzepte zur Auftragsannahme bei kundenindividueller Produktion. Am Beispiel der Eisen und Stahl erzeugenden Industrie, 1. Aufl. Dt. Univ.-Verl, Wiesbaden
15. Lödding H (2008) Verfahren der Fertigungssteuerung. Grundlagen, Beschreibung, Konfiguration, 2. erw. Aufl. Springer, Berlin/Heidelberg
16. Schneider HM, Buzacott JA, Rücker T (2005) Operative Produktionsplanung und -steuerung. Konzepte und Modelle des Informations- und Materialflusses in komplexen Fertigungssystemen. Oldenbourg, München
17. Bajec P, Jakomin I (2010) A Make-or-Buy Decision Process for Outsourcing. Promet – Traffic&Transp 22(4):285–291
18. Quinn JB, Hilmer FG (1994) Strategic Outsourcing. Sloan Manag Rev 35:43–55
19. Hamm V (1997) Informationstechnik-basierte Referenzprozesse. Prozeßorientierte Gestaltung des industriellen Einkaufs. Gabler, Wiesbaden
20. Hartmann H (1997) Materialwirtschaft. Organisation, Planung, Durchführung, Kontrolle, 7., überarb. u. erw. Aufl. Dt. Betriebswirte-Verl, Gernsbach
21. Fandel G, François P, Gubitz K-M (1994) PPS-Systeme. Grundlagen, Methoden, Software, Marktanalyse. Springer, Berlin/Heidelberg
22. Schmidt M, Bertsch S, Nyhuis P (2014) Schedule compliance operating curves and their application in designing the supply chain of a metal producer. Prod Plan & Control: The Manag of Operations 25(2):123–133
23. Koppelmann U (2000) Beschaffungsmarketing, 3., neu bearb. u. erw. Aufl. Springer, Berlin
24. Rennemann T (2007) Logistische Lieferantenauswahl in globalen Produktionsnetzwerken. Rahmenbedingungen, Aufbau und Praxisanwendung eines kennzahlenbasierten Entscheidungsmodells am Beispiel der Automobilindustrie. Dt. Univ.-Verl, Wiesbaden
25. Schotten M, Paegert C, Vogeler C, Treutlein P, Kampker R (1999) Funktionen. In: Luczak H, Eversheim W (Hrsg) Produktionsplanung und -steuerung. Grundlagen, Gestaltung und Konzepte, 2., korr. Aufl. Springer (VDI-Buch), Berlin/Heidelberg, S 144–218
26. Glaser H (1986) Material- und Produktionswirtschaft, 3., neubearb. Aufl. d. Taschenbuches T 43. VDI, Düsseldorf
27. Stöppler S (1984) Nachfrageprognose und Produktionsplanung bei saisonalen und konjunkturellen Schwankungen. Physica, Würzburg/Wien
28. Haupt R (1987) Produktionstheorie und Ablaufmanagement. Zeitvariable Faktoreinsätze u. ablaufbezogene Dispositionen in Produktionstheorie- u.-planungs-Modellen. Poeschel, Stuttgart
29. Hoitsch H-J (1993) Produktionswirtschaft. Grundlagen einer industriellen Betriebswirtschaftslehre, 2. Aufl. Vahlen, München
30. Nyhuis P, Münzberg B, Schmidt M (2013) Oft rüsten hilft viel – Losgrößenbildung in der Produktion. Controlling 25(8/9):479–486
31. Domschke W, Scholl A, Voß S (1992) Modelle und Verfahren der Losgrößen- und Bestellmengenplanung – ein Überblick. In: Operations research. Springer, Berlin, Heidelberg, S 263–270
32. Harris FW (1913) How many parts to make at once. Fact, The Mag of Manag 10(2):135–136
33. Andler K (1929) Rationalisierung der Fabrikation und optimale Losgröße. Oldenbourg, München

210   6 Standardisierte Beschreibung der PPS-Aufgaben

34. Wagner HM, Whitin TM (1958) Dynamic Version of the Economic Lot Size Model. Manag Sci 5(1):89
35. DeMatteis JJ (1968) An economic lot-sizing technique. IBM Syst J 7(1):30–38
36. Silver EA, Meal HC (1973) A heuristic for selecting lot size quantities for the case of a deterministic time-varying demand rate and discrete opportunities for replenishment. Prod Inventory Manag 14:64–74
37. Nyhuis P (1991) Durchlauforientierte Losgrößenbestimmung. VDI, Düsseldorf
38. Münzberg B (2013) Multikriterielle Losgrößenbildung. PZH, Garbsen
39. Wiendahl H-P (2014) Betriebsorganisation für Ingenieure, 8., überarb. Aufl. Hanser, München
40. Turowski K (1997) Flexible Verteilung von PPS-Systemen. Methodik Planungsobjekt-basierter Softwareentwicklung. Deutscher Universitätsverlag, Wiesbaden
41. Scheer A-W (1995) Wirtschaftsinformatik. Referenzmodelle für industrielle Geschäftsprozesse, 6., durchges. Aufl. Springer, Berlin/Heidelberg
42. Günther H-O, Tempelmeier H (2009) Produktion und Logistik, 8., überarb. und erw. Aufl. Springer, Berlin/Heidelberg/New York
43. Bechte W (1988) Theory and practice of load-oriented manufacturing control. Int J Prod Res 26(3):375–395
44. Fandel G, Fistek A, Stütz S (2011) Produktionsmanagement, 2., überarb. u. erw. Aufl. Springer, Berlin/Heidelberg
45. Lödding H (2013) Handbook of manufacturing control. Fundamentals, description, configuration. Springer, Berlin
46. Bechte W (1984) Steuerung der Durchlaufzeit durch belastungsorientierte Auftragsfreigabe bei Werkstattfertigung. VDI, Düsseldorf
47. Hopp WJ, Spearman ML (2008) Factory physics, 3. Aufl., internat. McGraw-Hill/Irwin, Boston
48. Lödding H (2001) Dezentrale bestandsorientierte Fertigungsregelung. VDI, Düsseldorf
49. Begemann C (2005) Terminorientierte Kapazitätssteuerung in der Fertigung. PZH, Produktionstechn. Zentrum, Garbsen
50. Lohmann S (2010) Bestandsregelnde Kapazitätssteuerung. Fraunhofer, Stuttgart
51. Hartmann H (2002) Materialwirtschaft. Organisation, Planung, Durchführung, Kontrolle, 8., überarb. u. erw. Aufl. Dt. Betriebswirte-Verl, Gernsbach
52. Much D, Nicolai H (1995) PPS-Lexikon, 1. Aufl. Cornelsen Girardet, Berlin
53. Alicke K (2005) Planung und Betrieb von Logistiknetzwerken, 2., neu bearb. u. erw. Aufl. Springer, Berlin
54. Axsäter S (2006) Inventory control, 2. Aufl. Springer, New York
55. Gudehus T (2012) Dynamische Disposition. Strategien, Algorithmen und Werkzeuge zur optimalen Auftrags-, Bestands- und Fertigungsdisposition, 3., neu bearb. u. erw. Aufl. Springer, Berlin/Heidelberg
56. Nyhuis P (1996) Lagerkennlinien – ein Modellansatz zur Unterstützung des Beschaffungs- und Bestandscontrollings. In: Baumgarten H, Holzinger D, Rühle H v, Schäfer H, Stabenau H, Witten P (Hrsg) RKW-Handbuch Logistik. Erich Schmidt, Belin, S 5066/1
57. Lutz S (2002) Kennliniengestütztes Lagermanagement. VDI, Düsseldorf
58. Schmidt M, Hartmann W, Nyhuis P (2012) Simulation based comparison of safety-stock calculation methods. CIRP Ann – Manuf Technol 61(1):403–406
59. Eppen GD, Martin RK (1988) Determining safety stock in the presence of stochastic lead time and demand. Manag Sci 34(11):1380–1390
60. Loos P (1999) Grunddatenverwaltung und Betriebsdatenerfassung als Basis der Produktionsplanung und -steuerung. In: Corsten H, Friedl B (Hrsg) Einführung in das Produktionscontrolling. Vahlen, München, S 229–252

Schlussbetrachtung 7

Inhaltsverzeichnis

Die Gestaltung und die Planung und Steuerung der Prozesse entlang der unternehmensinternen Lieferkette eines Unternehmens tragen wesentlich zum Unternehmenserfolg bei. Vor dem Hintergrund der sich stetig wandelnden Rahmenbedingungen, hervorgerufen durch volatile Märkte, verkürzte Technologie- und Produktlebenszyklen oder durch Megatrends wie die Digitalisierung oder die Globalisierung, müssen Unternehmen sich schnell an veränderte Anforderungen anpassen, um Unternehmensziele zu erreichen. Ständige Weiterentwicklungen im Bereich der Organisation sowie der Planung und Steuerung der Geschäftsprozesse sind notwendig und finden auch in großem Umfang in der industriellen Praxis statt. Eine wesentliche Motivation hierbei ist die in vielen Unternehmen unbefriedigende Erfüllung der logistischen Erfolgsfaktoren zur Steigerung der Kundenzufriedenheit. Die Erfüllung dieser logistischen Erfolgsfaktoren ist für Unternehmen aufgrund der zugrunde liegenden Komplexität eine Herausforderung, insbesondere da die entsprechenden logistischen Zielgrößen teilweise gegenläufig sind. Dazu ist die Kenntnis der Wechselwirkungen zwischen den Prozessen in der unternehmensinternen Lieferkette und den logistischen Zielgrößen sowie zwischen den logistischen Zielgrößen an sich erforderlich. In diesem Kontext kommt der Produktionsplanung und -steuerung (PPS) eine zentrale Funktion in produzierenden Unternehmen zu. Die PPS plant und steuert den Auftragsdurchlauf durch die unternehmensinterne Lieferkette. Sie wirkt sich somit unmittelbar auf die Erreichung von Unternehmenszielen und insbesondere von logistischen Zielen aus und ist und daher konsequent an den Unternehmenszielen auszurichten.

© Springer-Verlag GmbH Deutschland, ein Teil von Springer Nature 2021
M. Schmidt, P. Nyhuis, *Produktionsplanung und -steuerung im Hannoveraner Lieferkettenmodell*, https://doi.org/10.1007/978-3-662-63897-2_7

In diesem Buch wird im zweiten Kapitel mit dem Hannoveraner Lieferkettenmodell (HaLiMo) ein Rahmenmodell für die unternehmensinterne Lieferkette vorgestellt. Das HaLiMo umreißt die Hannoveraner Schule der Produktionslogistik und betrachtet im Schwerpunkt die Prozesse der operativen Auftragsabwicklung mit den wesentlichen Informations- und Materialflüssen. Es zeigt Beziehungen und Wechselwirkungen zwischen den einzelnen Prozessen und den zentralen logistischen Zielgrößen sowie die Wechselwirkungen zwischen den einzelnen Zielgrößen an sich auf. Zur Veranschaulichung dieser Wechselwirkungen werden logistische Modelle genutzt. Die aus Sicht der PPS zentralen logistischen Modell sind in Kapitel drei vorgestellt. Für die materialführenden Kernprozesse der unternehmensinternen Lieferkette Beschaffung, Produktion und Versand sind kernprozessspezifische Zielsysteme basierend auf den operativen Leistungszielen Qualität, Kosten und Zeit beschrieben. Das vierte Kapitel zeigt die qualitativen Wirkbeziehungen der Hauptaufgaben der PPS auf die kernprozessspezifischen Zielsysteme auf. Darauf aufbauend setzt Kapitel fünf die Beschreibung dieser Wirkbeziehungen im Detail fort und zeigt die Wirkung der einzelnen PPS-Aufgaben auf die logistischen Zielgrößen in den Kernprozessen der unternehmensinternen Lieferkette auf. Dies ist insbesondere bei den PPS-Aufgaben relevant, bei denen die Beeinflussung der logistischen Zielgrößen gegenläufig ist, also einige Zielgrößen positiv und andere negativ beeinflusst wurden. Insgesamt sind im Rahmen der PPS-Aufgaben 19 solcher Zielkonflikte herausgearbeitet. Kap. 6 stellt dem Leser zum Nachschlagen eine steckbriefartige Beschreibung der PPS-Aufgaben mit den relevanten Input- und Output-Informationen, möglichen Verfahren und auftretenden Zielkonflikten zur Verfügung.

Dieses Buch soll damit sowohl Studierende als auch Anwender in der industriellen Praxis dabei unterstützen, zu verstehen, welche logistischen Ziele durch welche Aufgaben der PPS unmittelbar beeinflusst werden und welche Auswirkungen durch die unternehmensspezifische Erfüllung der PPS-Aufgaben zu erwarten sind.

Aktuell laufende Forschungsarbeiten weiten die Ausführungen in diesem Buch auf die Verfahren zur Erfüllung der PPS-Aufgaben aus. Das Ziel ist eine durchgängige und systematische Beschreibung der Verfahren der Produktionsplanung und -steuerung. Der Fokus liegt hierbei auf der spezifischen Wirkung der einzelnen Verfahren auf unternehmerische Zielgrößen [1]. Aktuell existiert ein solches Werk nur für die Verfahren der Produktionssteuerung (vgl. [2]).

Darüber hinaus zielen aktuelle Forschungsarbeiten auf eine Systematisierung des Produktionscontrollings auf der Basis logistischer Modell darauf ab, um eine datenbasierten Analyse und Bewertung der Ursachen einer geringen logistischen Performance entlang der unternehmensinternen Lieferkette zu ermöglichen (vgl. [3]). Damit kann der Regelkreis der Produktionslogistik (vgl. [4]) systematisch geschlossen werden.

Literatur

1. Mütze A, Hillnhagen S, Schäfers P, Schmidt M, Nyhuis P (2020) Why a systematic investigation of production planning and control procedures is needed for the target-oriented configuration of PPC. In: IEEE international conference on industrial engineering and engineering management (IEEM), 14–17 Dec 2020. IEEE, Piscataway, S 103–107
2. Lödding H (2008) Verfahren der Fertigungssteuerung. Grundlagen, Beschreibung, Konfiguration, 2., erw. Aufl. Springer, Berlin/Heidelberg
3. Schmidt M, Maier JT, Härtel L (2020) Datenbasierte Ursachenanalysen zur Verbesserung der logistischen Zielerreichung. In: Freitag M (Hrsg) Mensch-Technik-Interaktion in der digitalisierten Arbeitswelt. GITO, Berlin, S 171–191
4. Wiendahl H-P (2010) Betriebsorganisation für Ingenieure, 7., akt. Aufl. Hanser, München

Stichwortverzeichnis

Printed in the United States
by Baker & Taylor Publisher Services